电气工程与自动化专业"十三五"规划教材

电力电子技术

主　编　武兰江　赵迎春　李　黎

副主编　肖　朋　李彬彬　张南杰　李雄伟

主　审　曲　平　张景松

北京希望电子出版社
Beijing Hope Electronic Press
www.bhp.com.cn

内 容 简 介

　　本书是针对电气工程及其自动化专业基础课程教学需要，采用理论实践一体化教学法的形式进行编写，内容经过精选，既保持了学科的完整性，反映了该领域内的最新技术成果，又注重适应教学的需要。本书共 8 章，分别为单相可控整流电路、三相可控整流电路、有源逆变电路、交流调压电路、全控型电力电子器件的认识、直流斩波器、无源逆变电路和电力电子实验等知识。

　　本书既可作为应用型本科院校、职业院校电气工程与自动化专业的教材，也可供从事电力电子技术、运动控制（交流调速）技术、电力系统及其自动化等领域工作的工程技术人员参考。

图书在版编目（C I P）数据

电力电子技术 / 武兰江，赵迎春，李黎主编. -- 北京 ：北京希望电子出版社，2017.7（2023.8 重印）

ISBN 978-7-83002-474-1

Ⅰ. ①电… Ⅱ. ①武… ②赵… ③李… Ⅲ. ①电力电子技术－高等职业教育－教材 Ⅳ. ①TM1

中国版本图书馆 CIP 数据核字（2017）第 135997 号

出版：北京希望电子出版社　　　　　　　　封面：赵俊红
地址：北京市海淀区中关村大街 22 号　　　编辑：金美娜
　　　中科大厦 A 座 10 层　　　　　　　　校对：李 冰
邮编：100190　　　　　　　　　　　　　　开本：787mm×1092mm　1/16
网址：www.bhp.com.cn　　　　　　　　　　印张：17.5
电话：010-82626270　　　　　　　　　　　字数：387 千字
传真：010-82702698　　　　　　　　　　　印刷：唐山唐文印刷有限公司
经销：各地新华书店　　　　　　　　　　　版次：2023 年 8 月 1 版 2 次印刷

定价：48.00 元

前　言

电力电子技术是一门新兴的应用于电力领域的电子技术，就是使用电力电子器件（如晶闸管、GTO、IGBT 等）对电能进行变换和控制的技术。电力电子技术所变换的"电力"功率可大到数百至上千兆瓦，也可以小到 1 瓦以下。与以信息处理为主的信息电子技术不同，电力电子技术主要用于电力变换。电力电子技术诞生至今近 50 年，特别是近年来更是取得了突飞猛进的发展，已经形成十分完整的科学体系和理论。随着工业的高度自动化，计算技术、电力技术以及自动控制技术将会成为三种最重要的技术。

本书是电气自动化、机电一体化、智能控制技术、机电设备维修等专业必修的一门专业课程教材。本书是针对电气工程与自动化专业基础课程教学需要，采用理实一体化教材与传统教材相结合的形式进行编写，内容经过精选，既保持了学科的完整性，反映了该领域内的最新技术成果，又注重适应教学的需要。

本书共分 8 章。第 1 章 单相可控整流电路，第 2 章 三相可控整流电路，第 3 章 有源逆变电路，第 4 章 交流调压电路，第 5 章 全控型电力电子器件的认识，第 6 章 直流斩波器，第 7 章 无源逆变电路，第 8 章 电力电子实验等知识。

本书由大连装备制造职业技术学院的武兰江、营口职业技术学院的赵迎春和大连装备制造职业技术学院的李黎任主编，由营口职业技术学院的肖朋和李彬彬、辽宁轻工职业学院的张南杰和延安职业技术学院的李雄伟担任副主编，由曲平、张景松任主审。本书的相关资料和售后服务可扫本书封底的微信二维码或与登录 www.bjzzwh.com 下载获得。

在编写本书过程中，参阅了部分兄弟院校的教材及相关文件，因篇幅有限未能一一列出，在此向被参阅图书的作者表示诚挚的谢意。由于编者水平有限，书中错漏之处难免，恳请使用本书的师生和读者提出宝贵意见。

编　者

CONTENTS  目 录

第1章 单相可控整流电路 ………………………………………………………… 1

1.1 不可控器件——电力二极管 …………………………………………… 2

1.2 半控型器件——晶闸管 …………………………………………………… 4

1.3 单相半波可控整流电路 ………………………………………………… 17

1.4 单相全波可控整流电路 ………………………………………………… 26

1.5 单相全控桥式可控整流电路 …………………………………………… 29

1.6 单相半控桥式可控整流电路 …………………………………………… 34

1.7 晶闸管触发电路 ………………………………………………………… 42

本章小结 …………………………………………………………………… 51

习 题 ……………………………………………………………………… 52

第2章 三相可控整流电路 ………………………………………………………… 55

2.1 三相半波不可控整流电路 ……………………………………………… 56

2.2 共阴极三相半波可控整流电路 ………………………………………… 58

2.3 共阳极三相半波可控整流电路 ………………………………………… 66

2.4 三相全控桥式整流电路 ………………………………………………… 67

2.5 三相半控桥式整流电路 ………………………………………………… 76

2.6 同步电压为锯齿波的晶闸管触发电路 ………………………………… 80

2.7 集成化晶闸管移相触发电路 …………………………………………… 86

2.8 晶闸管的保护与串并联使用 …………………………………………… 90

本章小结 …………………………………………………………………… 102

习 题 ……………………………………………………………………… 103

第3章 有源逆变电路 ……………………………………………………………… 106

3.1 单相桥式有源逆变电路 ………………………………………………… 107

3.2　三相有源逆变电路 ……………………………………… 116

3.3　有源逆变电路的应用 …………………………………… 118

本章小结 ……………………………………………………… 123

习　题 ………………………………………………………… 123

第4章　交流调压电路 ……………………………………… 125

4.1　单相交流调压与调功器 ………………………………… 126

4.2　三相交流调压电路 ……………………………………… 136

4.3　交流无触点开关 ………………………………………… 140

本章小结 ……………………………………………………… 145

习　题 ………………………………………………………… 146

第5章　全控型电力电子器件的认识 …………………… 147

5.1　电力电子器件基本知识 ………………………………… 148

5.2　门极可关断晶闸管 ……………………………………… 151

5.3　电力晶体管 ……………………………………………… 156

5.4　功率场效应晶体管 ……………………………………… 169

5.5　绝缘栅双极晶体管 ……………………………………… 177

5.6　其他新型电力电子器件 ………………………………… 183

本章小结 ……………………………………………………… 186

习　题 ………………………………………………………… 188

第6章　直流斩波器 ………………………………………… 189

6.1　直流斩波器的工作原理 ………………………………… 190

6.2　直流斩波器基本电路 …………………………………… 192

6.3　直流斩波器在电力传动中的应用 ……………………… 196

6.4　直流变换器的脉宽调制控制技术及应用 ……………… 202

本章小结 ……………………………………………………… 207

习　题 ………………………………………………………… 208

第7章　无源逆变电路 ……………………………………… 209

7.1　无源逆变电路 …………………………………………… 210

7.2　PWM控制的基本思想 ………………………………… 218

本章小结 ……………………………………………………… 224

习　题 ………………………………………………………… 225

第8章　电力电子实验 ………………………………………………… 226

实验一　单相半控桥式整流电路与单结晶体管触发电路的研究 ………… 227

实验二　晶闸管直流调速系统 ………………………………………… 230

实验三　IGBT 管的驱动、保护电路的测试及直流斩波电路、升降压电路的研究 … 237

实验四　单相交流调压电路及集成锯齿波移相触发电路的研究 ………… 243

实验五　BJT 单相并联逆变电路 ……………………………………… 247

实验六　单相交流(过零触发)调功电路的研究 ……………………… 249

实验七　三相晶闸管全(半)控桥(零)式整流电路及三相集成触发电路的研究 … 253

实验八　三相交流调压电路 …………………………………………… 263

实验九　PWM 控制的开关型稳压电源的性能研究 …………………… 266

实验十　给定积分电路的研究 ………………………………………… 269

参考文献 ……………………………………………………………… 272

第 1 章　单相可控整流电路

教学目标

(1) 了解电力二极管结构、伏安特性等;

(2) 了解晶闸管的内部结构,了解晶闸管的两种等效电路形式;

(3) 掌握使晶闸管可靠导通、截止所需要的条件;

(4) 掌握晶闸管的伏安特性及主要参数,掌握额定电压、额定电流的选用原则;

(5) 掌握单相可控整流主电路的分类、结构及整流工作过程;

(6) 掌握单相可控整流主电路各主要点波形分析及参量计算;

(7) 了解单结晶体管结构及负阻特性,掌握使其可靠导通、截止所需要的条件。

能力目标

(1) 能识别晶闸管的外部结构;

(2) 会计算晶闸管的电压定额及电流定额,确定晶闸管的型号;

(3) 能用万用表判别晶闸管的极性及好坏;

(4) 能够根据实际要求,选择晶闸管可控整流主电路和触发电路;

(5) 能正确使用示波器观察主电路和触发电路各主要点波形。

1.1 不可控器件——电力二极管

1.1.1 电力二极管的结构

电力二极管是以半导体 PN 结为基础的，实际上是由一个面积较大的 PN 结、两端引线以及封装组成的，如图 1-1 所示。从外形上看，可以有螺栓型、平板型等多种封装。

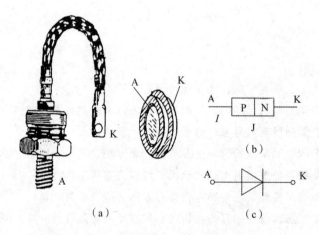

图 1-1 电力二极管的外形、结构和电气图形符号

（a）外形　　（b）基本结构　　（c）电气图形符号

1.1.2 电力二极管的工作原理：PN 结的单向导电性

当 PN 结外加正向电压（正向偏置）时，在外电路上则形成自 P 区流入而从 N 区流出的电流，称为正向电流 IF，这就是 PN 结的正向导通状态。当 PN 结外加反向电压（反向偏置）时，反向偏置的 PN 结表现为高阻态，几乎没有电流流过，称为反向截止状态。

PN 结具有一定的反向耐压能力，但当施加的反向电压过大，反向电流将会急剧增大，破坏 PN 结反向偏置为截止的工作状态，这就叫反向击穿。按照机理不同有雪崩击穿和齐纳击穿两种形式。反向击穿发生时，采取了措施将反向电流限制在一定范围内，PN 结仍可恢复原来的状态。否则 PN 结因过热而烧毁，这就是热击穿。

1.1.3 电力二极管的基本特性

静态特性主要是指其伏安特性。正向电压大到一定值（门槛电压 UTO），正向电流才开始明显增加，处于稳定导通状态。与 IF 对应的电力二极管两端的电压即为其正向电压降 UF。承受反向电压时，只有少子引起的微小而数值恒定的反向漏电流。电力二极管的伏安特性如图 1-2 所示。

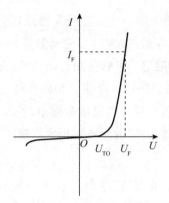

图 1-2 电力二极管的伏安特性

动态特性是反映通态和断态之间转换过程的开关特性。

1.1.4 电力二极管的主要参数

1. 正向平均电流 $I_{F(AV)}$

正向平均电流 $I_{F(AV)}$ 是指电力二极管长期运行时，在指定的管壳温度（简称壳温，用 T_C 表示）和散热条件下，其允许流过的最大工频正弦半波电流的平均值。$I_{F(AV)}$ 是按照电流的发热效应来定义的，使用时应按有效值相等的原则来选取电流定额，并应留有一定的裕量。

例 1-1 需要某二极管实际承担的某波形电流有效值为 400A，求二极管的 $I_{F(AV)}$。

$$I_{F(AV)} = 2 \times \frac{400}{1.57} = 500$$

2. 正向压降 U_F

正向压降 U_F 是指电力二极管在指定温度下，流过某一指定的稳态正向电流时对应的正向压降。

3. 反向重复峰值电压 U_{RRM}

反向重复峰值电压 U_{RRM} 是指对电力二极管所能重复施加的反向最高峰值电压。使用时，应当留有两倍的裕量。

1.1.5 电力二极管的类型

1. 普通二极管

普通二极管又称整流二极管，多用于开关频率不高的整流电路中，其反向恢复时间较长，一般在 5μs 以上。正向电流定额和反向电压定额可以达到很高，分别可达数千安和数千伏。

2. 快恢复二极管

快恢复二极管（简称 FRD）是一种具有开关特性好、反向恢复时间短等特点的半导体二极管，主要应用于开关电源、PWM 脉宽调制器、变频器等电子电路中，作为高频整流二极管、续流二极管或阻尼二极管使用。快恢复二极管的内部结构与普通 PN 结二极管不同，它属于 PIN 结型二极管，即在 P 型硅材料与 N 型硅材料中间增加了基区 I，构成 PIN 硅片。因基区很薄，反向恢复电荷很小，所以，快恢复二极管的反向恢复时间较短，正向压降较低，反向击穿电压（耐压值）较高。

3. 肖特基二极管

肖特基二极管（SBD）是肖特基势垒二极管（Schottky barrier diode，缩写成 SBD）的简称，是以其发明人肖特基博士（Schottky）命名的半导体器件。肖特基二极管是低功耗、大电流、超高速半导体器件，它不是利用 P 型半导体与 N 型半导体接触形成 PN 结原理制作的，而是利用金属与半导体接触形成的金属－半导体结原理制作的。因此，SBD 也称为金属－半导体（接触）二极管或表面势垒二极管，它是一种热载流子二极管。

1.2 半控型器件——晶闸管

1.2.1 晶闸管的结构

1. 晶闸管外部结构分类

晶闸管是三端半导体器件，具有三个电极，其实物图形及电气符号如图 1-3 所示。晶闸管从外形上分类，主要有塑封式、螺旋式、平板式。由于晶闸管是大功率器件，工作时会产生大量的热量，因此，必须安装散热器。

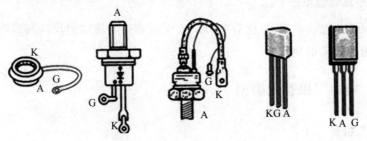

图 1-3 晶闸管的实物图

2. 晶闸管外部结构特点

（1）塑封式晶闸管

塑封式晶闸管由于散热条件有限，功率都比较小，额定电流通常在 20A 以下。

（2）螺旋式晶闸管

螺旋式晶闸管的实物照片如图 1-4 所示，散热器如图 1-5 所示，晶闸管紧固在铝制散热器上。这种管子的优点是由于阳极带有螺纹，很容易与散热器连接，器件维修更换也非常方便，但散热效果一般，功率不是很大，额定电流通常在 200A 以下。

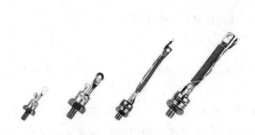

图 1-4　螺旋式晶闸管　　　　　　图 1-5　螺旋式晶闸管的散热器

（3）平板式晶闸管

平板式晶闸管的实物照片如图 1-6 所示，散热器如图 1-7 所示。晶闸管由两个彼此绝缘的散热器紧夹在中间，散热方式可以是风冷或水冷。这种管子的优点是由于管子整体被散热器包裹，所以，散热效果非常好，功率大。额定电流 200A 以上的晶闸管外形都采用平板式结构，但平板式晶闸管的散热器拆装非常麻烦，器件维修更换不方便。

图 1-6　平板式晶闸管　　　　　　图 1-7　平板式晶闸管的散热器

3. 晶闸管的内部结构

普通晶闸管引出阳极 A、阴极 K 和门极（控制端）G 三个联接端。普通晶闸管内部是由 P_1—N_1—P_2—N_2 四层半导体构成，形成 3 个 PN 结（J_1、J_2、J_3）。等效成 3 个二极管串联，或等效成两个晶体管连接，如图 1-7 所示。分析原理时，可以把它看做是由三个 PN 结的反向串联，也可以把它看做是由一个 PNP 管和一个 NPN 管的复合，其

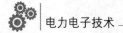

等效电路图解如图1-8（a）所示，电路符号如图1-8（b）所示。

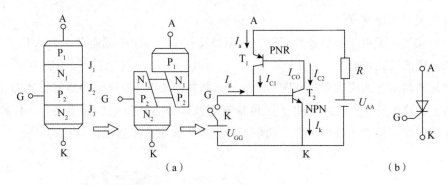

图1-8　晶闸管等效电路图解和电气符号

（a）等效图　　（b）电气符号

1.2.2　晶闸管的工作原理

在晶闸管的阳极与阴极之间加反向电压时，有两个 PN 结处于反向偏置；在阳极与阴极之间加正向电压时，中间的那个 PN 结处于反向偏置。所以，晶闸管都不会到导通（称为阻断）。

A—接电源正极，K—接电源负极

（1）G 不加电压（$U_{GG}=0$），这时晶闸管相当由三个 PN 结串接，其中一只反接，因而不导通。

（2）G 加上适当电压（$U_{GG}>0$），则产生正反馈。

三极管 T_1、T_2 导通的偏置条件得到了满足，又有足够的门极电流 I_g，即 T_2 管有基极电流 I_{b2}（$=I_g$）输入，所以，三极管 T_1、T_2 导通，形成强烈的正反馈，即：

$$Ig\uparrow \rightarrow I_{b2}\uparrow \rightarrow I_{c2}(=\beta_2 I_{b2})\uparrow = I_{b1}\uparrow \rightarrow I_{c1}\uparrow(=\beta_1 I_{b1})\uparrow \underline{\qquad}$$
$$\uparrow \underline{\qquad\qquad\qquad\qquad\qquad\qquad\qquad\qquad\qquad\qquad|}$$

瞬时使 T_1、T_2 两三极管饱和导通，即晶闸管导通。

晶闸管导通后，不管 U_{GG} 存在与否，晶闸管仍将导通。外电路使晶闸管的阳极电流 I_A 小于某一数值时，就不能维持正反馈过程，晶闸管就会自行关断。

A—接电源负极　　K—接电源正极

这时电路 J1 和 T2 均承受反向电压，无论控制极是否加正向触发电压，晶闸管均不导通，呈关断状态。

综上所述，在晶闸管的 A－K 之间加正向电压，还需在 G－K 之间加适当的触发电压，晶闸管就能导通。

1.2.3　晶闸管导通与关断的条件

为了弄清楚晶闸管是怎样工作的，可按图1-9电路作实验。

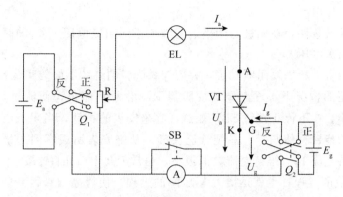

图 1-9 晶闸管导通、关断实验电路

晶闸管主电路：晶闸管的阳极 A 经负载（白炽灯）、变阻器 R、双向刀开关 Q_1 接至电源 E_a 的正极，元件的阴极 K 经毫安表、双向刀开关 Q_1 接至电源 E_a 的负极，组成晶闸管的主电路，流过晶闸管阳极的电流为 I_a。晶闸管阳极与阴极之间的电压 U_a 称为阳极电压，如果阳极电压相对阴极为正，则阳极电压称为正向阳极电压，反之则称为反向阳极电压。

晶闸管触发电路：晶闸管的门极 G 经双向刀开关 Q_2 接至电源 E_g，元件的阴极 K 经 Q_2 与 E_g 另一端相连，组成晶闸管触发电路。流过晶闸管门极的电流为 I_g（也称触发电流），晶闸管门极与阴极之间的电压称为门极电压 U_g。

实验方法如下：

（1）当 Q_1 拨向反向，Q_2 无论拨向何位置（断开、拨为正向或反向），灯不亮。晶闸管没有导通，此时晶闸管处在反向阻断状态。

原因：①晶闸管内部的 J_1 结和 J_3 结起反向阻断作用，所以晶闸管不导通。②晶闸管等效电路中，三极管 T_1、T_2 导通的偏置条件没有满足，所以 T_1、T_2 处于截止状态，晶闸管也就截止。

（2）当 Q_1 拨向正向，Q_2 断开或拨为反向，灯不亮。晶闸管没有导通，此时晶闸管处在正向阻断状态。

原因：①晶闸管内部的 J_2 结起反向阻断作用，所以，晶闸管不导通。②虽然三极管 T_1、T_2 导通的偏置条件得到了满足，但由于 T_2 管没有基极电流 I_{b2} 输入，也就是没有触发电流 I_g，所以，T_1、T_2 处于截止状态，晶闸管截止。

（3）当 Q_1 拨向正向，Q_2 拨向正向，灯亮。晶闸管已经导通，此时晶闸管处在正向导通状态。

（4）晶闸管导通后，断开门极双向刀开关 Q_2，灯仍然亮。晶闸管继续导通，此时晶闸管仍然处在正向导通状态。晶闸管一旦导通后维持阳极电压不变，门极对管子就不再具有控制作用，这种现象称为"门极失效"。因此，在晶闸管的门极所施加的触发信号往往是以脉冲的形式出现。

由于正反馈的形成，所以，三极管 T_1、T_2 深度饱和导通，使得 I_{c1} 增大，完全替代

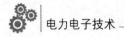

了门极电流 I_g 的作用。

晶闸管的导通条件：在阳极与阴极之间施加正向阳极电压 U_a，同时在门极与阴极之间施加正向门极电压 U_g。

要想使晶闸管重新恢复阻断状态，将怎样做呢？请继续下面的实验：

（5）在灯亮的情况下，逐渐调节变阻器 R，增大 R 阻值，使流过负载（白炽灯）的电流逐渐减小。按下停止按钮 SB，注意观察毫安表的指针，当阳极电流降低到某数值时，毫安表的指针突然归零。晶闸管已关断。从毫安表所观察到的最小阳极电流称为晶闸管的维持电流 I_H。维持电流数值很小，通常为几十～几百毫安。

增大 R 阻值的过程，也就是增大 R 压降的过程，使得晶闸管得到的压降越小，三极管 T_1、T_2 导通的偏置条件得不到满足，T_1、T_2 又恢复到截止状态，晶闸管截止。

晶闸管的关断条件：流过晶闸管的阳极电流小于维持电流 I_H。

若要使已导通的晶闸管恢复阻断，设法使晶闸管的阳极电流减小到小于维持电流 I_H，使其内部正反馈无法维持，晶闸管才会恢复阻断，这种关断方式称为自然关断。在实际工程中，还可以给晶闸管施加反向阳极电压，使其关断，这种关断方式称为强迫关断。

1.2.4　普通晶闸管的测量

用万用表欧姆挡分别测试晶闸管三个管脚之间的阻值，具体步骤和方法如下：

步骤一　测量门极与阴极之间的电阻

测量过程：必须用万用表的低阻值欧姆挡测量，测量挡位一般选 R×1Ω 挡或 R×10Ω 挡，将黑表笔与门极相接、红表笔与阴极相接，测量门极与阴极之间的正向电阻 r_{GK}；再将两表笔调换，测量门极与阴极之间的反向电阻 r_{KG}。

测量结果：正常情况下，一个好晶闸管的 r_{GK} 和 r_{KG} 通常都很小，但 r_{GK} 应小于或接近于 r_{KG}，r_{GK} 和 r_{KG} 的阻值一般在几十欧姆～几百欧姆范围内。

步骤二　测量阳极与阴极之间的电阻

测量过程：用万用表的高阻值欧姆挡测量，一般选 R×1kΩ 挡或 R×10kΩ 挡，将黑表笔与阳极相接、红表笔与阴极相接，测量阳极与阴极之间的正向电阻 r_{AK}；再将两表笔调换，测量阴极与阳极之间的反向电阻 r_{KA}。

测量结果：正常情况下，一个好晶闸管的 R_{AK} 和 R_{KA} 通常都很大，r_{AK} 和 r_{KA} 的阻值一般在几十千欧～几百千欧范围内。

知识拓展

1. 如何判别晶闸管管脚极性，怎样快速判定晶闸管的好坏？

由单向晶闸管的等效电路可知，门极与阴极之间为一个 PN 结，而门极与阳极之间有两个相向而连的 PN 结，据此可首先判别出阳极。用指针式万用表 R×1Ω 挡测量三管脚间的阻值，与其余两脚均不通（正反阻值达几百千欧以上）的为阳极；

再测量剩余两管脚间阻值，阻值较小（约为几十或几百Ω）时，黑表笔所接的管脚为门极，另一管脚为阴极；假如三管脚两两之间均不通或阻值很小，说明该管子已坏。

将万用表的黑表笔接晶闸管的阳极，红表笔接晶闸管的阴极，此时表针应偏转很小，用镊子快速短接一下阳极与门极，表针偏转角度明显变大且能一直保持，说明管子正常，可以使用。

2. 用万用表的不同挡位分别测量同一晶闸管的管脚间电阻时，发现每次测得的值都不相同，而且差别还可能很大，原因是什么？

这是因为晶闸管像二极管一样，正向导通时其特性曲线具有非线性，如果用万用表的不同挡位去分别测量晶闸管，其实就是通过红黑两只表笔给晶闸管阳极与阴极之间施加了不同的阳极电压，这些电压点对应的特性曲线斜率（电阻值）不同，所以每次测得的值肯定都不一样，甚至差别很大。因此，在测量晶闸管管脚间电阻时，应以同一挡位测量为准。

3. 在测量晶闸管时，为什么万用表要选R×1Ω挡或R×10Ω挡，而不能直接用R×10kΩ挡？

从内部结构来看，晶闸管的门极对阴极相当于一个正偏的PN结，如果直接用R×10kΩ挡测量门极对阴极的极间电阻，很容易造成这个PN结被万用表内部高压电池的高电压反向击穿，使器件损坏。因此，在管脚不明确时，禁止用万用表的高阻值欧姆挡测量晶闸管的管脚极性，即使管脚明确，也不允许用高阻值欧姆挡测量晶闸管的门极对阴极的极间电阻。

1.2.4 普通晶闸管的特性

1. 晶闸管的阳极伏安特性

晶闸管的阳极伏安特性是指阳极与阴极之间电压和阳极电流的关系，如图1-10所示。

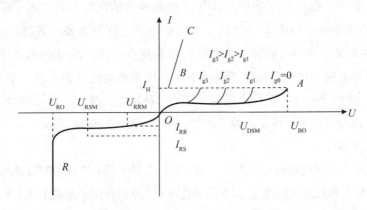

图1-10 晶闸管阳极伏安特性曲线

（1）反向特性

当门极 G 开路，阳极加上反向电压时，如图 1-11 所示，J_2 结正偏，但 J_1、J_3 结反偏，此时只能流过很小的反向漏电流；随着反向电压的增大，反向漏电流也逐渐缓慢增大，当电压增大到 U_{RSM} 点时，特性曲线开始较快速增大，U_{RSM} 点称为反向阻断不重复峰值电压，其值的 80% 称为反向阻断重复峰值电压，用 U_{DRM} 表示；当电压进一步提高到 J_1 结的雪崩击穿电压后，同时 J_3 结也被击穿，电流迅速增加，如图 1-10 所示的特性曲线 OR 段开始弯曲，弯曲处的电压 U_{RO} 称为"反向转折电压"。此后，晶闸管会发生永久性反向击穿。

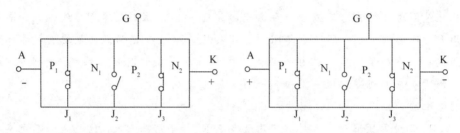

图 1-11　阳极加反向电压　　　　　　图 1-12　阳极加正向电压

（2）正向特性

当门极 G 开路，阳极加上正向电压时，如图 1-12 所示，J_1、J_3 结正偏，但 J_2 结反偏，这与普通 PN 结的反向特性相似，也只能流过很小的正向漏电流，晶闸管呈正向阻断状态；随着正向电压的增大，正向漏电流也逐渐缓慢增大，当电压增大到 U_{DSM} 点时，特性曲线开始较快速增大，U_{DSM} 点称为正向阻断不重复峰值电压，其值的 80% 称为正向阻断重复峰值电压，用 U_{DRM} 表示；当电压进一步增加，正向漏电流迅速增加，如图 1-10 所示的特性曲线 OA 段开始弯曲，弯曲处的电压 U_{BO} 称为"正向转折电压"。由于电压升高到 J_2 结的雪崩击穿电压后，J_2 结发生雪崩倍增效应，在结区产生大量的电子和空穴，电子进入 N_1 区，空穴进入 P_2 区，进入 N_1 区的电子与由 P_1 区通过 J_1 结注入 N_1 区的空穴复合；同样，进入 P_2 区的空穴与由 N_2 区通过 J_3 结注入 P_2 区的电子复合，雪崩击穿后，进入 N_1 区的电子与进入 P_2 区的空穴各自不能全部复合掉。这样，在 N_1 区就有电子积累，在 P_2 区就有空穴积累，结果使 P_2 区的电位升高，N_1 区的电位下降，J_2 结变成正偏，只要电流稍有增加，电压便迅速下降，出现所谓的负阻特性，如图 1-10 中的虚线 AB 段。这时，J_1、J_2、J_3 三个结处于正偏，晶闸管便进入正向导电状态——通态。此时，它的特性与普通 PN 结正向特性相似，如图 1-10 中的 BC 段。

（3）触发导通

在门极 G 加入正向电压时，如图 1-13 所示，因 J_3 结正偏，P_2 区的空穴进入 N_2 区，N_2 区的电子进入 P_2 区，形成触发电流 I_{GT}。在晶闸管内部正反馈作用的基础上加上 I_{GT} 的作用，使晶闸管提前导通，导致图 1-10 中的伏安特性 OA 段左移。I_{GT} 越大，特性左移越快。

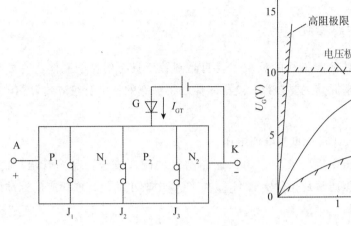

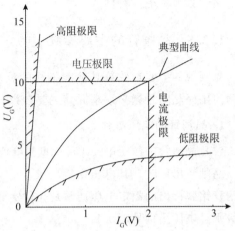

图 1-13　阳极和门极加正向电压　　　　图 1-14　晶闸管门极伏安特性曲线曲线

2. 晶闸管的门极伏安特性

　　晶闸管的门极和阴极间有一个 PN 结 J_3，它的伏安特性称为门极伏安特性。如图 1-14 所示，它的正向特性不像普通二极管那样具有很小的正向电阻，有时它的正、反向电阻是很接近的。在这个特性中表示了使晶闸管导通门极电压、电流的范围。因晶闸管门极特性偏差很大，即使同一额定值的晶闸管之间其特性也不同，所以，在设计门

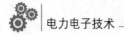

极电路时必须考虑其特性。

1.2.5 晶闸管的主要参数

晶闸管的主要参数是其性能指标的反映，表明晶闸管所具有的性能和能力。要想正确使用好晶闸管就必须掌握其主要参数，这样才能取得满意的技术及经济效果。

1. 晶闸管的电压参数

（1）晶闸管的额定电压 U_{Tn}（重复峰值电压）

晶闸管出厂时，其电压定额的确定：为保证晶闸管的耐压安全，晶闸管出厂时，晶闸管铭牌标出的额定电压通常是元件实测 U_{DRM} 与 U_{RRM} 中较小的值，取相应的标准电压级别，电压级别见表1-1。

表1-1 晶闸管的正反重复峰值电压标准级别

级别	正、反重复峰值电压/V	级别	正、反重复峰值电压/V	级别	正、反重复峰值电压/V
1	100	8	800	20	2000
2	200	9	900	22	2200
3	300	10	1000	24	2400
4	400	11	1100	26	2600
5	500	12	1200	28	2800
6	600	14	1400	30	3000
7	700	16	1600		

例如，某晶闸管测得其正向阻断重复峰值电压值为780V，反向阻断重复峰值电压值为850V，取小者为780V，按表1-1中相应电压等级标准为700V，此元件名牌上即标出额定电压 U_{Tn} 为700V，电压级别为7级。

晶闸管实际应用时额定电压 U_{Tn} 选用原则：由于晶闸管元件属于半导体型器件，其耐受过电压、过电流能力都很差，而且环境温度、散热状况都会给其电压参数造成影响，所以，选用元件的额定电压值时，必须留有2～3倍的安全裕量，即：

$$U_{Tn} = (2 \sim 3)U_{Tm} \qquad (1-1)$$

（2）通态平均电压 U_F（管压降）

当晶闸管流过正弦半波的额定电流平均值和额定结温且稳定时，晶闸管阳极与阴极之间电压降的平均值称为通态平均电压，简称管压降 U_F，其标准值分组列于表1-2中。管压降越小，表明晶闸管耗散功率越小，管子的质量就越好。

表1-2 晶闸管正向通态平均电压的组别

组别	通态平均电压/V	级别	通态平均电压/V
A	$U_F \leqslant 0.4$	F	$0.8 < U_F \leqslant 0.9$

（续表）

组别	通态平均电压/V	级别	通态平均电压/V
B	$0.4 < U_F \leqslant 0.5$	G	$0.9 < U_F \leqslant 1.0$
C	$0.5 < U_F \leqslant 0.6$	H	$1.0 < U_F \leqslant 1.1$
D	$0.6 < U_F \leqslant 0.7$	I	$1.1 < U_F \leqslant 1.2$
E	$0.7 < U_F \leqslant 0.8$		

（3）门极触发电压 U_{GT} 及门极不触发电压 U_{GD}

门极触发电压 U_{GT}：在室温下，晶闸管施加 6V 正向阳极电压时，使管子完全开通所必需的最小门极电流相对应的门极电压。

触发电压 U_{GT} 是一个最小值的概念，是晶闸管能够被触发导通门极所需要的触发电压的最小值。为保证晶闸管能够被可靠地触发导通，实际外加的触发电压必须大于这个最小值。由于触发信号通常是脉冲的形式，只要不超过晶闸管的允许值，脉冲电压的幅值可以数倍于触发电压 U_{GT}。

门极不触发电压 U_{GD}：在室温下，未能使晶闸管由断态转入通态，门极所加的最大电压。

不触发电压 U_{GD} 是一个最大值的概念，是晶闸管不能被触发导通门极所加的触发电压的最大值。为保证晶闸管不能够被误触发导通，实际外加的触发电压（其实是门极的各种干扰信号）必须小于这个最小值。

门极触发电压 U_{GT}、门极不触发电压 U_{GD} 是设计触发电路的重要参考依据，触发电路输出的触发电压必须大于 U_{GT}；触发电路输出的门极"残压"必须小于 U_{GD}。

2. 晶闸管的电流参数

（1）额定电流 $I_{T(AV)}$（晶闸管的额定通态平均电流）

在室温为 40℃ 和规定的冷却条件下，元件在电阻性负载的单相工频正弦半波、导通角不小于 170° 的电路中，当结温不超过额定结温且稳定时，所允许的最大通态平均电流，称为额定通态平均电流 $I_{T(AV)}$。将此电流按晶闸管标准系列取相应的电流等级（见表 1-3），称为晶闸管的额定电流。

按 $I_{T(AV)}$ 的定义，由图 1-15 可分别求得正弦波的额定通态平均电流 $I_{T(AV)}$、电流有效值 I_T 和电流最大值 I_m 的三者关系为：

$$I_{T(AV)} = \frac{\tau}{T}U = \frac{\tau}{T}U\frac{\tau}{T}U \tag{1-2}$$

$$I_T = \sqrt{\frac{1}{2\pi}\sin 2\alpha + \frac{\pi - \alpha}{\pi}} = \frac{t_{on}}{T_s}U_d - \frac{T_S - t_{on}}{T_s}U_d \tag{1-3}$$

各种有直流分量的电流波形，其电流波形的有效值 I 与平均值 I_d 之比，称为这个电流的波形系数，用 K_f 表示为：

$$K_f = \frac{U_{2l}}{E_{20}}\cos\beta \tag{1-4}$$

因此，在正弦半波情况下电流波形系数为：

$$K_f = \frac{s_{max} E_{20}}{\cos \beta min} = \frac{U_d}{U_{cm}} u_r = 1.57 \qquad (1-5)$$

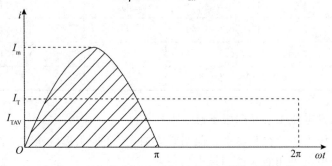

图 1-15 晶闸管的通态平均电流、有效值及最大值

例如，对于一只额定电流 $I_{T(AV)} = 100A$ 的晶闸管，按式（1-5），其允许的电流有效值应为 157A。

表 1-3 KP 型晶闸管元件主要额定值

参数\系列	通态平均电流	重复峰值电压	额定结温	触发电流	触发电压	断态电压临界上升率	通态电流临界上升率	浪涌电流
	$I_{T(AV)}$	U_{DRM}、U_{RRM}	T_{IM}	I_{GT}	U_{GT}	du/dt	di/dt	I_{TSM}
	A	V	℃	mA	V	V/μS	A/μS	A
序号	1	2	3	4	5	6	7	8
KP1	1	100～3000	100	3～30	≤2.5			20
KP5	5	100～3000	100	5～70	≤3.5			90
KP10	10	100～3000	100	5～100	≤3.5			190
KP20	20	100～3000	100	5～100	≤3.5			380
KP30	30	100～3000	100	8～150	≤3.5			560
KP50	50	100～3000	115	8～150	≤4			940
KP100	100	100～3000	115	10～250	≤4	25～1000	25～500	1880
KP200	200	100～3000	115	10～250	≤5			3770
KP300	300	100～3000	115	20～300	≤5			5650
KP400	400	100～3000	115	20～300	≤5			7540
KP500	500	100～3000	115	20～300	≤5			9420
KP600	600	100～3000	115	30～350	≤5			11160
KP800	800	100～3000	115	30～350	≤5			14920
KP1000	1000	100～3000	115	40～400	≤5			18600

晶闸管允许流过电流的大小主要取决于元件的结温，在规定的室温和冷却的条件下，结温的高低仅与发热有关，造成元件发热的主要因素是流过元件的电流有效值和元件导通后管芯的内阻，一般认为内阻不变，则发热取决于电流有效值。因此，在实际中选择晶闸管额定电流 $I_{T(AV)}$ 应按以下原则：所选的晶闸管额定电流有效值 I_T 大于元件在电路中可能流过的最大电流有效值 I_{Tm}。考虑到晶闸管的过载能力比较差，因此，选择时必须留有 $1.5 \sim 2$ 倍的安全裕量，即：

$$1.57 I_{T(AV)} = I_T \geqslant (1.5 \sim 2) I_{Tm}$$

$$I_{T(AV)} \geqslant (1.5 \sim 2) c u_r \sqrt{\frac{2(\pi - \alpha) + \sin 2\alpha}{2\pi}} \qquad (1\text{-}6)$$

　　可见在实际使用中，不论晶闸管流过的电流波形如何，导通角有多大，只要遵循式（1-6）来选择晶闸管的额定电流，其发热就不会超过允许范围。

【注意事项】

　　晶闸管在使用中，当散热条件不符合规定要求时，如室温超过 40℃、强迫风冷的出口风速不足 5m/s 等，则元件的额定电流应立即降低使用，否则元件会由于结温超过允许值而损坏。按规定应采用风冷的元件而采用自冷时，则电流的额定值应降低到原有值的 $30\% \sim 40\%$，反之如果改为采用水冷时，则电流的额定值可以增大 $30\% \sim 40\%$。

　　（2）维持电流 I_H 与擎住电流 I_L

　　维持电流 I_H 是指在室温下门极断开时，晶闸管从较大的通态电流降至刚好能保持导通的最小阳极电流。

　　也就是说维持电流是维持晶闸管导通所需要的阳极电流的最小值，是晶闸管由通态转为断态的临界值。判定一只晶闸管是否由通态转为断态，标准是什么？就看其阳极电流是否小于其所对应的维持电流 I_H。

　　维持电流与元件额定电流、结温等因素有关，通常温度越高，维持电流越小；额定电流大的晶闸管其维持电流大。维持电流大的晶闸管，容易关断。由于晶闸管的离散性，同一型号的不同晶闸管，其维持电流也不相同。

　　擎住电流 I_L 是指晶闸管加上触发脉冲使其开通过程中，当脉冲消失此时要保持管子维持导通所需的最小阳极电流。

　　如果管子在开通过程中阳极电流 I_a 未上升到 I_L 值，当触发脉冲去除后管子又恢复阻断。通常对同一晶闸管来说，擎住电流 I_L 比维持电流 I_H 大数倍。

　　也就是说晶闸管加上触发电压就可能导通，去掉触发电压后还不一定能继续导通，要看阳极电流是否能达到擎住电流 I_L 以上，只有阳极电流达到擎住电流 I_L 以上，才表明晶闸管彻底导通。擎住电流 I_L 是晶闸管由断态转为通态的临界值。判定一只晶闸管是否由断态转为通态，标准是什么？就看其阳极电流是否大于其所对应的擎住电流 I_L。

　　（3）门极触发电流 I_{GT}

　　门极触发电流 I_{GT} 是指在室温下，晶闸管施加 6V 正向阳极电压时，使元件由断态转入通态所必须的最小门极电流。同一型号的晶闸管，由于门极特性的差异，其 I_{GT} 相

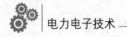

差很大。

3. 晶闸管的动态参数

（1）开通时间 t_{gt} 和关断时间 t_q

当门极触发电流输入门极，先在 J_2 结靠近门极附近形成导通区，逐渐才向 J_2 结的全区域扩展，这段时间称为开通时间，用 t_{gt} 表示。普通晶闸管的开通时间为几十微秒以下。

在额定结温下，元件从切断正向阳极电流到元件恢复正向阻断能力为止，这段时间称为门极关断时间，用 t_q 表示。它一般为几百微秒。

（2）断态正向电压临界上升率 du/dt

在额定结温和门极断路情况下，使元件从断态转入通态，元件所加的最小正向电压上升率称为断态正向电压临界上升率，用 du/dt 表示。

限制电压上升率 du/dt 的原因：晶闸管在阻断状态下，它的 J_3 结面存在着一个电容。若加在晶闸管上的阳极正向电压变化率较大时，便会有较大的充电电流流过 J_3 结面，起到触发电流的作用，有可能使元件误导通。晶闸管误导通会引起很大的浪涌电流，使快速熔断器熔断或使晶闸管损坏。

限制方法：为了限制断态正向电压上升率，可以与元件并联一个阻容支路，利用电容两端电压不能突变的特性来限制电压上升率。另外，利用门极的反向偏置也会达到同样的效果。

（3）通态电流临界上升率 di/dt

在规定条件下，元件在门极开通时能承受而不导致损坏的通态电流的最大上升率称为通态电流临界上升率。

限制电流上升率 di/dt 的原因：晶闸管在导通瞬间，电流集中在门极附近，随着时间的推移，导通区才逐渐扩大，直到全部结面导通为止。在此过程中，如果阳极电流上升率过快，就会造成 J_2 结局部过热而出现"烧焦点"，使用一段时间后，元件将造成永久性损坏。

限制方法：限制电流上升率的有效办法是与晶闸管串接空芯电感。

1.2.6 晶闸管的型号

按新国家标准规定，晶闸管的型号及其含义如下：

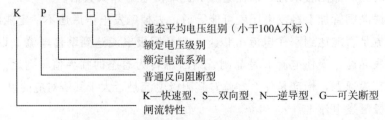

例如，KP200－8D 表示额定电流为 200A，额定电压为 800V，管压降为 0.7V 的普通晶闸管。

1.3 单相半波可控整流电路

1.3.1 电阻性负载电路波形的分析

1. 电路结构

电炉、白炽灯等均属于电阻性负载，如果负载是纯电阻，那么流过电阻里的电流与电阻两端电压始终同相位，两者波形相似；电流与电压均允许突变。

图 1-16 （a）为单相半波阻性负载可控整流电路，主电路由晶闸管 VT、负载电阻 R_d 及单相整流变压器 T_r 组成。整流变压器二次电压、电流有效值下标用 2 表示，电路输出电压电流平均值下标用 d 表示，交流正弦电压波形的横坐标为电角度 ωt。

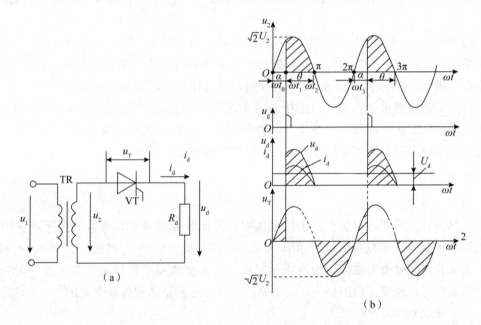

图 1-16 单相半波阻性负载可控整流电路及波形

2. 电阻性负载的波形分析

图 1-16 （b）为单相半波阻性负载可控整流电路波形分析图。在交流电 u_2 一个周期内，用 ωt 坐标点将波形分为三段，即 $\omega t_0 \sim \omega t_1$、$\omega t_1 \sim \omega t_2$、$\omega t_2 \sim \omega t_3$，下面逐段对波形分析如下：

①当 $\omega t = \omega t_0$ 时，交流侧输入电压 u_2 瞬时值为零，即 $u_2 = 0$；晶闸管门极没有触发电压 u_g，即 $u_g = 0$。晶闸管 VT 不导通，即 $i_T = i_d = 0$；直流侧负载电阻 R_d 没有电流通过，也就没有压降，即 $u_d = 0$；晶闸管 VT 不承受电压，即 $u_T = 0$。

②当 $\omega t_0 < \omega t < \omega t_1$ 时，交流侧输入电压 u_2 瞬时值大于零，即 $u_2 > 0$，电源电压 u_2 处于正半周期，晶闸管 VT 承受正向阳极电压，但此段晶闸管 VT 门极仍然没有触发电压 u_g，即 $u_g = 0$。晶闸管 VT 不导通，即 $i_T = i_d = 0$；直流侧负载电阻 R_d 没有压降，即 $u_d = 0$；晶闸管承受电源正压，即 $u_T = u_2 > 0$。

③当 $\omega t = \omega t_1$ 时，交流侧输入电压 u_2 瞬时值大于零，即 $u_2 > 0$，电源电压 u_2 处于正半周期，晶闸管 VT 承受正向阳极电压，此时晶闸管 VT 门极有触发电压 u_g，即 $u_g > 0$。晶闸管 VT 导通，即 $i_T = i_d > 0$；直流侧负载电阻 R_d 产生压降，即 $u_d = u_2 > 0$；晶闸管通态压降近似为零，即 $u_T = 0$。

④当 $\omega t_1 < \omega t < \omega t_2$ 时，晶闸管 VT 已经导通，交流侧输入电压 u_2 瞬时值大于零，即 $u_2 > 0$，电源电压 u_2 仍处于正半周期，晶闸管 VT 继续承受正向阳极电压。晶闸管 VT 继续导通，即 $i_T = i_d > 0$；直流侧负载电阻 R_d 产生压降，即 $u_d = u_2 > 0$；晶闸管通态压降近似为零，即 $u_T = 0$。

⑤当 $\omega t = \omega t_2$ 时，交流侧输入电压 u_2 瞬时值为零，即 $u_2 = 0$。晶闸管 VT 自然关断，即 $i_T = i_d = 0$；直流侧负载电阻 R_d 没有压降，即 $u_d = 0$；晶闸管 VT 不承受电压，即 $u_T = 0$。

⑥当 $\omega t_2 < \omega t < \omega t_3$ 时，交流侧输入电压 u_2 瞬时值小于零，即 $u_2 < 0$，电源电压 u_2 处于负半周期，晶闸管 VT 承受反向阳极电压。晶闸管 VT 不导通，即 $i_T = i_d = 0$；直流侧负载电阻 R_d 没有压降，即 $u_d = 0$；晶闸管承受电源反压，即 $u_T = u_2 < 0$。

在用示波器测量波形时，波形中垂直上跳或下跳的线段和阴影是显示不出来的，这些线段和阴影是波形分析时为了方便理解，人为画出来的。要测量有直流分量的波形必须从示波器的直流测量端输入，且预先确定基准水平线位置。

3. 引入几个定义

（1）控制角

从晶闸管元件开始承受正向阳极电压起到晶闸管元件导通，这段期间所对应的电角度称为控制角（亦称移相角），用 α 表示。在图 1-16（b）中，对应 $\omega t_0 < \omega t < \omega t_1$ 段。

在单相可控整流电路中，控制角的起点一定是交流相电压的过零变正点，因为这点是晶闸管元件承受正向阳极电压的最早点，从这点开始晶闸管承受正压。

（2）导通角

晶闸管在一个周期内导通的电角度称为导通角，用 θ_T 表示。在图 1-16（b）中，对应 $\omega t_1 < \omega t < \omega t_2$ 段。在阻性负载的单相半波电路中，α 与 θ_T 的关系为 $\alpha + \theta_T = \pi$。

（3）移相

改变 α 的大小即改变触发脉冲在每个周期内出现的时刻称为移相。移相的目的是为了改变晶闸管的导通时间，最终改变直流侧输出电压的平均值，这种控制方式称为相控。

（4）移相范围

在晶闸管元件承受正向阳极电压时，α 的变化范围称为移相范围。显然，在阻性负载的单相半波电路中，α 的变化范围为 $0 < \alpha < \pi$。

4. 参数计算

①输出端直流电压（平均值）U_d。输出端的直流电压 U_d 是以平均值来衡量的，U_d 是 u_d 波形在一个周期内面积的平均值，直流电压表测得的即为此值，U_d 可由下式积分求得：

$$U_d = \frac{\tau}{T}U = 0.45U_2 \frac{\tau}{T}U \tag{1-7}$$

$$\frac{\tau}{T}U = 0.45U_2 \sqrt{\frac{1}{2\pi}\sin 2\alpha + \frac{\pi-\alpha}{\pi}} \tag{1-8}$$

直流电流的平均值为：

$$I_d = \frac{t_{on}}{T_s}U_d - \frac{T_s - t_{on}}{T_s}U_d = 0.45\frac{U_{21}}{E_{20}}\cos\beta \frac{s_{max}E_{20}}{\cos\beta min} \tag{1-9}$$

②输出端直流电压（有效值）U。由于电流 i_d 也是缺角正弦波，因此在选择晶闸管、熔断器、导线截面以及计算负载电阻 R_d 的有功功率时，必须按电流有效值计算。

$$U = \frac{U_d}{U_{cm}}u_r = cu_r \tag{1-10}$$

电流有效值 I 为：

$$I = \sqrt{\frac{2(\pi-\alpha)+\sin 2\alpha}{2\pi}} = \frac{nT}{T_c}P_n\sqrt{\frac{nT}{T_c}}U_n \tag{1-11}$$

③功率因数 $\cos\varphi$。对于整流电路通常要考虑功率因数 $\cos\varphi$ 和电源的伏安容量。不难看出，变压器二次侧所供给的有功功率（忽略晶闸管的损耗）为 $P = I^2R_d = UI$（注意：不是 $I_d^2R_d$），而变压器二次侧的视在功率 $S = U_2I$。所以电路功率因数 $\cos\varphi$ 为：

$$\cos\varphi = \frac{P}{S} = \frac{UI}{U_2I} = \sqrt{\frac{1}{4\pi}\sin 2\alpha + \frac{\pi-\alpha}{2\pi}} \tag{1-12}$$

④晶闸管承受的最大电压为 $\sqrt{2}U_2$，移相范围为 $0 \sim \pi$。

⚙ **知识拓展**

在可控整流电路中，控制角 α 对输出端 U_d 的影响为：当控制角 α 从 π 向零方向变化，即触发脉冲向左移动时，负载直流电压 U_d 从零到 $0.45u_2$ 之间连续变化，起到直流电压连续可调的目的。

在可控整流电路中，功率因数 $\cos\varphi$ 是 α 的函数。当 $\alpha = 0$ 时，$\cos\varphi$ 最大为 0.707，变压器最大利用率也仅有 70%。这说明尽管是电阻性负载，由于存在谐波电流，电源的功率因数也不会是 1，而且当 α 越大时，功率因数越低，设备利用率越低。这是因为移相控制导致负载电流波形发生畸变，大量高次谐波成分减小了有功输出，却占据了电路容量。

例 有一单相半波可控整流电路，负载电阻 R_d 为 10Ω，直接接到交流电源 220V 上，要求控制角从 $180°\sim0°$ 可移相，如图 1-16 所示。求：

①控制角 $\alpha=60°$ 时，电压表、电流表读数及此时的电路功率因数；

②如导线电流密度取 $j=6A/mm^2$，计算导线截面；

③计算 R_d 的功率；

④电压电流考虑 2 倍裕量，选择晶闸管原件。

解

①由式（1-7）计算得：

当 $\alpha=60°$ 时，$U_d/U_2=0.338$，

$$U_d=0.338U_2=0.338\times220V=74.4V$$

$$I_d=U_d/R_d=74.4/10A=7.44A$$

$$\cos\varphi=0.635$$

②计算导线截面、电阻功率、选择晶闸管额定电流时，应以电流最大值考虑。控制角 $\alpha=0°$ 时电压、电流最大，故以 $\alpha=0°$ 计算。

当 $\alpha=0°$ 时，$U_d/U_2=0.45$

$$U_{dM}=0.45U_2=0.45\times220V=99V$$

$$I_{dM}=U_d/R_d=99/10A=9.9A$$

所以，电路中最大有效电流为：

$$I_M=1.57\times I_{dM}=1.57\times9.9A=15.5A$$

导线截面 S：

$$S_j\geqslant I_M, \quad S\geqslant\frac{I_M}{J}=\frac{15.5}{6}mm^2=2.58mm^2$$

根据导线线芯截面规格，选 $S=2.93mm^2$（7 根 22 号的塑料铜线）。

③ $P_M=I_M^2R_d=(15.5)^2\times10W=2402W=2.40kW$（注意：不是 $P_d=I_d^2R_d$，P_d 是平均功率）。

④元件承受的最大正反向电压：

$$U_{Tn}=2U_{TM}=2\sqrt{2}\times U_2=2\sqrt{2}\times220V=622V$$

$$I_{T(AV)}\geqslant2\times\frac{I_M}{1.57}=2\times\frac{15.5}{1.57}=19.7A$$

晶闸管的型号规格应为 KP20－7。

1.3.2 阻感性负载

1. 电路结构

在工业生产中，有很多负载既具有阻性又具有感性，例如直流电机的绕组线圈、输出串接电抗器等。当直流负载的感抗 ωL_d 和负载电阻 R_d 的大小相比不可忽略时，这种负载称为电感性负载。当 $\omega L_d\geqslant10R_d$ 时，此时的负载称为大电感负载。

根据《电工原理》，我们知道：如果负载是感性，由于电感对变化的电流具有阻碍作用，所以，流过负载里的电流与负载两端的电压有相位差，通常是电压相位超前，而电流滞后，电压允许突变，而电流不允许突变。

说明：电感性负载实际上是感性和阻性的统一体，但为了便于分析，在电路中通常把电感 L_d 与电阻 R_d 分开，如图 1-17 所示。

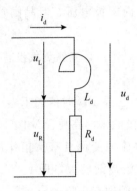

图 1-17 电感性负载

2. 感性负载的波形分析

图 1-18（a）为单相半波整流阻感性负载可控整流电路，图 1-18（b）为单相半波感性负载可控整流电路波形分析图。在交流电 u_2 一个周期内，用 ωt 坐标点将波形分为五段，即 $\omega t_0 \sim \omega t_1$、$\omega t_1 \sim \omega t_2$、$\omega t_2 \sim \omega t_3$、$\omega t_3 \sim \omega t_4$、$\omega t_4 \sim \omega t_5$。

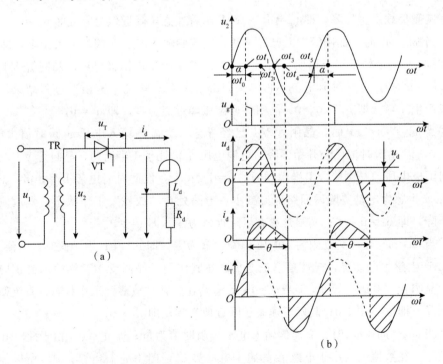

图 1-18 单相半波整流阻感性负载可控整流电路及波形

下面逐段对波形分析如下：

①当 $\omega t = \omega t_0$ 时，交流侧输入电压 u_2 瞬时值为零，即 $u_2 = 0$；晶闸管门极没有触发电压 u_g，即 $u_g = 0$。晶闸管 VT 不导通，即 $i_T = i_d = 0$；直流侧负载没有电流通过，也就没有压降，即 $u_d = 0$；晶闸管 VT 不承受电压，即 $u_T = 0$。

②当 $\omega t_0 < \omega t < \omega t_1$ 时，交流侧输入电压 u_2 瞬时值大于零，即 $u_2 > 0$，电源电压 u_2 处于正半周期，晶闸管 VT 承受正向阳极电压，但晶闸管 VT 门极仍没有触发电压 u_g，即 $u_g = 0$。

晶闸管 VT 不导通，即 $i_T = i_d = 0$；直流侧负载没有压降，即 $u_d = 0$；晶闸管承受电源正压，即 $u_T = u_2 > 0$。

③当 $\omega t = \omega t_1$ 时，交流侧输入电压 u_2 瞬时值大于零，即 $u_2 > 0$，电源电压 u_2 处于正半周期，晶闸管 VT 承受正向阳极电压，晶闸管 VT 门极有触发电压 u_g，即 $u_g > 0$。晶闸管 VT 导通，由于电感 L_d 对电流的变化具有抗拒作用，此时是阻碍回路电流增大，所以 i_T 不能突变，只能从零值开始逐渐增大，即 $i_T = i_d > 0 \uparrow$；直流侧负载产生压降，即 $u_d = u_2 > 0$，u_d 产生突变；晶闸管通态压降近似为零，即 $u_T = 0$。

④当 $\omega t_1 < \omega t < \omega t_2$ 时，晶闸管 VT 已经导通，交流侧输入电压 u_2 瞬时值大于零，即 $u_2 > 0$，电源电压 u_2 仍处于正半周期，晶闸管 VT 继续承受正向阳极电压。晶闸管 VT 继续导通，即 $i_T = i_d > 0 \uparrow$，此期间电源不但向 R_d 供给能量而且还供给 L_d 能量，电感储存了磁场能量，磁场能量 $W_L = \frac{1}{2} L_d i_d{}^2$，$di_T/dt > 0$，电路处在"充磁"的工作状态；直流侧负载产生压降，即 $u_d = u_2 > 0$；晶闸管通态压降近似为零，即 $u_T = 0$。

⑤当 $\omega t = \omega t_2$ 时，晶闸管 VT 已经导通，交流侧输入电压 u_2 瞬时值大于零，即 $u_2 > 0$，电源电压 u_2 仍处于正半周期，晶闸管 VT 继续承受正向阳极电压。晶闸管 VT 继续导通，$i_T = i_d > 0$，但此时 i_T 电流不再增大，$di_T/dt = 0$，电路"充磁"过程结束；直流侧负载产生压降，即 $u_d = u_2 > 0$；晶闸管通态压降近似为零，即 $u_T = 0$。

⑥当 $\omega t_2 < \omega t < \omega t_3$ 时，晶闸管 VT 已经导通，交流侧输入电压 u_2 瞬时值大于零，即 $u_2 > 0$，但 u_2 瞬时值已经开始下降，电源电压 u_2 仍处于正半周期，晶闸管 VT 继续承受正向阳极电压。晶闸管 VT 继续导通，$i_T = i_d > 0 \downarrow$，但此时 i_T 电流下降，$di_T/dt < 0$，电感 L_d 产生感生电动势阻碍回路电流减小，电路处在"放磁"工作状态；直流侧负载产生压降，即 $u_d = u_2 > 0$；晶闸管通态压降近似为零，即 $u_T = 0$。

⑦当 $\omega t = \omega t_3$ 时，交流侧输入电压 u_2 瞬时值为零，即 $u_2 = 0$；由于此时 i_T 电流下降，电感 L_d 产生感生电动势，极性是下正上负，在其作用下晶闸管 VT 继续承受正向阳极电压。晶闸管 VT 继续导通，$i_T = i_d > 0 \downarrow$，电路还处在"放磁"工作状态；直流侧负载产生压降，即 $u_d = u_2 > 0$；晶闸管通态压降近似为零，即 $u_T = 0$。

⑧当 $\omega t_3 < \omega t < \omega t_4$ 时，交流侧输入电压 u_2 瞬时值为负，即 $u_2 < 0$；由于此时 u_2 数值还比较小，在数值上还小于电感 L_d 的感生电动势 u_L，即 $|u_L| > |u_2|$，所以晶闸管 VT 继续承受正向阳极电压。晶闸管 VT 继续导通，$i_T = i_d > 0 \downarrow$，电路还处在"放磁"

工作状态；直流侧负载产生压降，即 $u_d = u_2 < 0$，u_d 波形出现负电压；晶闸管通态压降近似为零，即 $u_T = 0$。

⑨当 $\omega t = \omega t_4$ 时，交流侧输入电压 u_2 瞬时值为负，即 $u_2 < 0$；由于此时 u_2 数值还比较大，在数值上等于电感 L_d 的感生电动势 u_L，即 $|u_L| = |u_2|$，所以晶闸管 VT 不承受电压。晶闸管 VT 自然关断，即 $i_T = i_d = 0$，电路"放磁"过程结束；直流侧负载没有压降，即 $u_d = 0$；晶闸管 VT 不承受电压，即 $u_T = 0$。

⑩当 $\omega t_4 < \omega t < \omega t_5$ 时，交流侧输入电压 u_2 瞬时值为负，即 $u_2 < 0$，电源电压 u_2 处于负半周期，晶闸管 VT 承受反向阳极电压。晶闸管 VT 不导通，即 $i_T = i_d = 0$；直流侧负载没有压降，即 $u_d = 0$；晶闸管承受电源反压，即 $u_T = u_2 < 0$。

⚙ 知识拓展

在可控整流电路中，电感性负载要宽脉冲触发的原因为：由于电感性负载电流不能突变，当晶闸管触发导通后，阳极电流上升较缓慢，故要求触发脉冲宽些（约 20°），以免阳极电流尚未升到晶闸管擎住电流时，触发脉冲已消失，晶闸管无法导通。

由于电感的存在使负载电压波形出现部分负电压，电感 L_d 越大，晶闸管导通角 θ_T 也越大。当 L_d 增大，使电压波形的负面积接近正面积时，整流输出的直流电压 $U_d \approx 0$。因此，单相半波整流电路中，当 L_d 很大时，不管 α 如何变化，U_d 总是很小，电路是无法工作的。

1.3.3 阻感性负载并接续流二极管

在带有大电感负载时，单相半波可控整流电路正常工作的关键是使负载端不出现负电压，因此，要设法在电源电压 u_2 负半周期时，使晶闸管 VT 承受反压而关断。解决的办法是在负载两端并联一个二极管，其极性如图 1-19 所示，由于该二极管是为电感性负载在晶闸管关断时刻提供续流回路，故此二极管称为续流二极管，简称续流管。

1. 电路结构

阻感性负载并连续流二极管电路结构如图 1-19（a）所示。

2. 阻感性负载并接续流二极管波形分析

①当 $\omega t_1 < \omega t < \omega t_2$ 时，晶闸管 VT 已经导通，交流侧输入电压 u_2 瞬时值大于零，即 $u_2 > 0$，电源电压 u_2 仍处于正半周期，晶闸管 VT 继续承受正向阳极电压。晶闸管 VT 继续导通，即 $i_T > 0$；直流侧负载产生压降，即 $u_d = u_2 > 0$，续流二极管 VD 承受反压不导通，负载上电压波形与不加二极管 VD 时相同；晶闸管通态压降近似为零，即 $u_T = 0$。

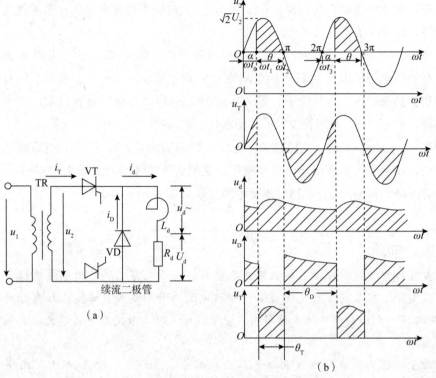

图 1-19　阻感性负载接续流二极管时的电路及波形

②当 $\omega t = \omega t_2$ 时，交流侧输入电压 u_2 瞬时值为零，即 $u_2 = 0$。此时等效电路如图 2-9 所示，续流二极管 VD 与晶闸管 VT 并联，同时对电感 L_d 续流。晶闸管 VT 及续流二极管 VD 都导通，即 $i_d = i_T + i_D$；直流侧负载电压等于管压降，即 $u_d = 0$；晶闸管通态压降近似为零，即 $u_T = 0$。

③当 $\omega t_2 < \omega t < \omega t_3$ 时，交流侧输入电压 u_2 瞬时值小于零，即 $u_2 < 0$，电源电压 u_2 处于负半周期。此时等效电路如图 2-10 所示，通过续流二极管 VD 给晶闸管 VT 施加反向阳极电压。晶闸管 VT 被强迫关断，续流二极管 VD 对电感 L_d 续流导通，即 $i_T = 0$、$i_d = i_D > 0$；直流侧负载电压等于二极管压降，即 $u_d = 0$；晶闸管承受电源反压，即 $u_T = u_2 < 0$。在交流侧输入电压 u_2 过零后，通过续流二极管 VD 给电感 L_d 提供续流通路；通过续流二极管 VD 给晶闸管 VT 施加电源反压，使其被及时强迫关断。

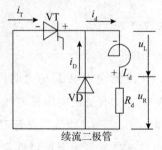

图 1-20　$u_2 = 0$ 时等效电路

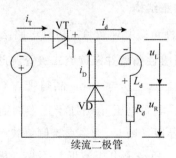

图 1-21　$u_2 < 0$ 时等效电路

3. 参数计算

（1）输出端直流电压（平均值）U_d用以下公式计算。

$$U_d = \frac{1}{2\pi}\int_\alpha^\pi \sqrt{2}U_2\sin\omega t\,d(\omega t) = 0.45U_2\frac{1+\cos\alpha}{2} \tag{1-13}$$

$$I_d = \frac{U_d}{R_d} = 0.45\frac{U_2}{R_d}\frac{1+\cos\alpha}{2} \tag{1-14}$$

（2）负载、晶闸管及续流二极管电流值的计算。当电感量足够大时，流过负载的电流波形可以看成是一条平行于横轴的直线，即标准直流，晶闸管电流 i_T 与续流管电流 i_D 均为矩形波。假若负载电流的平均值为 I_d，则流过晶闸管与续流管的电流平均值分别为：

$$I_{dT} = \frac{\pi-\alpha}{2\pi}I_d = \frac{\theta_T}{2\pi}I_d \tag{1-15}$$

$$I_{dD} = \frac{\pi+\alpha}{2\pi}I_d = \frac{\theta_D}{2\pi}I_d \tag{1-16}$$

流过晶闸管与续流二极管的电流有效值分别为：

$$I_T = \sqrt{\frac{\pi-\alpha}{2\pi}}I_d = \sqrt{\frac{\theta_T}{2\pi}}I_d \tag{1-17}$$

$$I_D = \sqrt{\frac{\pi+\alpha}{2\pi}}I_d = \sqrt{\frac{\theta_D}{2\pi}}I_d \tag{1-18}$$

（3）晶闸管和续流二极管承受的最大电压均为$\sqrt{2}U_2$，移相范围为$0\sim\pi$。

例 图 1-22 是中、小型发电机采用的单相半波自激稳压可控整流电路。当发电机满负载运行时，相电压为 220V，要求的励磁电压为 45V。已知：励磁线圈的电阻为 2Ω，电感量为 0.1H。试求：晶闸管及续流管的电流的平均值和有效值各是多少？晶闸管与续流管可能承受的最大电压各是多少？请选择晶闸管与续流管的型号。

解 因 $\omega L_d = 31.4 \geqslant R_d$，所以负载性质为大电感负载，可看成电流波形平直。分别计算如下：

$$U_d = 0.45U_2\frac{1+\cos\alpha}{2}$$

$$\cos\alpha = \frac{2U_d}{0.45U_2} - 1 = \frac{2\times45}{0.45\times220} - 1 = -0.09$$

控制角 $\alpha = 95.1°$，导通角 $\theta_T = 180° - 95.1° = 84.9°$

$$I_d = \frac{U_d}{R_d} = \frac{45}{2} = 22.5\text{A}$$

晶闸管平均电流 I_{dT} 和有效电流 I_T 分别为：

$$I_{dT} = \frac{\theta_T}{2\pi}I_d = \frac{84.9}{360}\times22.5 = 5.34\text{A}$$

$$I_T = \sqrt{\frac{\theta_T}{2\pi}}I_d = \sqrt{\frac{84.9}{360}}\times22.5 = 10.9\text{A}$$

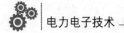
续流管平均电流 I_{dD} 和有效电流 I_D 分别为：

$$I_{dD} = \frac{\theta_D}{2\pi}I_d = \frac{180+95.1}{360} \times 22.5 = 17.2\text{A}$$

$$I_D = \sqrt{\frac{\theta_D}{2\pi}}I_d = \sqrt{\frac{180+95.1}{360}} \times 22.5 = 19.6\text{A}$$

晶闸管和续流管承受最大电压为：

$$U_{TM} = U_{DM} = \sqrt{2}U_2 = 311\text{V}$$

晶闸管型号计算为：

额定电压：

$$U_{Tn} = (2 \sim 3)U_{TM} = 622 \sim 933\text{V}$$

额定电流：

$$I_{T(AV)} = (1.5 \sim 2)\frac{I_T}{1.57} = (1.5 \sim 2)\frac{10.9}{1.57} = 10.4 \sim 13.9\text{A}$$

选取 10A，故晶闸管型号为 KP10－8。

续流管型号计算为：

额定电压：

$$U_{TD} = (2 \sim 3)U_{TD} = 622 \sim 933\text{V}$$

额定电流 L：

$$I_{D(AV)} = (1.5 \sim 2)\frac{I_D}{1.57} = (1.5 \sim 2)\frac{10.9}{1.57} = 10.4 \sim 13.9\text{A}$$

选取 20A，故续流管型号为 ZP20－8。

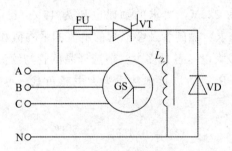

图 1-22　同步发动机单相半波自励电路

1.4　单相全波可控整流电路

单相半波可控整流电路虽然具有线路简单、投资小及调试方便等优点，但只有半周期工作，直流输出脉动大，整流变压器利用率低且存在直流磁化的问题，因此仅用于要求不高的小功率的场合。为了使电源负半周也能工作，实现双半周整流，在负载上得到全波整流电压，在实用中大量采用单相全波与桥式可控整流。

1.4.1　电阻性负载

1. 电路结构

单相全波可控整流电路如图 1-23（a）所示，从电路形式来看，它相当于由两个电源电压相位错开 180°的两组单相半波可控整流电路并联而成，因此，该电路又称单相双半波可控整流电路。由于两半波电路电源相位相差 180°，所以，全波电路中两晶闸管的门极触发信号相位也保持 180°相差。

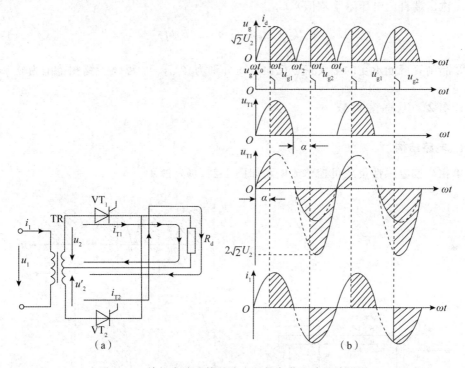

图 1-23　单相全波可控整流电阻性负载电路及波形图

2. 电阻性负载的波形分析

图 1-23（b）为单相全波阻性负载可控整流电路波形分析图。在交流电 u_2 一个周期内，用 ωt 坐标点将波形分为四段，下面逐段对波形分析如下：

①当 $\omega t_0 \leqslant \omega t < \omega t_1$ 时，交流侧输入电压瞬时值 $u_2 \geqslant 0$，电源电压 u_2 处于正半周期，但晶闸管 VT 门极没有触发电压 u_g，即 $u_g = 0$。晶闸管 VT 不导通，即 $i_T = i_d = 0$；直流侧负载电阻 R_d 的电压 $u_d = 0$；晶闸管 VT_1 承受电压 $u_{T1} = u_2 > 0$。

②当 $\omega t_1 \leqslant \omega t < \omega t_2$ 时，交流侧输入电压瞬时值 $u_2 > 0$，电源电压 u_2 处于正半周期，晶闸管 VT_1 承受正向阳极电压；在 $\omega t = \omega t_1$ 时刻，给晶闸管 VT_1 门极施加触发电压 u_{g1}，即 $u_{g1} > 0$。晶闸管 VT_1 导通，即 $i_{T1} = i_d > 0$；直流侧负载电阻 R_d 的电压 $u_d = u_2 > 0$；晶闸管 VT_1 压降 $u_{T1} = 0$。

③当 $\omega t_2 \leqslant \omega t < \omega t_3$ 时，交流侧输入电压瞬时值 $u_2 \leqslant 0$，电源电压 u_2 处于负半周期；在 $\omega t = \omega t_2$ 时，晶闸管 VT_1 自然关断。晶闸管 VT 不导通，即 $i_T = i_d = 0$；直流侧负载电阻 R_d 的电压 $u_d = 0$；晶闸管 VT_1 承受电压 $u_{T1} = u_2 \leqslant 0$。

④当 $\omega t_3 \leqslant \omega t < \omega t_4$ 时，交流侧输入电压瞬时值 $u_2 \leqslant 0$，电源电压 u_2 处于负半周期，晶闸管 VT_2 承受正向阳极电压；在 $\omega t = \omega t_3$ 时刻，给晶闸管 VT_2 门极施加触发电压 u_{g2}，即 $u_{g2} > 0$。晶闸管 VT_2 导通，即 $i_{T2} = i_d = 0$；直流侧负载电阻 R_d 的电压 $u_d = |u_2| > 0$；晶闸管 VT_1 压降 $u_{T1} = 2u_2 < 0$。

3. 参数计算

①输出端直流电压（平均值）U_d。

$$U_d = \frac{1}{\pi} \int_\alpha^\pi \sqrt{2} U_2 \sin\omega t \, d(\omega t) = 0.9 U_2 \frac{1 + \cos\alpha}{2} \tag{1-19}$$

②晶闸管可能承受的最大正、反向电压分别为 $\sqrt{2} U_2$、$2\sqrt{2} U_2$，移相范围为 $0 \sim \pi$。

1.4.2 电感性负载

1. 电路结构

单相全波电感性负载可控整流电路如图 1-24（a）所示。

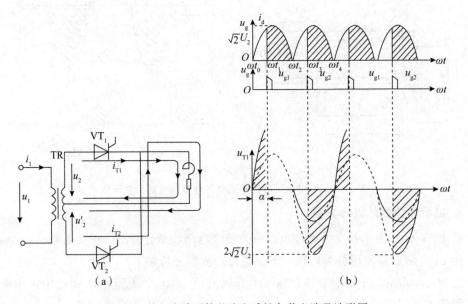

图 1-24 单相全波可控整流电感性负载电路及波形图

2. 电感性负载的波形分析

图 1-24（b）为单相全波电感性负载可控整流电路及波形图。在交流电 u_2 一个周期内，用 ωt 坐标点将波形分为四段，下面逐段对波形分析如下：

①当 $\omega t_1 \leqslant \omega t < \omega t_2$ 时，交流侧输入电压瞬时值 $u_2 > 0$，电源电压 u_2 处于正半周期；

晶闸管 VT_1 承受正向阳极电压；在 $\omega t = \omega t_1$ 时刻，给晶闸管 VT_1 门极施加触发电压 u_{g1}，即 $u_{g1} > 0$。晶闸管 VT_1 导通，即 $i_{T1} = i_d > 0 \uparrow$；直流侧负载的电压 $u_d = u_2 > 0$；晶闸管 VT_1 压降 $u_{T1} = 0$。

②当 $\omega t_2 \leqslant \omega t < \omega t_3$ 时，交流侧输入电压瞬时值 $u_2 \leqslant 0$，电源电压 u_2 处于负半周期；在此期间电感 L_d 产生的感生电动势 u_L 极性是下正上负，且 $u_{T1} = |u_L| - |u_2| > 0$，晶闸管 VT_1 继续承受正向阳极电压。晶闸管 VT_1 导通，即 $i_{T1} = i_d > 0 \downarrow$；直流侧负载的电压 $u_d = u_2 < 0$；晶闸管 VT_1 压降 $u_{T1} = 0$。

③当 $\omega t_3 \leqslant \omega t < \omega t_4$ 时，交流侧输入电压瞬时值 $u_2 \leqslant 0$，电源电压 u_2 处于负半周期，晶闸管 VT_2 承受正向阳极电压；在 $\omega t = \omega t_3$ 时刻，给晶闸管 VT_2 门极施加触发电压 u_{g2}，即 $u_{g2} > 0$。晶闸管 VT_2 导通，即 $i_{T2} = i_d > 0 \uparrow$；直流侧负载的电压 $u_d = |u_2| > 0$；晶闸管 VT_1 压降 $u_{T1} = 2u_2 < 0$。

④当 $\omega t_0 \leqslant \omega t < \omega t_1$ 时，交流侧输入电压瞬时值 $u_2 \geqslant 0$，电源电压 u_2 处于正半周期，在此期间电感 L_d 产生的感生电动势 u_L 极性是下正上负，且 $u_{T1} = |u_L| - |u_2| > 0$，晶闸管 VT_2 继续承受正向阳极电压。晶闸管 VT_2 导通，即 $i_{T2} = i_d > 0 \downarrow$；直流侧负载的电压 $u_d = -u_2 < 0$；晶闸管 VT_1 压降 $u_{T1} = 2u_2 > 0$。

3. 参数计算

①输出端直流电压（平均值）U_d。

$$U_d = \frac{1}{2\pi} \int_{\alpha}^{\pi+\alpha} \sqrt{2} U_2 \sin\omega t\, d(\omega t) = 0.9 U_2 \cos\alpha \tag{1-20}$$

③晶闸管可能承受的最大正、反向电压分别均为 $2\sqrt{2} U_2$，移相范围为 $0 \sim \pi/2$。

1.5　单相全控桥式可控整流电路

单相全波可控整流电路具有输出电压脉动小、平均电压高及整流变压器没有直流磁化等优点。但该电路一定要配备有中心抽头的整流变压器，且变压器二次侧抽头的上、下绕组利用率仍然很低，最多只能工作半个周期，变压器设置容量仍未充分利用；其次，晶闸管承受电压最高达 $2\sqrt{2} U_2$，且元件价格昂贵。为了克服以上缺点，可以采用单相全控桥式可控整流电路。

1.5.1　电阻性负载

1. 电路结构

单相全控桥式可控整流电路如图 1-25（a）所示，晶闸管 VT_1、VT_2 共阴极接法，晶闸管 VT_3、VT_4 共阳极接法。共阴极两管即使同时触发也只能使阳极电位高的管子导通，导通后使另一只管子承受反压。同样，共阳极两管即使同时触发也只能使阴极电位低的管子导通，导通后使另一只管子承受反压。电路中由 VT_1、VT_3 和 VT_2、VT_4 构成两个整流路径，对应触发脉冲 u_{g1} 与 u_{g3}、u_{g2} 与 u_{g4} 必须成对出现，且两组门极触发信号相位保持 180° 相差。

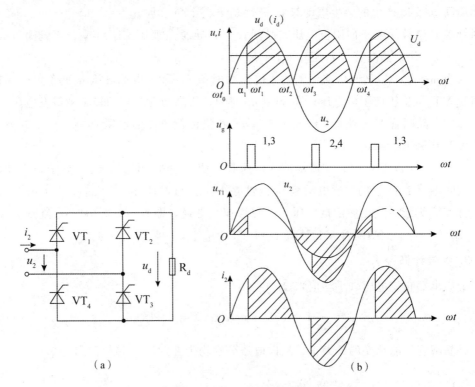

（a） （b）

图 1-25　单相全控桥式阻性负载可控整流电路及波形图

2. 波形分析

图 1-25（b）为单相全控桥式阻性负载可控整流电路波形分析图。在交流电 u_2 一个周期内，用 ωt 坐标点将波形分为四段，下面对波形逐段分析如下：

①当 $\omega t_0 \leqslant \omega t < \omega t_1$ 时，交流侧输入电压瞬时值 $u_2 \geqslant 0$，电源电压 u_2 处于正半周期，但晶闸管 VT 门极没有触发电压 u_g，即 $u_g = 0$。晶闸管 VT 不导通，即 $i_T = i_d = 0$；直流侧负载电阻 R_d 的电压 $u_d = 0$；晶闸管 VT_1 承受电压 $u_{T1} = u_2/2 > 0$。

②当 $\omega t_1 \leqslant \omega t < \omega t_2$ 时，交流侧输入电压瞬时值 $u_2 > 0$，电源电压 u_2 处于正半周期；晶闸管 VT_1、VT_3 承受正向阳极电压；在 $\omega t = \omega t_1$ 时刻，给晶闸管 VT_1、VT_3 门极施加触发电压 u_{g1}、u_{g3}，即 $u_{g1} > 0$、$u_{g3} > 0$。晶闸管 VT_1、VT_3 导通，即 $i_{T1} = i_{T3} = i_d > 0$；直流侧负载电阻 R_d 的电压 $u_d = u_2 > 0$；晶闸管 VT_1 压降 $u_{T1} = 0$。

③当 $\omega t_2 \leqslant \omega t < \omega t_3$ 时，交流侧输入电压瞬时值 $u_2 \leqslant 0$，电源电压 u_2 处于负半周期；在 $\omega t = \omega t_2$ 时刻，晶闸管 VT_1、VT_3 自然关断。晶闸管 VT 不导通，即 $i_T = i_d = 0$；直流侧负载电阻 R_d 的电压 $u_d = 0$；晶闸管 VT_1 承受电压 $u_{T1} = u_2/2 \leqslant 0$。

④当 $\omega t_3 \leqslant \omega t < \omega t_4$ 时，交流侧输入电压瞬时值 $u_2 \leqslant 0$，电源电压 u_2 处于负半周期，晶闸管 VT_2、VT_4 承受正向阳极电压；在 $\omega t = \omega t_3$ 时刻，给晶闸管 VT_2、VT_4 门极施加触发电压 u_{g2}、u_{g4}，即 $u_{g2} > 0$、$u_{g4} > 0$。晶闸管 VT_2、VT_4 导通，即 $i_{T2} = i_{T4} = i_d > 0$；直流侧负载电阻 R_d 的电压 $u_d = |u_2| > 0$；晶闸管 VT_1 压降 $u_{T1} = u_2 < 0$。

3. 参数计算

①输出端直流电压（平均值）U_d。

$$U_d = \frac{1}{\pi}\int_{\alpha}^{\pi}\sqrt{2}U_2\sin\omega t \, d(\omega t) = 0.9U_2\frac{1+\cos\alpha}{2} \tag{1-21}$$

②晶闸管可能承受的最大正、反向电压均为 $\sqrt{2}U_2$，移相范围为 $0 \sim \pi$。

1.5.2 阻感性负载

1. 电路结构

单相全控桥式阻感性负载电路结构如图 1-26（a）所示。

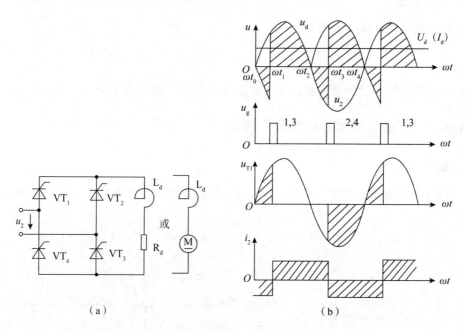

图 1-26 单相全控桥式阻感性负载可控整流电路及波形图

2. 阻感性负载的波形分析

图 1-26（b）为单相全控桥式阻性负载可控整流电路及波形图。在交流电 u_2 一个周期内，用 ωt 坐标点将波形分为四段，下面对波形逐段分析如下：

①当 $\omega t_1 \leqslant \omega t < \omega t_2$ 时，交流侧输入电压瞬时值 $u_2 > 0$，电源电压 u_2 处于正半周期；晶闸管 VT_1、VT_3 承受正向阳极电压；在 $\omega t = \omega t_1$ 时刻，给晶闸管 VT_1、VT_3 门极施加触发电压 u_{g1}、u_{g3}，即 $u_{g1} > 0$、$u_{g3} > 0$。晶闸管 VT_1、VT_3 导通，即 $i_{T1} = i_{T3} = i_d > 0 \uparrow$；

直流侧负载的电压 $u_d=u_2>0$；晶闸管 VT_1 压降 $u_{T1}=0$。

②当 $\omega t_2 \leqslant \omega t < \omega t_3$ 时，交流侧输入电压瞬时值 $u_2 \leqslant 0$，电源电压 u_2 处于负半周期；在此期间电感 L_d 产生的感生电动势 u_L 极性是下正上负，且 $u_{T1}+u_{T3}=|u_L|-|u_2|$ >0，使晶闸管 VT_1、VT_3 继续承受正向阳极电压。晶闸管 VT_1、VT_3 导通，即 $i_{T1}=i_{T3}$ $=i_d>0\downarrow$；直流侧负载的电压 $u_d=u_2<0$；晶闸管 VT_1 压降 $u_{T1}=0$。

③当 $\omega t_3 \leqslant \omega t < \omega t_4$ 时，交流侧输入电压瞬时值 $u_2 \leqslant 0$，电源电压 u_2 处于负半周期，晶闸管 VT_2、VT_4 承受正向阳极电压；在 $\omega t=\omega t_3$ 时刻，给晶闸管 VT_2、VT_4 门极施加触发电压 u_{g2}、u_{g4}，即 $u_{g2}>0$、$u_{g4}>0$。晶闸管 VT_2、VT_4 导通，即 $i_{T2}=i_{T4}=i_d>0\uparrow$；直流侧负载的电压 $u_d=|u_2|>0$；晶闸管 VT_1 压降 $u_{T1}=u_2<0$。

④当 $\omega t_0 \leqslant \omega t < \omega t_1$ 时，交流侧输入电压瞬时值 $u_2 \geqslant 0$，电源电压 u_2 处于正半周期，在此期间电感 L_d 产生的感生电动势 u_L 极性是下正上负，且 $u_{T2}+u_{T4}=|u_L|-|u_2|$ >0，使晶闸管 VT_2、VT_4 继续承受正向阳极电压。晶闸管 VT_2、VT_4 导通，即 $i_{T2}=i_{T4}$ $=i_d>0\downarrow$；直流侧负载的电压 $u_d=-u_2<0$；晶闸管 VT_1 压降 $u_{T1}=u_2>0$。

3. 参数计算

①输出端直流电压（平均值）U_d。

$$U_d = \frac{1}{\pi}\int_{\alpha}^{\pi+\alpha}\sqrt{2}U_2\sin\omega t\,d(\omega t) = 0.9U_2\cos\alpha \tag{1-22}$$

②晶闸管可能承受的最大正、反向电压均为 $\sqrt{2}U_2$，移相范围为 $0\sim\pi/2$。

1.5.3 阻感性负载并接续流二极管

1. 电路结构

单相桥式电感性负载并接续流二极管时的可控整流电路及波形图如图 1-27 所示。

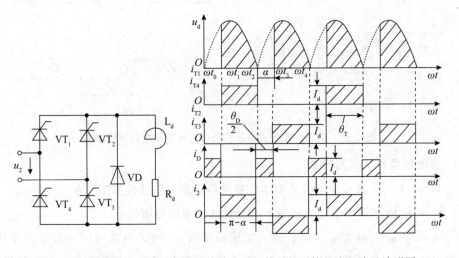

图 1-27　单相桥式电感性负载并接续流二极管时的可控整流电路及波形图

2. 阻感性负载并接续流二极管的波形分析

图 1-27 为单相全控桥式电感性负载并接续流二极管时的可控整流电路及波形图。在交流电 u_2 一个周期内，用 ωt 坐标点将波形分为四段，下面对波形逐段分析如下：

①当 $\omega t_1 \leqslant \omega t < \omega t_2$ 时，交流侧输入电压瞬时值 $u_2 > 0$，电源电压 u_2 处于正半周期；晶闸管 VT_1、VT_3 承受正向阳极电压；在 $\omega t = \omega t_1$ 时刻，给晶闸管 VT_1、VT_3 门极施加触发电压 u_{g1}、u_{g3}，即 $u_{g1} > 0$、$u_{g3} > 0$。晶闸管 VT_1、VT_3 导通，即 $i_{T1} = i_{T3} = i_d > 0 \uparrow$；直流侧负载的电压 $u_d = u_2 > 0$；晶闸管 VT_1 压降 $u_{T1} = 0$。

②当 $\omega t_2 \leqslant \omega t < \omega t_3$ 时，交流侧输入电压瞬时值 $u_2 \leqslant 0$，电源电压 u_2 处于负半周期；此时等效电路如图 1-28 所示，通过续流二极管 VD 给晶闸管 VT_1、VT_3 施加反向阳极电压。续流二极管 VD 导通，晶闸管 VT 截止，即 $i_T = 0$、$i_D > 0$；直流侧负载的电压 $u_d = 0$；晶闸管 VT_1 压降 $u_{T1} = u_2 / 2 \leqslant 0$。

③当 $\omega t_3 \leqslant \omega t < \omega t_4$ 时，交流侧输入电压瞬时值 $u_2 \leqslant 0$，电源电压 u_2 处于负半周期，晶闸管 VT_2、VT_4 承受正向阳极电压；在 $\omega t = \omega t_3$ 时刻，给晶闸管 VT_2、VT_4 门极施加触发电压 u_{g2}、u_{g4}，即 $u_{g2} > 0$、$u_{g4} > 0$。晶闸管 VT_2、VT_4 导通，即 $i_{T2} = i_{T4} = i_d > 0 \uparrow$；直流侧负载的电压 $u_d = |u_2| > 0$；晶闸管 VT_1 压降 $u_{T1} = u_2 < 0$。

④当 $\omega t_0 \leqslant \omega t < \omega t_1$ 时，交流侧输入电压瞬时值 $u_2 \geqslant 0$，电源电压 u_2 处于正半周期，此时等效电路如图 1-29 所示，通过续流二极管 VD 给晶闸管 VT_2、VT_4 施加反向阳极电压。续流二极管 VD 导通，晶闸管 VT 截止，即 $i_T = 0$、$i_D > 0$；直流侧负载的电压 $u_d = 0$；晶闸管 VT_1 压降 $u_{T1} = u_2 / 2 \geqslant 0$。

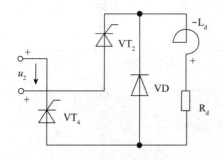

图 1-28 VT_1、VT_3 关断等效电路

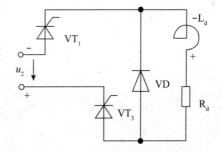

图 1-29 VT_2、VT_4 关断等效电路

3. 参数计算

①输出端直流电压（平均值）U_d。

$$U_d = \frac{1}{\pi} \int_{\alpha}^{\pi} \sqrt{2} U_2 \sin\omega t\, d(\omega t) = 0.9 U_2 \frac{1 + \cos\alpha}{2} \tag{1-23}$$

②晶闸管可能承受的最大正、反向电压均为 $\sqrt{2} U_2$，移相范围为 $0 \sim \pi$。

1.6 单相半控桥式可控整流电路

在单相全控桥式可控整流电路中，要求桥臂上的晶闸管成对同时被导通，因此，选择晶闸管时，要求具有相同的导通时间，且脉冲变压器二次侧绕组之间要承受 u_2 电压，所以，绝缘要求高。

1.6.1 电阻性负载

1. 电路结构

从经济角度考虑，可用两只整流二极管代替两只晶闸管，组成单相半控桥整流电路，如图 1-30（a）所示。单相半控桥电路可以看成是单相全控桥电路的一种简化形式。单相半控桥电路的结构一般是将晶闸管 VT_1、VT_2 接成共阴极接法，二极管 VD_1、VD_2 接成共阳极接法。晶闸管 VT_1、VT_2 可以采用同一组脉冲触发，只不过两组脉冲相位间隔必须保持 $180°$。

半控桥式整流电路一般都是将晶闸管元件共阴极接法，二极管元件共阳极接法，因为如果将晶闸管接成共阴极，那么共阴极就是两晶闸管门极触发电压的共同参考点。这样就可以采用同一组脉冲同时触发两晶闸管，就可以大大简化触发电路。

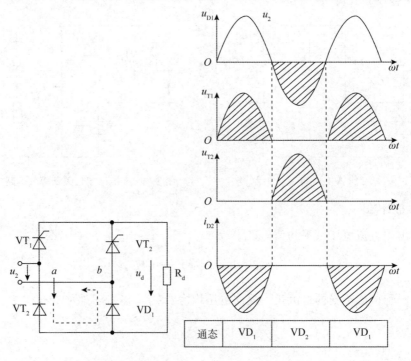

图 1-30　单相半控桥整流电路及 $\alpha=180°$ 时波形图

2. 波形分析

（1）以 $\alpha=180°$ 为例，单相半控桥式整流电路波形分析。

当两只晶闸管元件接成共阴极，由于两只晶闸管采用的是同一组脉冲同时触发，所以，确定哪只晶闸管导通的条件就是比较两管阳极电位的高低，哪只晶闸管的阳极所处的电位高，那么哪只晶闸管就导通。同样，当两只二极管元件接成共阳极，确定哪只二极管导通的条件就是比较两管阴极电位的高低，哪只二极管的阴极所处的电位低，那么哪只二极管就导通。当 $\alpha=180°$ 时，单相半控桥电路波形分析如图 1-30（b）所示。

① 当 $0<\omega t<\pi$ 时，交流侧输入电压瞬时值 $u_2>0$，电源电压 u_2 处于正半周期。a 点电位 u_a 高，b 点电位 u_b 低，从 a 点经 VD_2、VD_1 至 b 点，有一漏电流流通路径，此时可认为 VD_1 导通，所以整条负载线上各点电位都等于 b 点电位 u_b。晶闸管 VT_1 压降 $u_{T1}=u_a-u_b=u_2>0$，晶闸管 VT_2 压降 $u_{T1}=u_b-u_b=0$，二极管 VD_1 压降 $u_{D1}=0$，二极管 VD_2 压降 $u_{D2}=u_b-u_a=-u_2<0$。

② 当 $\pi<\omega t<2\pi$ 时，交流侧输入电压瞬时值 $u_2<0$，电源电压 u_2 处于负半周期。a 点电位 u_a 低，b 点电位 u_b 高，从 b 点经 VD_1、VD_2 至 a 点，有一漏电流流通路径，此时可认为 VD_2 导通，所以整条负载线上各点电位都等于 a 点电位 u_a。晶闸管 VT_1 压降 $u_{T1}=u_a-u_a=0$，晶闸管 VT_2 压降 $u_{T1}=u_b-u_a=-u_2>0$，二极管 VD_1 压降 $u_{D1}=u_a-u_b=u_2<0$，二极管 VD_2 压降 $u_{D2}=0$。

> **知识拓展**
>
> 单相半控桥式整流电路在 $\alpha=180°$ 时，晶闸管元件和二极管元件承受电压分析：
>
> 在 $\alpha=180°$ 时，半控桥整流电路没有输出，即整流电路没有工作。从上述分析可见，二极管 VD_1、VD_2 能否导通仅取决于电源电压 u_2 的正、负，与 VT_1、VT_2 是否导通及负载性质均无关。在任意瞬时，电路中总会有一只二极管导通，因此，晶闸管元件只承受正压而不承受反压，最小值是零；二极管元件只承受反压而不承受正压，最大值是零。

（2）以 $\alpha=60°$ 为例，电阻性负载的波形分析。图 1-31 为单相半控桥式阻性负载可控整流电路波及波形图。在交流电 u_2 一个周期内，用 ωt 坐标点将波形分为四段，下面对波形逐段分析如下：

① 当 $\omega t_0\leqslant\omega t<\omega t_1$ 时，交流侧输入电压瞬时值 $u_2\geqslant0$，电源电压 u_2 处于正半周期，但晶闸管 VT 门极没有触发电压 u_g，即 $u_g=0$。晶闸管 VT 不导通，即 $i_T=i_d=0$；直流侧负载电阻 R_d 的电压 $u_d=0$；晶闸管 VT_1 承受电压 $u_{T1}=u_2>0$，二极管 VD_1 承受电压 $u_{D1}=0$。

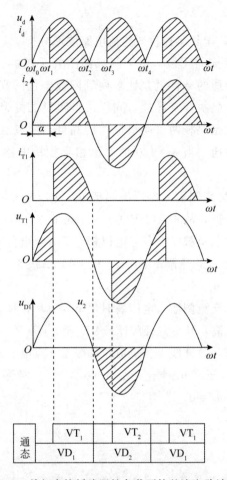

图 1-31　单相半控桥式阻性负载可控整流电路波形图

②当 $\omega t_1 \leqslant \omega t < \omega t_2$ 时，交流侧输入电压瞬时值 $u_2 > 0$，电源电压 u_2 处于正半周期；晶闸管 VT_1 承受正向阳极电压；在 $\omega t = \omega t_1$ 时刻，给晶闸管 VT_1 门极施加触发电压 u_{g1}，即 $u_{g1} > 0$。晶闸管 VT_1、二极管 VD_1 导通，即 $i_{T1} = i_{D1} = i_d > 0$；直流侧负载电阻 R_d 的电压 $u_d = u_2 > 0$；晶闸管 VT_1 压降 $u_{T1} = 0$，二极管 VD_1 压降 $u_{D1} = 0$。

③当 $\omega t_2 \leqslant \omega t < \omega t_3$ 时，交流侧输入电压瞬时值 $u_2 \leqslant 0$，电源电压 u_2 处于负半周期；在 $\omega t = \omega t_2$ 时刻，晶闸管 VT_1、VD_1 自然关断。晶闸管 VT 不导通，即 $i_T = i_d = 0$；直流侧负载电阻 R_d 的电压 $u_d = 0$；晶闸管 VT_1 承受电压 $u_{T1} = 0$，二极管 VD_1 压降 $u_{D1} = u_2 \leqslant 0$。

④当 $\omega t_3 \leqslant \omega t < \omega t_4$ 时，交流侧输入电压瞬时值 $u_2 \leqslant 0$，电源电压 u_2 处于负半周期，晶闸管 VT_2 承受正向阳极电压；在 $\omega t = \omega t_3$ 时刻，给晶闸管 VT_2 门极施加触发电压 u_{g2}，即 $u_{g2} > 0$。晶闸管 VT_2、二极管 VD_2 导通，即 $i_{T2} = i_{D2} = i_d > 0$；直流侧负载电阻 R_d 的电压 $u_d = |u_2| > 0$；晶闸管 VT_1 压降 $u_{T1} = u_2 < 0$，二极管 VD_1 压降 $u_{D1} = u_2 \leqslant 0$。

3. 参数计算

①输出端直流电压（平均值）U_d。

$$U_d = \frac{1}{\pi}\int_{\alpha}^{\pi}\sqrt{2}U_2\sin\omega t\, d(\omega t) = 0.9U_2\frac{1+\cos\alpha}{2} \tag{1-24}$$

②晶闸管可能承受的最大正、反向电压均为$\sqrt{2}U_2$，移相范围为$0\sim\pi$。

1.6.2 阻感性负载

1. 电路结构

单相半控桥阻感性负载可控整流电路结构如图1-32（a）所示。

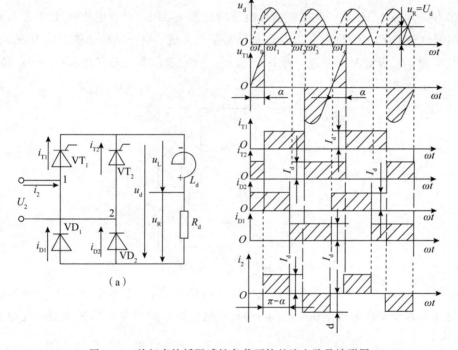

图1-32 单相半控桥阻感性负载可控整流电路及波形图

2. 波形分析

图1-32（b）为单相半控桥阻感性负载可控整流电路及波形图。以$\alpha=60°$为例，在交流电u_2一个周期内，用ωt坐标点将波形分为四段，下面对波形逐段分析如下：

①当$\omega t_1 \leqslant \omega t < \omega t_2$时，交流侧输入电压瞬时值$u_2 > 0$，电源电压$u_2$处于正半周期；晶闸管$VT_1$承受正向阳极电压；在$\omega t = \omega t_1$时刻，给晶闸管$VT_1$门极施加触发电压$u_{g1}$，即$u_{g1} > 0$。晶闸管$VT_1$导通、二极管$VD_2$导通，即$i_{T1}=i_{D2}=i_d>0$；直流侧负载的电压$u_d=u_2>0$；晶闸管$VT_1$压降$u_{T1}=0$。

②当$\omega t = \omega t_2$时，交流侧输入电压瞬时值$u_2=0$，此时电路结构如图1-33所示，电感L_d产生的感生电动势u_L极性是下正上负。晶闸管VT_1导通、二极管VD_1、VD_2导通，即$i_{T1}=i_{D1}+i_{D2}=i_d>0$；直流侧负载的电压$u_d=0$；晶闸管$VT_1$压降$u_{T1}=0$。

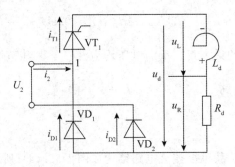

图 1-33 $u_2=0$ 时电路结构

③当 $\omega t_2 \leqslant \omega t < \omega t_3$ 时，交流侧输入电压瞬时值 $u_2 \leqslant 0$，电源电压 u_2 处于负半周期；在此期间电感 L_d 产生的感生电动势 u_L 极性是下正上负，电路结构如图 1-34 所示。晶闸管 VT_1 导通，二极管 VD_1 导通，即 $i_{T1}=i_{D1}=i_d>0$；直流侧负载的电压 $u_d=0$；晶闸管 VT_1 压降 $u_{T1}=0$。

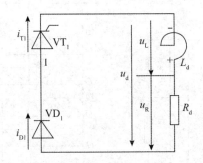

图 1-34 $u_2<0$ 时电路结构

③当 $\omega t_3 \leqslant \omega t < \omega t_4$ 时，交流侧输入电压瞬时值 $u_2 \leqslant 0$，电源电压 u_2 处于负半周期，晶闸管 VT_2 承受正向阳极电压；在 $\omega t = \omega t_3$ 时刻，给晶闸管 VT_2 门极施加触发电压 u_{g2} 即 $u_{g2}>0$。

晶闸管 VT_2 导通，二极管 VD_1 导通，即 $i_{T2}=i_{D1}=i_d>0$；直流侧负载的电压 $u_d=|u_2|>0$；晶闸管 VT_1 压降 $u_{T1}=u_2<0$。

④当 $\omega t = \omega t_0$ 时，交流侧输入电压瞬时值 $u_2=0$，电感 L_d 产生的感生电动势 u_L 极性是上负下正。晶闸管 VT_2 导通，二极管 VD_1、VD_2 导通，即 $i_{T2}=i_{D1}+i_{D2}=i_d>0$；；直流侧负载的电压 $u_d=0$；晶闸管 VT_1 压降 $u_{T1}=0$。

从上述分析看出：

（1）当晶闸管 VT_1、二极管 VD_1 导通，电源电压 u_2 过零变负时，二极管 VD_1 承受正偏电压而导通，二极管 VD_2 承受反偏电压而关断，电路即使不接续流管，负载电流 i_d 也可在 VD_1 与 VT_1 内部续流。电路似乎不必再另接续流二极管就能正常工作。但实际上，若突然关断触发电路或把控制角 α 增大到 $180°$ 时，会发生正在导通的晶闸管一直导通，而两只整流二极管 VD_1 与 VD_2 不断轮流导通而产生失控现象，其输出电压 u_d 波形为单相正弦半波。

（2）失控现象分析。如图 1-35 所示，例如在 VT_1 与 VD_1 正处在导通状态时，突然关断触发电路，当 u_2 过零变负时，VD_1 关断，VD_2 导通，这样 VD_2 与 VT_1 就构成内部续流，只要 L_d 的感量足够大，则 VT_1 与 VD_2 的内部自然续流也可以维持整个负半周。当电源电压 u_2 又进入正半周时，VD_2 关断，VD_1 导通，于是 VT_1 与 VD_1 又构成单相半波整流。U_d 波形是单相半波，其平均值 $U_d = 0.45u_2$。这种关断了触发电路，主电路仍有直流输出的不正常现象称为失控现象，这在电路中是不允许的，为此，电路必须接续流二极管 VD，以避免出现失控现象。

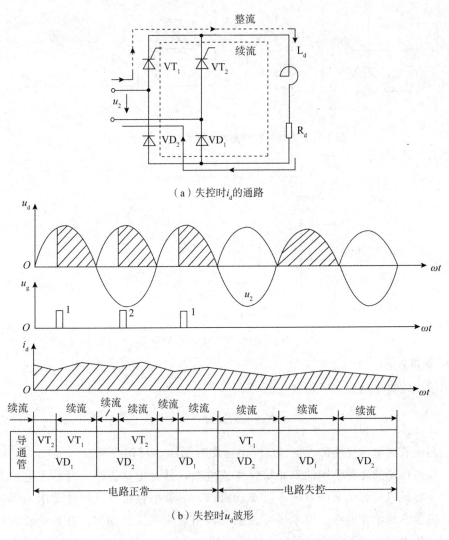

（a）失控时 i_d 的通路

（b）失控时 u_d 波形

图 1-35 单相半控桥感性负载不接续流二极管发生失控的示意图

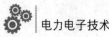

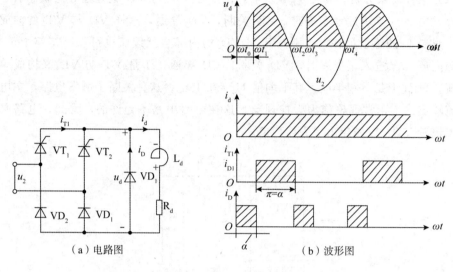

（a）电路图　　　　　　　　　　（b）波形图

图 1-36　单相半控桥感性负载接续流二极管电路

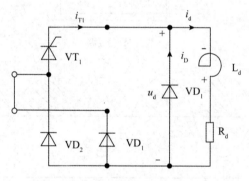

图 1-37　$u_2 = 0$ 时电路结构

3. 参数计算

①输出端直流电压（平均值）U_d。

$$U_d = \frac{1}{\pi}\int_\alpha^\pi \sqrt{2}U_2 \sin\omega t\, d(\omega t) = 0.9U_2 \frac{1+\cos\alpha}{2} \qquad (1\text{-}25)$$

②晶闸管可能承受的最大正、反向电压均为$\sqrt{2}U_2$，移相范围为 $0\sim\pi$。

上面所讨论的几种常用的单相可控整流电路，具有电路简单、对触发电路要求不高、同步容易以及调试维修方便等优点，所以，一般小容量没有特殊要求的可控整流装置，多数常用单相电路。但单相可控整流输出直流电压脉动大，在容量较大时会造成三相交流电网严重不平衡，所以，负载容量较大时，一般常用三相可控整流电路。

为了便于比较，现把各单相可控整流电路的一些参数列于表 1-4 中。

表1-4 常用单相可控整流电路的参数比较

可控整流主电路		单向半波	单相全波	单相全控桥	单相半控桥	晶闸管在负载侧单相桥式
α=0°时，直流输出电压平均值 U_{d0}		$0.45U_2$	$0.9U_2$	$0.9U_2$	$0.9U_2$	$0.9U_2$
α≠0°时，空载直流输出电压平均值	电阻负载或电感负载有续流二极管的情况	$U_{d0}\times\dfrac{1+cos\alpha}{2}$	$U_{d0}\times\dfrac{1+cos\alpha}{2}$	$U_{d0}\times\dfrac{1+cos\alpha}{2}$	$U_{d0}\times\dfrac{1+cos\alpha}{2}$	$U_{d0}\times\dfrac{1+cos\alpha}{2}$
	电感性负载的情况	—	$U_{d0}cos\alpha$	$U_{d0}cos\alpha$	—	—
最低脉动频率		f	2f	2f	2f	2f
脉动系数 K_f		1.57	0.67	0.67	0.67	0.67
晶闸管承受的最大正、反向电压		$\sqrt{2}U_2$	$2\sqrt{2}U_2$	$\sqrt{2}U_2$	$\sqrt{2}U_2$	$\sqrt{2}U_2$
移相范围	电阻负载或电感负载有续流二极管的情况	0~π	0~π	0~π	0~π	0~π
	电感性负载不接续流二极管的情况	不采用	0~$\dfrac{\pi}{2}$	0~$\dfrac{\pi}{2}$	不采用	不采用
晶闸管最大导通角		π	π	π	π	π
特点与适用场合		最简单，用于波形要求不高的小电流负载	较简单，用于波形要求稍高的低压小电流场合	各项整流指标好，用于波形要求较高或要求逆变场合	各项整流指标较好，用于不可逆的小功率场合	用于波形要求不高的小功率负载，而且还能提供一组直流电压不变的另一组直流电压

1.7 晶闸管触发电路

要使晶闸管开始导通，必须施加触发脉冲，因此，在晶闸管电路中必须有触发电路。触发电路性能的好坏直接影响晶闸管电路工作的可靠性，也影响了系统的控制精度，正确设计与选择触发电路可以充分发挥晶闸管装置的潜力，是保证装置正常运行的关键。

1.7.1 触发电路概述

1. 对触发电路的要求

（1）触发电路输出的触发信号应有足够功率。因为晶闸管门极参数所定义的触发电压和触发电流是一个最小值的概念，它是在一定条件下保证晶闸管能够被触发导通的最小值。在实际应用中，考虑门极参数的离散性及温度等因素影响，为使器件在各种条件下均能可靠触发，因此要求触发电压和触发电流的幅值短时间内可大大超过铭牌规定值，但不许超过规定的门极最大允许峰值。

（2）触发信号的波形应该有一定的陡度和宽度。触发脉冲应该有一定的陡度，希望是越陡越好。如果触发脉冲不陡，就可能造成晶整流输出电压波形不对称，就可能造成晶闸管扩容的不均压、不均流的问题。

触发脉冲也应该有一定的宽度，以保证在触发期间阳极电流能达到擎住电流而维持导通。表1-5中列出了不同可控整流电路、不同性质负载常采用的触发脉冲宽度。

表1-5 不同可控整流电路、不同性质负载常采用的触发脉冲宽度

可控整流电路形式	单相可控整流电路		三相半波和三相半控桥电路		三相全控桥及双反星形电路	
	电阻负载	电感性负载	电阻负载	电感性负载	单宽脉冲	双窄脉冲
触发脉冲宽度 B	$10°\sim20°$ （$50\sim100\mu s$）	$10°\sim20°$ （$50\sim100\mu s$）	$10°\sim20°$ （$50\sim100\mu s$）	$10°\sim20°$ （$50\sim100\mu s$）	$70°\sim80°$ （$350\sim400\mu s$）	$10°\sim20°$ （$50\sim100\mu s$）

（3）触发脉冲与晶闸管阳极电压必须同步。所谓同步是指触发电路工作频率与主电路交流电源的频率应当保持一致，且每个晶闸管的触发脉冲与施加于晶闸管的交流电压保持合适的相位关系。提供给触发器合适相位的电压称为同步信号电压，为保证触发电路和主电路频率一致，利用一个同步变压器，将其一次侧接入为主电路供电的电网，由其二次侧提供同步电压信号。由于触发电路不同，要求的同步电源电压的相位也不一样，可以根据变压器的不同连接方式来得到。

在安装、调试晶闸管装置时，常会碰到一种故障：分别单独检查主电路和触发电路都正常，但连接起来工作就不正常，输出电压的波形不规则。这种故障往往是不同

步造成的。为使可控整流器输出值稳定，触发脉冲与电源波形必须保持固定的相位关系，使每一周期晶闸管都能在相同的相位上触发。

（4）满足主电路移相范围的要求。不同的主电路形式、不同的负载性质对应不同的移相范围，因此，要求触发电路必须满足各种不同场合的应用要求，必须提供足够宽的移相范围。

（5）门极正向偏压越小越好。有些触发电路在晶闸管触发之前，会有正的门极偏压，为了避免晶闸管误触发，要求这正向偏压越小越好，最大不得超过晶闸管的不触发电压值 U_{GD}。

（6）其他要求。触发电路还应具有动态响应快，抗干扰能力强，温度稳定性好等性能。

知识拓展

1. 触发不能导通的情况可能有如下几种：

①晶闸管的门极断线或者是门极阴极间短路。

②晶闸管要求的触发功率太大，触发回路输出功率不够。如单结晶体管触发电路的稳压管稳压值太低，单结晶体管分压比太低或电容太小等。

③脉冲变压器二次侧极性接反。

④整流装置输出没有接负载。

⑤晶闸管损坏。

⑥触发脉冲相位与主电路电压相位不对应。

2. 晶闸管触发导通了又自己关断，可能有如下几种情况：

①晶闸管的擎住电流太大。

②负载回路电感太大，晶闸管的触发脉冲宽度太窄。

③负载回路电阻太大，晶闸管的阳极电流太小。

④触发脉冲幅度太小。

3. 晶闸管触发自己就会导通，可能有如下几种情况：

①晶闸管所需的触发电压、触发电流太小。

②晶闸管两端没有阻容保护，加在晶闸管上的电压上升率太高，造成正向转折导通。

③因温度升高，晶闸管漏电流增大，或正向阻断能力下降甚至丧失正向阻断能力，变成二极管了，引起晶闸管误导通。

④晶闸管门极引线受干扰引起误触发。

⑤没有触发脉冲时，触发电路输出端就有一定的电压。

2. 对触发信号波形的分析

常见的晶闸管触发电压波形如图 1-38 所示，下面简单做一介绍。

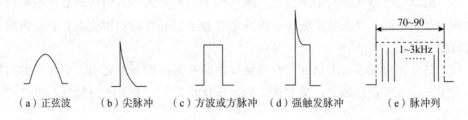

（a）正弦波　　（b）尖脉冲　　（c）方波或方脉冲　　（d）强触发脉冲　　　（e）脉冲列

图 1-38　常见的晶闸管触发电压波形

（1）正弦波

正弦波触发信号波形如图 1-38（a）所示，它是由阻容移相电路产生的。正弦波波形前沿不陡峭，因此很少采用。

（2）尖脉冲

尖脉冲触发信号波形如图 1-38（b）所示，它是由单结晶体管触发电路产生的。尖脉冲波形前沿陡峭，但持续作用时间短，只适用于触发小功率、阻性负载的可控整流器。

（3）方脉冲

方脉冲触发信号波形如图 1-38（c）所示，它是由带整形环节的震荡电路产生的。方脉冲波形前沿陡峭，持续作用时间长，适用于触发小功率、感性负载的可控整流器。

（4）强触发脉冲

强触发脉冲触发信号波形如图 1-38（d）所示，它是由带强触发环节的晶体管触发电路产生的。强触发脉冲波形前沿陡峭、幅值高，平台持续作用时间长，晶闸管采用强触发脉冲触发可缩短开通时间，提高管子承受电流上升率的能力，有利于改善串、并联元件的动态均压与均流，增加触发的可靠性。适用于触发大功率、感性负载的可控整流器。

（5）脉冲列

脉冲列触发信号波形如图 1-38（e）所示，它是由数字式触发电路产生的。脉冲列波形前沿陡峭，持续作用时间长，有一定的占空比，减小了脉冲变压器的体积，适用于触发控制要求高的可控整流器。

3. 脉冲变压器的作用

触发电路通常是通过脉冲变压器输出触发脉冲，脉冲变压器有以下作用：

①将触发电路与主电路在电气上隔离，有利于防止干扰，也更安全。

②阻抗匹配，降低脉冲电压，增大脉冲电流，更好触发晶闸管。

③可改变脉冲正负极性或同时送出两组独立脉冲。

4. 防止误触发的措施

（1）触发电路受干扰原因分析。如果接线正确，干扰信号可能从以下几方面串入：

①电源安排不当，变压器一、二次侧或几个二次线圈之间形成干扰。其他晶闸管触发时造成电源电压波形有缺口形成干扰。

②触发电路中的放大器输入、输出及反馈引线太长，没有适当屏蔽。特别是触发电路中晶体管的基极回路最受干扰。

③空间电场和磁场的干扰。

④布线不合理，主回路与控制回路平行走线。

⑤元件特性不稳定。

（2）防止误触发的措施。晶闸管装置在调试与使用中常会遇到各种电磁干扰，引起晶闸管误触发导通，这种误触发大都是干扰信号侵入门极回路引起的，为此可采取以下措施：

①门极电路采用金属屏蔽线，并将金属屏蔽层可靠接"地"。

②控制线与大电流线应分开走线，触发控制部分用金属外壳单独屏蔽，脉冲变压器应尽量靠近晶闸管门极，装置的接零与接壳分开。

③在晶闸管门阴极间并接 $0.01\sim0.1\mu F$ 的小电容可有效吸收高频干扰，要求高的场合可在门阴极间设置反向偏压。

④采用触发电流大，即不灵敏的晶闸管。

⑤元件要进行老化处理，剔除不合格产品。

1.7.2 单结晶体管触发电路

由单结晶体管组成的触发电路，具有简单、可靠、触发脉冲前沿陡、抗干扰能力强以及温度补偿性能好等优点，在单相与要求不高的三相晶闸管装置中得到广泛应用。

1. 单结晶体管的结构

单结晶体管又称双基极管，它是一种只有一个 PN 结和两个电阻接触电极的半导体器件，它的基片为条状的高阻 N 型硅片，两端分别用欧姆接触引出两个基极 b_1（第一基极）和 b_2（第二基极）。在硅片中间略偏 b_2 一侧用合金法制作一个 P 区作为发射极 e。发射极所接的 P 区与 N 型硅棒形成的 PN 结等效为二极管 VD；N 型硅棒因掺杂浓度很低而呈现高电阻，二极管阴极与基极 b_2 之间的等效电阻为 r_{b2}，二极管阴极与基极 b_1 之间的等效电阻为 r_{b1}；由于 r_{b1} 的阻值受 $e-b_1$ 间电压的控制，所以等效为可变电阻。单结晶体管结构、符号和等效电路如图 1-39 所示。

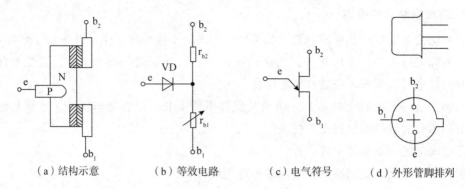

（a）结构示意　　　（b）等效电路　　　（c）电气符号　　　（d）外形管脚排列

图 1-39　单结晶体管

触发电路常用的单结晶体管型号有 BT33 和 BT35 两种。B 表示半导体，T 表示特种管，第一个数字 3 表示有三个电极，第二个数字 3（或 5）表示耗散功率 300mW（或 500mW）。单结晶体管的主要参数见表 1-6。

表 1-6　单结晶体管的主要参数

参数名称		分压比	基极电阻	峰点电流	谷点电流	谷点电流	最大反压	耗散功率
		η	r_{bb}	I_P	I_V	U_V	U_{bbmax}	P_{max}
			$k\Omega$	μA	mA	V	V	mw
测试条件		$U_{bb}=20V$	$U_{bb}=3V$	$U_{bb}=0$	$U_{bb}=0$	$U_{bb}=0$		
			$I_e=0$					
BT33	A	0.45~0.9	2~4.5	<4	>1.5	<3.5	≥30	300
	B						≥60	
	C	0.3~0.9	>4.5~12			<4	≥30	
	D						≥60	
BT35	A	0.45~0.9	2~4.5	<4	>1.5	<3.5	≥30	500
	B					>3.5	≥60	
	C	0.3~0.9	>4.5~12			<4	≥30	
	D						≥60	

2. 单结晶体管的测量

根据单结晶体管的结构，单结晶体管 e 极和 b_1 极或 e 极和 b_2 极之间的正向电阻小于反向电阻，一般 $r_{b1} > r_{b2}$，而 b_1 极和 b_2 极之间的正、反向电阻相等，约为 3~10kΩ。

（1）用万用表判别单结晶体管的管脚极性。判断单结晶体管发射极 e 的方法是：把万用表置于 R×100 挡或 R×1k 挡，黑表笔接假设的发射极，红表笔接另外两极，当出现两次低电阻时，黑表笔接的就是单结晶体管的发射极。

单结晶体管 b_1 和 b_2 的判断方法是：把万用表置于 R×100 挡或 R×1k 挡，用黑表笔接发射极，红表笔分别接另外两极，两次测量中，电阻大的一次，红表笔接的就是 b_1 极。

上述判别单结晶体管管脚极性的方法，不一定对所有的单结晶体管都适用，有个别管子的 e—b_1 间的正向电阻值较小。不过准确地判断哪一个极是 b_1，哪一个极是 b_2，在实际使用中并不特别重要。即使 b_1、b_2 用颠倒了，也不会使管子损坏，只影响输出脉冲的幅度（单结晶体管多作脉冲发生器使用），当发现输出的脉冲幅度偏小时，只要将原来假定的 b_1、b_2 对调过来就可以了。

（2）用万用表判别单结晶体管性能的好坏。单结晶体管性能的好坏可以通过测量其各极间的电阻值是否正常来判断。用万用表 $R \times 1k$ 档，将黑表笔接发射极 e，红表笔依次接两个基极（b_1 和 b_2），正常时均应有几千欧至十几千欧的电阻值。再将红表笔接发射极 e，黑表笔依次接两个基极，正常时阻值为无穷大。

单结晶体管两个基极（b_1 和 b_2）之间的正、反向电阻值均为 $3 \sim 10k\Omega$ 范围内，若测得某两极之间的电阻值与上述正常值相差较大时，则说明该二极管已损坏。

3. 单结晶体管的伏安特性

单结晶体管的伏安特性是指两个基极 b_2 和 b_1 之间加某一固定直流电压 U_{bb} 时，发射极电流 i_e 与发射极正向电压 u_e 之间的关系。其试验电路及伏安特性如图 1-40 所示。

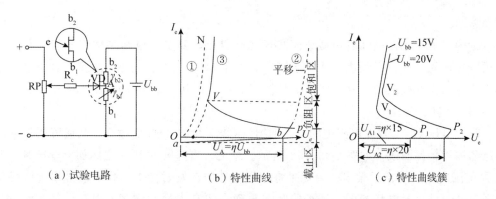

（a）试验电路　　　　　（b）特性曲线　　　　　（c）特性曲线簇

图 1-40 单结晶体管的伏安特性

从图 1-40 可以看出，两基极 b_1 和 b_2 之间的电阻（$r_{bb} = r_{b1} + r_{b2}$）称为基极电阻，r_{b1} 的数值随发射极电流 i_e 而变化，r_{b2} 的数值与 i_e 无关；若在两个基极 b_2 和 b_1 之间加上正电压 U_{bb}，则 A 点电压为：

$$U_A = \frac{r_{b1}}{r_{b1} + r_{b2}} U_{bb} = \eta U_{bb} \tag{1-26}$$

式中：η——称为分压比，其值一般在 0.3—0.85 之间，如果发射极电压 u_e 由零逐渐增加，就可测得单结晶体管的伏安特性。

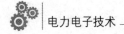

（1）截止区 aP 段

当 $0<u_e<\eta U_{bb}$ 时，发射结处于反向偏置，管子截止，发射极只有很小的反向漏电流。随着 u_e 的增大，反向漏电流逐渐减小。

当 $u_e=\eta U_{bb}$ 时，发射结处于零偏，管子截止，电路此时工作在特性曲线与横坐标交点 b 处，$i_e=0$。

当 $\eta U_{bb}<u_e<\eta U_{bb}+U_D$ 时，发射结处于正向偏置，管子截止，发射极只有很小的正向漏电流。随着 u_e 的增大，正向漏电流逐渐增大。

（2）负阻区 PV 段

当 $u_e\geq\eta U_{bb}+U_D=U_P$ 时，发射结处于正向偏置，管子电流形成正反馈，特点是 i_e 显著增加，r_{b1} 阻值迅速减小，u_e 相应下降，这种电压随电流增加反而下降的特性，称为负阻特性。管子由截止区进入负阻区的临界 P 称为峰点，与其对就的发射极电压和电流，分别称为峰点电压 U_P 和峰点电流 I_P。

随着发射极电流 i_e 不断上升，u_e 不断下降，降到 V 点后，u_e 不再降了，V 点称为谷点，与其对应的发射极电压和电流，称为谷点电压 U_V 和谷点电流 I_V。

（3）饱和区 VN 段

过了 V 点后，发射极与第一基极间半导体内的载流子达到了饱和状态，所以 u_e 继续增加时，i_e 便缓慢地上升，显然 U_V 是维持单结晶体管导通的最小发射极电压，如果 $u_e<U_V$，管子重新截止。

总结：

①峰点 P 是单结晶体管由截止到导通的临界点，要想使单结晶体管导通，在其发射极所施加的电压 u_e 必须大于或等于峰点 P 电压 U_P。②谷点是特性曲线上对应单结晶体管稳定工作的最低点，要想使单结晶体管截止，在其发射极所施加的电压 u_e 必须小于谷点 V 电压 U_V。

改变电压 U_{bb}，等效电路中的 U_A 和特性曲线中的 U_P 也随之改变，从而可获得一簇单结晶体管特性曲线，如图 2-49（c）所示。总之，当基极 b_1 和 b_2 之间加上电压时，电流从 b_2 流向 b_1，形成反偏电压。如果将一个信号加在发射极上，且此信号超过原反偏电压时，器件呈导电状态。一旦正偏状态出现，便有大量空穴注入基区，使发射极 e 和 b_1 之间的电阻减小，电流增大，电压降低，并保持导通状态，改变两个基极间的偏置或改变发射极信号才能使器件恢复原始状态。因此，这种器件显示出典型的负阻特性，特别适用于开关系统中的弛张振荡器，可用于定时电路和控制电路。

4. 单结晶体管自激振荡电路

所谓振荡，是指在没有输入信号的情况下，电路输出一定频率、一定幅值的电压或电流信号。利用单结晶体管的负阻特性和 RC 电路的充放电特性，可以组成自激振荡电路，产生脉冲，用以触发晶闸管。电路如图 1-41（a）所示。

设电源未接通时，电容 C 上的电压为零。电源 U_{bb} 接通后，电源电压通过 R_2、R_1 加在单结晶体管的 b_2、b_1 上，同时又通过电阻 r、R 对电容 C 充电。当电容电压 u_C 达到单结晶体管的峰点电压 U_P 时，$e-b_1$ 导通，单结晶体管进入负阻状态，电容 C 通过 r_{b1}、R_1 放电。因 R_1 很小，放电很快，放电电流在 R_1 上输出第一个脉冲去触发晶闸管。

当电容放电使 u_C 下降到 U_V 时，单结晶体管关断，输出电阻 R_1 的压降为零，完成一次振荡。放电一结束，电容器重新开始充电，重复上述过程，电容 C 由于 $\tau_{放} < \tau_{充}$ 而得到锯齿波电压，R_1 上得到一个周期性尖脉冲输出电压，如图 1-41（b）所示。

若忽略电容 C 的放电时间，振荡电路振荡频率近似为：

$$f = \frac{1}{T} = \frac{1}{(R+r)C\ln(\frac{1}{1-\eta})} \qquad (1\text{-}27)$$

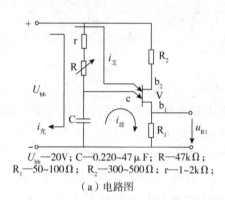

U_{bb}—20V；C—0.220~47μF；R—47kΩ；
R_1—50~100Ω；R_2—300~500Ω；r—1~2kΩ；

（a）电路图

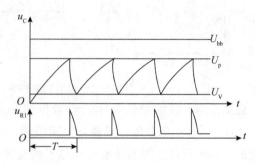

（b）波形图

图 1-41　单结晶体管自激振荡电路

图 1-41（a）中的电子元件参数是经过实践验证的最佳参数，用户不需要再重新设计或选择元件参数，只需要按要求搭接电路，便可直接进行触发电路的调试，调试过程一般都非常顺利。下面对主要元件作用分析如下：

电阻 R 作用：电阻 R 起移相控制作用。因为改变电阻 R 的大小，就改变了电源 U_{bb} 对电容 C 的充电时间常数，改变了电容电压达到峰点电压的时间。

电阻 r 作用：电阻 r 起限流作用。它是为防止 R 调节到零时，充电电流 $i_{充}$ 过大而造成晶闸管一直导通无法关断而停振。

电阻 R_1 作用：R_1 是电路的输出电阻。它不能太小，如果 R_1 太小，放电电流 $i_{放}$ 在 R_1 上形成的压降就很小，产生脉冲的幅值就很小；它也不能太大，如果 R_1 太大，在 R_1 上形成的残压就大，对晶闸管门极产生干扰。

电阻 R_2 作用：R_2 是温度补偿电阻，在单结晶体管产生温升时，通过 R_2 使峰点电压 U_P 保持恒定。

⚙ 知识拓展

在图 1-41（a）中，（R＋r）的值不能太大，如果（R＋r）的值选择太大，电容 C 就无法充电到峰点电压 U_P，单结晶体管就无法导通，电路就不可能振荡。

5. 具有同步环节的单结晶体管触发电路

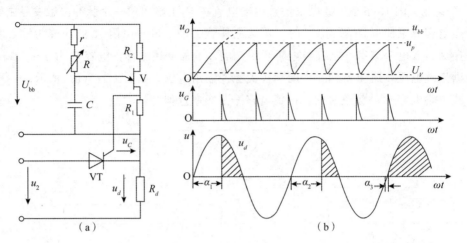

（a）　　　　　　　　　　　（b）

图 1-42　没有同步环节的单结管触发电路

如果采用上述的单结晶体管自激振荡电路来触发单相半波可控整流电路，如图 1-42（a）所示，根据晶闸管导通和关断条件，可画出 u_d 波形，如图 1-42（b）所示。由图看出，晶闸管每个周期导通时间是不断变化的，使输出电压 u_d 波形是无规则，这是由于触发电路与主电路不同步的结果。从图中还可以看到造成不同步的原因：由于锯齿波每个周期的起始时间和主电路交流电压 u_2 每个周期的起始时间不一致。为此，就要设法让它们能够通过一定的方式联系，使步调一致起来。这种方式联系称为触发电路与主电路取得同步。

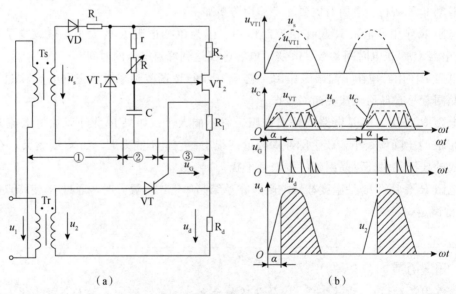

（a）　　　　　　　　　　　（b）

图 1-43　同步电压为梯形波的单结管触发电路

（a）电路图　（b）波形图

图 1-42 (a) 与图 1-43 (a) 相比，不同处就在于单结晶体管与电容 C 充电电源改为由主电路同一电源的同步变压器 Ts 二次电压 u_s，经单相半波整流后，再经稳压管 V_1 削波而得到的梯形波电压 U_{V1} 来供电。这样在梯形波过零点（即 $U_{bb}=0$）时，不管电容 C 此时有多少电荷都势必使单结晶体管导通而放完，就保证了电容 C 都能在主电路晶闸管开始承受正向电压从零开始充电。每周期产生的第一个有用的触发尖脉冲的时间都一样（即移相角 α 一样），触发电路与主电路取得了同步，致使 u_d 波形有规则地调节变化。

> ### ⚙ 知识拓展
>
> 在图 1-43 (a) 中，如果稳压二极管损坏，电路能正常工作，因为正弦半波电压 u_s 仍然可作为同步电压，整个电路还具有同步环节，但此时电路输出脉冲的移相范围减小，脉冲幅度不一致，工作的稳定性差。最理想的同步信号是方波形式，对应脉冲的移相范围宽，脉冲幅度相同，抗干扰能力强，但能够产生方波的电路复杂，为简化电路，所以，单结管触发电路通常采用梯形波作为同步电压信号。
>
> ①在调试图 1-43 (a) 所示的触发电路时，逐渐减小 R 的值，用示波器观察发现触发脉冲的个数逐渐减少。当 R 减小到某一数值时，发现触发电路只产生一个脉冲输出；再进一步减小 R 时，甚至连一个脉冲也看不见了。这是因为限流电阻 r 太小，对电容 C 的充电速度过快，结果在梯形波上升沿阶段单结管就导通了，对应产生的触发脉冲幅值太小，所以，用示波器观察不到触发脉冲。
>
> ②在单结晶体管未导通时，稳压管能正常削波，其两端电压为梯形波，可是一旦单结晶体管导通，稳压管就削波了，用万用表测量同步变压器二次电压值正常。出现这现象一般是由于所选的稳压电阻值太大或稳压管容量不够造成的。
>
> ③触发电路各点波形调试正常后，有时出现触发尖脉冲难以触通晶闸管（晶闸管是好的），造成这种情况的原因有两个，一是充放电电容 C 值太小，二是单结晶体管分压比太低以致触发尖脉冲功率不够。

本章小结

本章首先简单介绍了电力电子器件的概念、发展史、发展趋势、特征和分类等问题。其次，介绍了不可控器件——电力二极管的结构、工作原理、基本特征、主要参数和主要类型。较为详细地介绍了半控型器件——晶闸管的结构、工作原理、基本特征、主要参数以及晶闸管的派生器件。要理解晶闸管的导通和关断条件，因为它们是今后分析整流、有源逆变电路等电路的理论基础。要掌握晶闸管额定参数，尤其是额定电流的计算方法，学会合理地选择电力电子器件的主要参数。

单相整流电路，对不同电路形式，不同性质负载下整流电路的工作原理进行了分析，通过画出电压和电流的波形，找出有关电量的基本数量关系，从而掌握各种电路的特点和适用范围，正确地选择相控整流电路及元器件参数，并可进行安装调试。研究晶闸管相控整流电路的工作原理时，所采用的基本方法是根据整流电路的工作条件和特点、负载的性质及各元器件的导通、关断的物理过程，分析得出有关电量与触发延迟角 α 的关系。

值得注意的是，晶闸管相控整流电路均采用触发控制相位滞后的方案，存在功率因数偏低，谐波较大等对电网不利的因素。据此，在使用中特别是在特大功率应用场合，有必要采取如滤波、无功补偿或用自关断器件组成相控整流电路等措施，以改善用电质量，减少对电网的公害。

不同类型单相相控整流电路的有关性能比较，参考表 1-4。

习　题

1. 什么是电力电子技术？它的主要内容是什么？有哪些应用？

2. 晶闸管正常导通的条件是什么？导通后流过晶闸管的电流大小取决于什么？晶闸管的关断条件是什么？如何实现？关断后阳极电压又取决于什么？

3. 晶闸管的外形结构有哪几种？它们的区别和应用场合有什么不同？

4. 晶闸管元件在测量时应注意哪些问题？

5. 晶闸管的电压定额和电流定额的选用原则是什么？

6. 温度升高时，晶闸管的触发电流、正反向漏电流、维持电流以及正向转折电压和反向击穿电压各如何变化？

7. 在晶闸管的门极流入几十毫安的小电流可以控制几十甚至几百安阳极大电流的导通，它与晶体管具有的电流放大功能是否一样？为什么？

8. 有的晶闸管整流设备在夏天工作正常，到了冬天却不正常了，为什么？而有的晶闸管整流设备在冬天工作正常，到了夏天却不正常了，为什么？

9. 调试图 1-44 所示晶闸管电路，在断开负载 R_d 测量输出电压 U_d 是否正确可调时，发现电压表读数极不正常，接上 R_d 后一切正常，请分析为什么？

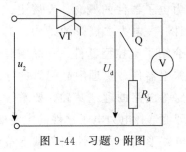

图 1-44　习题 9 附图

10. 型号为 KP100－3、维持电流 $I_H = 3mA$ 的晶闸管，使用在图 1-45 所示的三个电路中是否合理？为什么（不考虑电压、电流裕量）？

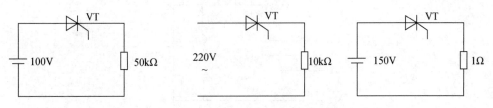

图 1-45　习题 10 附图

11. 说明以下型号晶闸管的区别及主要参数的物理意义？

①KP200-8 与 KP100-8；②KP100-5 与 KS100-5；③KP300-6 与 3CT300/600。

12. 如图 1-46 所示，试画出负载电阻 R_d 上的电压波形（不考虑管子导通压降与维持电流）。

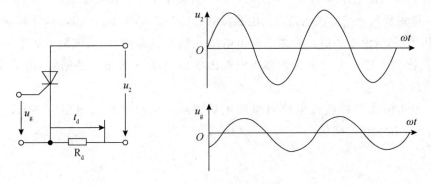

图 1-46　习题 12 附图

13. 电路与波形如图 1-47 所示，试画出负载电阻 R_d 上的电压波形（不考虑管子导通压降与维持电流）。

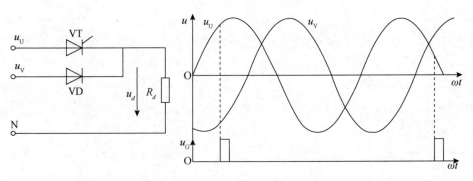

图 1-47　习题 13 附图

14. 已知电阻性负载 $R_d = 5\Omega$，采用单相半控桥整流电路，要求输出电压 25～100V连续可调，试查表选择晶闸管。

15. 图 1-48 是中、小型发电机采用的单相半波自励可控整流电路，当原动机带动发电机旋转时，发现发电机工作不正常，没有三相电压的输出。经检查熔断器、晶闸管正常，问出现这种情况的原因是什么？

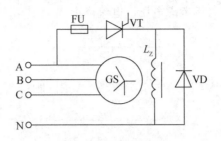

图 1-48　习题 15 附图

16. 具有中点二极管的单相桥式半控整流电路，如图 1-49 所示，试画出 $\alpha = 90°$ 时，u_d 与 u_{T1} 波形。

17. 某电阻负载，$R_d = 50\Omega$，要求 U_d 在 $0 \sim 600V$ 之间连续可调，试用单相半波与单相全波二种整流电路来供给，分别计算晶闸管额定电压、额定电流。

18. 单相桥式全控整流电路，大电感负载，$U_2 = 220V$，$R_d = 4\Omega$，试计算 $\alpha = 60°$ 时输出电压 U_d 和电流 I_d 的值，并画出输出电压 u_d 波形、晶闸管 u_{T1} 波形。如果负载并接续流二极管，其 U_d、I_d 的值又为多少？画出输出电压 u_d 波形、晶闸管 u_{T1} 波形及 i_d、i_{T1}、i_D 波形。

19. 单相桥式半控整流电路对恒温电炉供电，电炉电热丝电阻为 34Ω，直接由 $220V$ 输入，试选用晶闸管？

第 2 章　三相可控整流电路

教学目标

(1) 掌握三相可控整流主电路的分类、结构及整流工作过程；

(2) 掌握三相可控整流主电路各主要点波形分析及参量计算；

(3) 掌握晶体管触发电路的工作原理及锯齿波实现同步的方法；

(4) 了解集成触发电路及数字式触发电路的工作原理；

(5) 了解晶闸管防止误触发的措施，了解脉冲变压器的作用；

(6) 了解晶闸管主电路的保护及扩容方法；

(7) 了解晶闸管的正确使用原则，了解晶闸管的查表选择法。

能力目标

(1) 能够根据实际要求，选择晶闸管可控整流主电路和触发电路；

(2) 能正确使用示波器观察主电路和触发电路各主要点波形；

(3) 能根据实际测量波形判断电路工作状态，会估算实际输出的电压值；

(4) 能识别晶闸管主电路保护元件，能正确选择保护元件及接法；

(5) 能正确选用压敏电阻及快速熔断器。

一般在负载容量超过 4kW 以上，要求直流电压脉动较小的场合，应采用三相可控整流电路。三相可控整流电路形式很多，有三相半波（三相零式）、三相全控桥式、三相半控桥式等，但三相半波是最基本的组成形式。

2.1 三相半波不可控整流电路

2.1.1 电路结构

三相半波不可控整流电路如图 2-1（a）所示，整流元件二极管 VD_1、VD_3、VD_5 接成共阴极接法，负载跨接在共阴极与中性点之间，负载电流必须通过变压器的中线才能构成回路，因此，该电路又称三相零式整流电路。

主电路整流变压器 T_R 通常采用△/Y-11 连接组别，变比为 1:1，主要用来隔离整流器工作时产生的谐波侵入电网，防止电网受高次谐波污染。变压器二次相电压有效值为 $U_{2\phi}$，线电压为 U_{2l}。

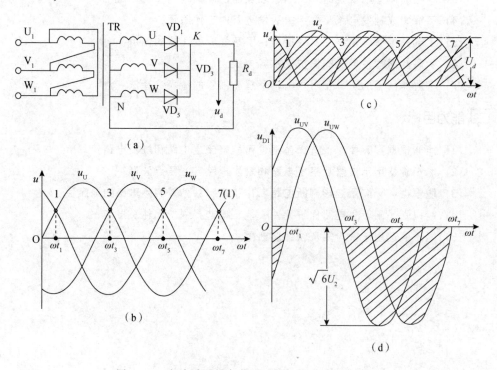

图 2-1　三相半波阻性负载不可控整流电路及波形图

2.1.2　电阻性负载的波形分析

图 2-1（b）为三相相电压波形图，图 2-1（c）为三相半波阻性负载不可控整流电路的波形图，图 2-1（d）为二极管 VD$_1$ 电压波形图，由于二极管元件接成共阴极接法，所以，确定哪只二极管导通的条件就是比较管子阳极电位的高低，哪只二极管的阳极所处的电位高，那么哪只二极管就导通。在交流电一个周期内，用 ωt 坐标点将波形分为三段，下面逐段对波形分析如下：

①当 ωt$_1$＜ωt＜ωt$_3$ 时，比较交流侧三相相电压瞬时值的大小，u$_U$ 最大，且 u$_U$＞0。二极管 VD$_1$ 导通，即 i$_{D1}$＝i$_d$＞0；直流侧负载电阻 R$_d$ 的电压 u$_d$＝u$_U$＞0；二极管 VD$_1$ 承受电压 u$_{D1}$＝0。

②当 ωt$_3$＜ωt＜ωt$_5$ 时，比较交流侧三相相电压瞬时值的大小，u$_V$ 最大，且 u$_V$＞0。二极管 VD$_3$ 导通，即 i$_{D3}$＝i$_d$＞0；直流侧负载电阻 R$_d$ 的电压 u$_d$＝u$_V$＞0；二极管 VD$_1$ 压降 u$_{D1}$＝u$_U$－u$_V$＝u$_{UV}$＜0。

③当 ωt$_5$＜ωt＜ωt$_7$ 时，比较交流侧三相相电压瞬时值的大小，u$_W$ 最大且 u$_W$＞0。二极管 VD$_5$ 导通，即 i$_{D5}$＝i$_d$＞0；直流侧负载电阻 R$_d$ 的电压 u$_d$＝u$_W$＞0；二极管 VD$_1$ 压降 u$_{D1}$＝u$_U$－u$_W$＝u$_{UW}$＜0。

2.1.3　自然换相点

变压器二次侧相邻相电压波形的交点称为自然换相点。正半周期的自然换相点分别用 1、3、5 标注，负半周期的自然换相点分别用 2、4、6 标注，相邻号的自然换相点相位间隔 60°，如图 2-1（b）所示。在三相可控整流电路中，通常把自然换相点作为控制角 α 的起点，整流元件的标号也以对应的自然换相点的点号来标注，如图 2-1（a）所示。

在三相不可控整流电路中，以自然换相点作为控制角 α 的起点，因为对二极管整流元件而言，自然换相点是保证该点所对应的二极管导通的最早时刻。每过一次自然换相点，电路就会自动换流一次，总是后相导通、前相关断，例如自然换相点 3，在 3 点的左侧 VD$_1$ 导通，在 3 点的右侧 VD$_3$ 导通。同样对晶闸管而言，自然换相点是保证该点所对应的晶闸管元件承受正向阳极电压的最早时刻。所以，把控制角 α 的起点确定在自然换相点上。

2.1.4　参数计算

①输出端直流电压（平均值）U$_d$。

$$U_d = \frac{1}{2\pi/3} \int_{\pi/6}^{5\pi/6} \sqrt{2} U_{2\varphi} \sin\omega t\, d(\omega t) = 2.34 U_{2\phi} = 1.17 U_{2l} \tag{2-1}$$

②二极管可能承受的最大反向电压为 $\sqrt{6} U_2$。

2.2 共阴极三相半波可控整流电路

将整流二极管换成晶闸管即为三相半波可控整流电路，由于三相整流在自然换相点之前，晶闸管承受反压，因此，自然换相点是晶闸管控制角 α 的起算点。三相触发脉冲的相位间隔应与电源的相位差一致，即均为120°。由于自然换相点距相电压波形原点为30°，所以，触发脉冲距对应相电压的原点为30°＋α。

2.2.1 电阻负载

1. 电路结构

图 2-2 为三相半波可控整流电路电阻性负载电路图。

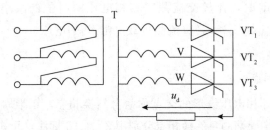

图 2-2 三相半波可控整流电路阻性负载电路图

2. 电阻性负载的波形分析

（1）α＝30°时的波形分析

图 2-3 所示是三相半波可控整流电路阻性负载 α＝30°时的波形图。在交流电一个周期内，用 ωt 坐标点将波形分为六段，设电路已处于工作状态，下面逐段对波形分析如下：

①当 $\omega t_1 \leqslant \omega t < \omega t_2$ 时，比较交流侧三相相电压瞬时值的大小，u_U 最大；在 $\omega t = \omega t_1$ 时刻，给晶闸管 VT_1 施加触发电压，$u_{g1} > 0$。晶闸管 VT_1 导通，即 $i_{T1} = i_d > 0$；直流侧负载电阻 R_d 的电压 $u_d = u_U > 0$；晶闸管 VT_1 承受电压 $u_{T1} = 0$。

②当 $\omega t = \omega t_2$ 时，比较交流侧三相相电压瞬时值的大小，$u_U = u_V > 0$，但 $u_{g3} = 0$。晶闸管 VT_1 导通，即 $i_{T1} = i_d > 0$；直流侧负载电阻 R_d 的电压 $u_d = u_U > 0$；晶闸管 VT_1 承受电压 $u_{T1} = 0$。

③当 $\omega t_2 < \omega t < \omega t_3$ 时，比较交流侧三相相电压瞬时值的大小，u_V 最大，但 $u_U > 0$，$u_{g3} = 0$。晶闸管 VT_1 导通，即 $i_{T1} = i_d > 0$；直流侧负载电阻 R_d 的电压 $u_d = u_U > 0$；晶闸管 VT_1 承受电压 $u_{T1} = 0$。

④当 $\omega t_3 \leqslant \omega t < \omega t_4$ 时，比较交流侧三相相电压瞬时值的大小，u_V 最大；在 $\omega t = \omega t_3$ 时刻，给晶闸管 VT_3 施加触发电压，$u_{g3} > 0$。晶闸管 VT_3 导通，即 $i_{T3} = i_d > 0$；直流侧负载电阻 R_d 的电压 $u_d = u_V > 0$；晶闸管 VT_1 承受电压 $u_{T1} = u_{UV} < 0$。

⑤当 $\omega t = \omega t_4$ 时，比较交流侧三相相电压瞬时值的大小，$u_V = u_W > 0$，但 $u_{g3} = 0$。晶闸管 VT_3 导通，即 $i_{T3} = i_d > 0$；直流侧负载电阻 R_d 的电压 $u_d = u_V > 0$；晶闸管 VT_1 承受电压 $u_{T1} = u_{UV} < 0$。

⑥当 $\omega t_4 < \omega t < \omega t_5$ 时，比较交流侧三相相电压瞬时值的大小，u_W 最大，但 $u_B > 0$，$u_{g5} = 0$。晶闸管 VT_3 导通，即 $i_{T3} = i_d > 0$；直流侧负载电阻 R_d 的电压 $u_d = u_V > 0$；晶闸管 VT_1 承受电压 $u_{T1} = u_{UV} < 0$。

⑦当 $\omega t_5 \leqslant \omega t < \omega t_6$ 时，比较交流侧三相相电压瞬时值的大小，u_W 最大；在 $\omega t = \omega t_5$ 时刻，给晶闸管 VT_5 施加触发电压，$u_{g5} > 0$。晶闸管 VT_5 导通，即 $i_{T5} = i_d > 0$；直流侧负载电阻 R_d 的电压 $u_d = u_W > 0$；晶闸管 VT_1 承受电压 $u_{T1} = u_{UW} < 0$。

⑧当 $\omega t = \omega t_6$ 时，比较交流侧三相相电压瞬时值的大小，$u_A = u_C > 0$，但 $u_{g1} = 0$。晶闸管 VT_5 导通，即 $i_{T5} = i_d > 0$；直流侧负载电阻 R_d 的电压 $u_d = u_W > 0$；晶闸管 VT_1 承受电压 $u_{T1} = u_{UW} = 0$。

⑨当 $\omega t_6 < \omega t < \omega t_1$ 时，比较交流侧三相相电压瞬时值的大小，u_V 最大，但 $u_W > 0$，$u_{g1} = 0$。晶闸管 VT_5 导通，即 $i_{T5} = i_d > 0$；直流侧负载电阻 R_d 的电压 $u_d = u_W > 0$；晶闸管 VT_1 承受电压 $u_{T1} = u_{UW} > 0$。

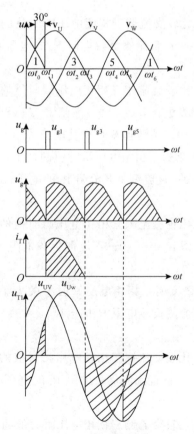

图 2-3 三相半波可控整流电路
阻性负载 $\alpha = 30°$ 时的波形图

（2）$\alpha = 60°$时的波形分析

图 2-4 所示是三相半波可控整流电路阻性负载 $\alpha = 60°$时的波形图。在交流电一个周期内，用 ωt 坐标点将波形分为九段，设电路已处于工作状态，下面对波形逐段分析如下：

①当 $\omega t_1 \leqslant \omega t < \omega t_2$ 时，比较交流侧三相相电压瞬时值的大小，u_U 最大；在 $\omega t = \omega t_1$ 时刻，给晶闸管 VT_1 施加触发电压，$u_{g1} > 0$。晶闸管 VT_1 导通，即 $i_{T1} = i_d > 0$；直流侧负载电阻 R_d 的电压 $u_d = u_U > 0$；晶闸管 VT_1 承受电压 $u_{T1} = 0$。

②当 $\omega t = \omega t_2$ 时，比较交流侧三相相电压瞬时值的大小，$u_A = u_B > 0$，但 $u_{g3} = 0$。晶闸管 VT_1 导通，即 $i_{T1} = i_d > 0$；直流侧负载电阻 R_d 的电压 $u_d = u_U > 0$；晶闸管 VT_1 承受电压 $u_{T1} = 0$。

③当 $\omega t_2 < \omega t < \omega t_3$ 时，比较交流侧三相相电压瞬时值的大小，u_B 最大，但 $u_U > 0$，$u_{g3} = 0$。晶闸管 VT_1 导通，即 $i_{T1} = i_d > 0$；直流侧负载电阻 R_d 的电压 $u_d = u_U > 0$；晶闸管 VT_1 承受电压 $u_{T1} = 0$。

④当 $\omega t = \omega t_3$ 时，比较交流侧三相相电压瞬时值的大小，$u_U = 0$，$u_{g3} = 0$。晶闸管 VT 关断，即 $i_T = i_d = 0$；直流侧负载电阻 R_d 的电压 $u_d = 0$；晶闸管 VT_1 承受电压 $u_{T1} = u_U < 0$。

⑤当 $\omega t_3 < \omega t < \omega t_4$ 时，比较交流侧三相相电压瞬时值的大小，u_V 最大，但 $u_{g3} = 0$。晶闸管 VT 关断，即 $i_T = i_d = 0$；直流侧负载电阻 R_d 的电压 $u_d = 0$；晶闸管 VT_1 承受电压 $u_{T1} = u_U < 0$。

⑥当 $\omega t_4 \leqslant \omega t < \omega t_5$ 时，比较交流侧三相相电压瞬时值的大小，u_V 最大；在 $\omega t = \omega t_4$ 时刻，给晶闸管 VT_3 施加触发电压，$u_{g3} > 0$。晶闸管 VT_3 导通，即 $i_{T3} = i_d > 0$；直流侧负载电阻 R_d 的电压 $u_d = u_V > 0$；晶闸管 VT_1 承受电压 $u_{T1} = u_{UV} < 0$。

⑦当 $\omega = \omega t_5$ 时，比较交流侧三相相电压瞬时值的大小，$u_V = u_W > 0$，但 $u_{g5} = 0$。晶闸管 VT_3 导通，即 $i_{T3} = i_d > 0$；直流侧负载电阻 R_d 的电压 $u_d = u_V > 0$；晶闸管 VT_1 承受电压 $u_{T1} = u_{UV} < 0$。

⑧当 $\omega t_5 < \omega t < \omega t_6$ 时，比较交流侧三相相电压瞬时值的大小，u_W 最大，但 $u_V > 0$，$u_{g5} = 0$。晶闸管 VT_3 导通，即 $i_{T3} = i_d > 0$；直流侧负载电阻 R_d 的电压 $u_d = u_V > 0$；晶闸管 VT_1 承受电压 $u_{T1} = u_{UV} < 0$。

⑨当 $\omega t = \omega t_6$ 时，比较交流侧三相相电压瞬时值的大小，$u_V = 0$，$u_{g5} = 0$。晶闸管 VT 关断，即 $i_T = i_d = 0$；直流侧负载电阻 R_d 的电压 $u_d = 0$；晶闸管 VT_1 承受电压 $u_{T1} = u_U < 0$。

⑩当 $\omega t_6 < \omega t < \omega t_7$ 时，比较交流侧三相相电压瞬时值的大小，u_C 最大，但 $u_{g5} = 0$。晶闸管 VT 关断，即 $i_T = i_d = 0$；直流侧负载电阻 R_d 的电压 $u_d = 0$；晶闸管 VT_1 承受电压 $u_{T1} = u_U < 0$。

⑪当 $\omega t_7 \leqslant \omega t < \omega t_8$ 时，比较交流侧三相相电压瞬时值的大小，u_W 最大；在 $\omega t = \omega t_7$ 时刻，给晶闸管 VT_5 施加触发电压，$u_{g5} > 0$。晶闸管 VT_5 导通，即 $i_{T5} = i_d > 0$；直流侧负载电阻 R_d 的电压 $u_d = u_W > 0$；晶闸管 VT_1 承受电压 $u_{T1} = u_{UW} < 0$。

⑫当 $\omega t = \omega t_8$ 时，比较交流侧三相相电压瞬时值的大小，$u_U = u_W > 0$，但 $u_{g1} = 0$。晶闸管 VT_5 导通，即 $i_{T5} = i_d > 0$；直流侧负载电阻 R_d 的电压 $u_d = u_W > 0$；晶闸管 VT_1 承受电压 $u_{T1} = u_{UW} < 0$。

⑬当 $\omega t_8 < \omega t < \omega t_9$ 时，比较交流侧三相相电压瞬时值的大小，u_U 最大，但 $u_{g1} = 0$。晶闸管 VT_5 导通，即 $i_{T5} = i_d > 0$；直流侧负载电阻 R_d 的电压 $u_d = u_W > 0$；晶闸管 VT_1 承受电压 $u_{T1} = u_{UW} > 0$。

⑭当 $\omega t = \omega t_9$ 时，比较交流侧三相相电压瞬时值的大小，$u_W = 0$，$u_{g1} = 0$。晶闸管 VT 关断，即 $i_T = i_d = 0$；直流侧负载电阻 R_d 的电压 $u_d = 0$；晶闸管 VT_1 承受电压 $u_{T1} = u_U > 0$。

⑮当 $\omega t_9 < \omega t < \omega t_1$ 时，比较交流侧三相相电压瞬时值的大小，u_U 最大，但 $u_{g1} = 0$。晶闸管 VT 关断，即 $i_T = i_d = 0$；直流侧负载电阻 R_d 的电压 $u_d = 0$；晶闸管 VT_1 承受电压 $u_{T1} = u_U > 0$。

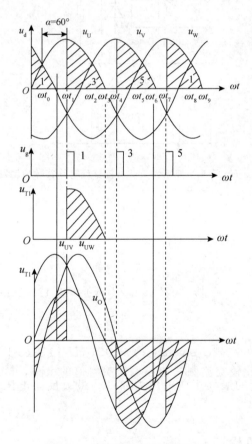

图 2-4 三相半波可控整流电路
阻性负载 $\alpha = 60°$ 时的波形图

由上述分析可得出结论：当 $\alpha \leqslant 30°$ 时，电压电流波形连续，各相晶闸管导通角均为 $120°$；当 $\alpha > 30°$ 时，电压电流波形断续，各相晶闸管导通角均为 $150° - \alpha$。阻性负载时控制角的移相范围为 $0° \sim 150°$。

知识拓展

如图 2-5 所示，对于三相半波阻性负载可控整流电路，可以用同一个脉冲去同时触发三个晶闸管。由于三相半波电路中的晶闸管采用的是共阴极接法，当用同一个脉冲去同时触发三个晶闸管时，能被触发导通的只能是瞬时电压最大的相电源所对应的晶闸管，另外两相电源所对应的晶闸管截止。在这种情况下，虽然简化了触发电路，但移相范围缩小，仅为 0°～120°。

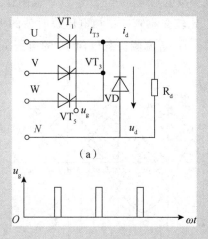

（a）

图 2-5 三相半波阻性负载可控整流电路共脉冲触发

3. 参数计算

①输出端直流电压（平均值）U_d。

当 $\alpha \leqslant 30°$时，

$$U_d = \frac{3}{2\pi} \int_{\frac{\pi}{6} \div \alpha}^{\frac{5\pi}{6} \div \alpha} \sqrt{2}U_2 \sin\omega t\, d(\omega t) = 1.17U_2 \cos\alpha \qquad (2\text{-}2)$$

当 $\alpha > 30°$时，

$$U_d = \frac{3}{2\pi} \int_{\frac{\pi}{6} \div \alpha}^{\pi} \sqrt{2}U_2 \sin\omega t\, d(\omega t) = 0.675U_2 \left[1 \div \cos\left(\frac{\pi}{6} \div \alpha\right)\right] \qquad (2\text{-}3)$$

②晶闸管可能承受的最大正向电压为 $\sqrt{2}U_2$，最大反向电压为 $\sqrt{6}U_2$，移相范围为 0°～150°。

2.2.2 电感性负载

1. 电感性负载的波形分析

图 2-6 所示是三相半波可控整流电路感性负载 $\alpha = 60°$时的波形图。在交流电一个周期内，用 ωt 坐标点将波形分为九段，设电路已处于工作状态，下面逐段对波形分析如下：

①当 $\omega t_1 \leqslant \omega t < \omega t_2$ 时，比较交流侧三相相电压瞬时值的大小，u_U 最大；在 $\omega t = \omega t_1$ 时刻，给晶闸管 VT_1 施加触发电压，$u_{g1} > 0$。晶闸管 VT_1 导通，即 $i_{T1} = i_d > 0$；直流侧负载的电压 $u_d = u_U > 0$；晶闸管 VT_1 承受电压 $u_{T1} = 0$。

②当 $\omega t = \omega t_2$ 时，比较交流侧三相相电压瞬时值的大小，$u_U = u_V > 0$，但 $u_{g3} = 0$。晶闸管 VT_1 导通，即 $i_{T1} = i_d > 0$；直流侧负载的电压 $u_d = u_U > 0$；晶闸管 VT_1 承受电压 $u_{T1} = 0$。

③当 $\omega t_2 < \omega t \leqslant \omega t_3$ 时，比较交流侧三相相电压瞬时值的大小，u_V 最大，但 $u_U > 0$，$u_{g3} = 0$。晶闸管 VT_1 导通，即 $i_{T1} = i_d > 0$；直流侧负载电压 $u_d = u_U > 0$；晶闸管 VT_1 承受电压 $u_{T1} = 0$。

④当 $\omega t = \omega t_3$ 时，比较交流侧三相相电压瞬时值的大小，$u_U = 0$，$u_{g3} = 0$。电感产生的感生电动势 u_L 极性是上负下正，在 u_L 作用下，晶闸管 VT_1 承受正向阳极电压。晶闸管 VT_1 导通，即 $i_{T1} = i_d > 0$；直流侧负载电压 $u_d = u_U = 0$；晶闸管 VT_1 承受电压 $u_{T1} = 0$。

⑤当 $\omega t_3 < \omega t < \omega t_4$ 时，比较交流侧三相相电压瞬时值的大小，$u_U < 0$，u_V 最大，但 $u_{g3} = 0$。在 $|u_L| - |u_U| > 0$ 作用下，晶闸管 VT_1 承受正向阳极电压。晶闸管 VT_1 导通，即 $i_{T1} = i_d > 0$；直流侧负载电压 $u_d = u_U < 0$；晶闸管 VT_1 承受电压 $u_{T1} = 0$。

⑥当 $\omega t_4 \leqslant \omega t < \omega t_5$ 时，比较交流侧三相相电压瞬时值的大小，u_V 最大；在 $\omega t = \omega t_4$ 时刻，给晶闸管 VT_3 施加触发电压，$u_{g3} > 0$。晶闸管 VT_3 导通，即 $i_{T3} = i_d > 0$；直流侧负载电压 $u_d = u_V > 0$；晶闸管 VT_1 承受电压 $u_{T1} = u_{UV} < 0$。

⑦当 $\omega = \omega t_5$ 时，比较交流侧三相相电压瞬时值的大小，$u_V = u_W > 0$，但 $u_{g5} = 0$。晶闸管 VT_3 导通，即 $i_{T3} = i_d > 0$；直流侧负载电压 $u_d = u_V > 0$；晶闸管 VT_1 承受电压 $u_{T1} = u_{UV} < 0$。

⑧当 $\omega t_5 < \omega t < \omega t_6$ 时，比较交流侧三相相电压瞬时值的大小，u_W 最大，但 $u_V > 0$，$u_{g5} = 0$。晶闸管 VT_3 导通，即 $i_{T3} = i_d > 0$；直流侧负载电压 $u_d = u_V > 0$；晶闸管 VT_1 承受电压 $u_{T1} = u_{UV} < 0$。

⑨当 $\omega t = \omega t_6$ 时，比较交流侧三相相电压瞬时值的大小，$u_V = 0$，$u_{g5} = 0$。电感产生的感生电动势 u_L 极性是上负下正，在 u_L 作用下，晶闸管 VT_3 承受正向阳极电压。晶闸管 VT_3 导通，即 $i_{T3} = i_d > 0$；直流侧负载电压 $u_d = u_V = 0$；晶闸管 VT_1 承受电压 $u_{T1} = u_{UV} < 0$。

⑩当 $\omega t_6 < \omega t < \omega t_7$ 时，比较交流侧三相相电压瞬时值的大小，$u_V < 0$，u_W 最大，但 $u_{g5} = 0$。在 $|u_L| - |u_V| > 0$ 作用下，晶闸管 VT_3 承受正向阳极电压。晶闸管 VT_3 导通，即 $i_{T3} = i_d > 0$；直流侧负载电压 $u_d = u_B < 0$；晶闸管 VT_1 承受电压 $u_{T1} = u_{UV} < 0$。

⑪当 $\omega t_7 \leqslant \omega t < \omega t_8$ 时，比较交流侧三相相电压瞬时值的大小，u_W 最大；在 $\omega t = \omega t_7$ 时刻，给晶闸管 VT_5 施加触发电压，$u_{g5} > 0$。晶闸管 VT_5 导通，即 $i_{T5} = i_d > 0$；直流侧负载电压 $u_d = u_W > 0$；晶闸管 VT_1 承受电压 $u_{T1} = u_{UW} < 0$。

⑫当 $\omega t = \omega t_8$ 时，比较交流侧三相相电压瞬时值的大小，$u_U = u_W > 0$，但 $u_{g1} = 0$。晶闸管 VT_5 导通，即 $i_{T5} = i_d > 0$；直流侧负载电压 $u_d = u_W > 0$；晶闸管 VT_1 承受电压 $u_{T1} = u_{UW} < 0$。

⑬当 $\omega t_8 < \omega t < \omega t_9$ 时，比较交流侧三相相电压瞬时值的大小，u_U 最大，但 $u_{g1} = 0$。晶闸管 VT_5 导通，即 $i_{T5} = i_d > 0$；直流侧负载电压 $u_d = u_W > 0$；晶闸管 VT_1 承受电压 $u_{T1} = u_{UW} > 0$。

⑭当 $\omega t = \omega t_9$ 时，比较交流侧三相相电压瞬时值的大小，$u_W = 0$，$u_{g1} = 0$。电感产生的感生电动势 u_L 极性是上负下正，在 u_L 作用下，晶闸管 VT_5 承受正向阳极电压。晶闸管 VT_5 导通，即 $i_{T5} = i_d > 0$；直流侧负载电压 $u_d = u_V = 0$；晶闸管 VT_1 承受电压 $u_{T1} = u_{UW} > 0$。

⑮当 $\omega t_9 < \omega t < \omega t_1$ 时，比较交流侧三相相电压瞬时值的大小，$u_W < 0$，u_U 最大，但 $u_{g5} = 0$。在 $| u_L | - | u_V | > 0$ 作用下，晶闸管 VT_5 承受正向阳极电压。晶闸管 VT_5 导通，即 $i_{T5} = i_d > 0$；直流侧负载电压 $u_d = u_W < 0$；晶闸管 VT_1 承受电压 $u_{T1} = u_{UW} > 0$。

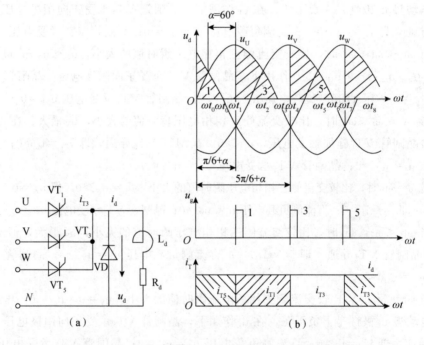

图 2-6　三相半波可控整流电路感性负载 $\alpha = 60°$ 时的波形图

（a）电路图　（b）波形图

2. 参数计算

①输出端直流电压（平均值）U_d。

$$U_d = \frac{3}{2\pi} \int_{\frac{\pi}{6} \div a}^{\frac{5\pi}{6} \div a} \sqrt{2} U_2 \sin\omega t d(\omega t) = 1.17 U_2 \cos a \qquad (2-4)$$

②晶闸管可能承受的最大正向、反向电压均为 $\sqrt{6} U_2$，移相范围为 $0° \sim 90°$。

2.2.3 电感性负载并接续流二极管

1. 电感性负载并接续流二极管时的波形分析

图 2-7 所示是三相半波可控整流电路感性负载接续流二极管 $\alpha=60°$ 时的波形图。在交流电一个周期内，用 ωt 坐标点将波形分为九段，设电路已处于工作状态，下面仅对 $\omega t_1 \sim \omega t_4$ 区间分析如下：

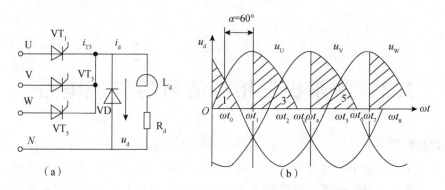

图 2-7 三相半波可控整流电路感性负载接续流管 $\alpha=60°$ 时的波形图

(a) 电路图 (b) 波形图

①当 $\omega t_1 \leqslant \omega t < \omega t_2$ 时，比较交流侧三相相电压瞬时值的大小，u_U 最大；在 $\omega t = \omega t_1$ 时，给晶闸管 VT_1 施加触发电压，$u_{g1} > 0$。晶闸管 VT_1 导通，即 $i_{T1} = i_d > 0$；直流侧负载的电压 $u_d = u_U > 0$；晶闸管 VT_1 承受电压 $u_{T1} = 0$。

②当 $\omega t = \omega t_2$ 时，比较交流侧三相相电压瞬时值的大小，$u_U = u_V > 0$，但 $u_{g3} = 0$。晶闸管 VT_1 导通，即 $i_{T1} = i_d > 0$；直流侧负载的电压 $u_d = u_U > 0$；晶闸管 VT_1 承受电压 $u_{T1} = 0$。

③当 $\omega t_2 < \omega t < \omega t_3$ 时，比较交流侧三相相电压瞬时值的大小，u_V 最大，但 $u_U > 0$，$u_{g3} = 0$。晶闸管 VT_1 导通，即 $i_{T1} = i_d > 0$；直流侧负载的电压 $u_d = u_U > 0$；晶闸管 VT_1 承受电压 $u_{T1} = 0$。

④当 $\omega t = \omega t_3$ 时，比较交流侧三相相电压瞬时值的大小，$u_U = 0$，$u_{g3} = 0$。电感产生的感生电动势 u_L 极性是上负下正，在 u_L 作用下，晶闸管 VT_1 承受正向阳极电压。晶闸管 VT_1 导通，续流管 VD 导通，即 $i_d = i_{T1} + i_D = > 0$；直流侧负载的电压 $u_d = u_U = 0$；晶闸管 VT_1 承受电压 $u_{T1} = 0$。

⑤当 $\omega t_3 < \omega t < \omega t_4$ 时，比较交流侧三相相电压瞬时值的大小，$u_U < 0$，u_V 最大，但 $u_{g3} = 0$。电感产生的感生电动势 u_L 极性是上负下正，在 u_L 作用下，续流管 VD 继续续流导通，晶闸管 VT_1 承受反向阳极电压。晶闸管 VT_1 关断，续流管 VD 导通，即 $i_D = i_d > 0$；直流侧负载的电压 $u_d = 0$；晶闸管 VT_1 承受电压 $u_{T1} = u_U < 0$。

2. 参数计算

①输出端直流电压（平均值）U_d。

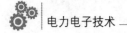

当 α≤30°时，

$$U_d = \frac{3}{2\pi} \int_{\frac{\pi}{6} \div \alpha}^{\frac{5\pi}{6} \div \alpha} \sqrt{2} U_2 \sin\omega t d(\omega t) = 1.17 U_2 \cos\alpha \qquad (2-5)$$

当 α>30°时，

$$U_d = \frac{3}{2\pi} \int_{\frac{\pi}{6} \div \alpha}^{\pi} \sqrt{2} U_2 \sin\omega t d(\omega t) = 0.675 U_2 \left[1 + \cos\left(\frac{\pi}{6} + \alpha \right) \right] \qquad (2-6)$$

②晶闸管可能承受的最大正向电压为 $\sqrt{2}U_2$，最大反向电压为 $\sqrt{6}U_2$，移相范围为 $0° \sim 150°$。

2.3 共阳极三相半波可控整流电路

电路如图 2-8（a）所示，将三只晶闸管的阳极连接在一起，这种接法叫共阳极接法。在某些整流装置中，考虑能共用一块大散热器与安装方便采用共阳极接法，缺点是要求三个管子的触发电路输出端彼此绝缘。电路分析方法同共阴极接法电路，所不同的是：由于晶闸管方向改变，它在电源电压 u_2 负半波时承受正向电压，因此，只能在 u_2 的负半波被触发导通，电流的实际方向也改变了。显然，共阳极接法的三只晶闸管的自然换相点为电源相电压负半波相连交点 2、4、6 点，即控制角 α＝0°的点，若在此时送上脉冲，则整流电压 u_d 波形是电源相电压负半波的包络线。

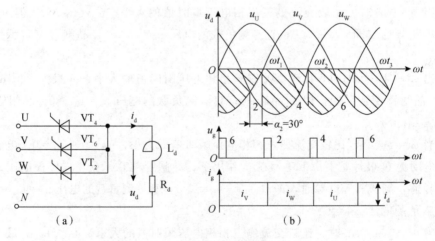

图 2-8 共阳极三相半波可控整流电路及波形图
（a）电路图 （b）波形图

图 2-8（b）所示为控制角 α＝30°时电感性负载时的电压、电流波形。设电路已稳定工作，此时 VT_6 已导通，到交点 2，虽然 W 相相电压负值更大，VT_2 承受正向电压，但脉冲还没有来，VT_6 继续导通，输出电压 u_d 波形为 u_B 波形。到 ωt_1 时刻，u_{g2} 脉冲到来触发 VT_2，VT_2 管导通，VT_6 因承受反压而关断，输出电压 u_d 的波形为 u_W 波形，如

此循环下去。电流 i_d 波形画在横轴下面，表示电流的实际方向与图中假定的方向相反。

输出平均电压 U_d 的计算公式如下：

$$U_d = \frac{3}{2\pi} \int_{\frac{\pi}{6} \div \alpha}^{\frac{5\pi}{6} \div \alpha} - \sqrt{2} U_2 \sin\omega t d(\omega t) = -1.17 U_2 \cos\alpha \qquad (2-7)$$

三相半波整流电路只需三只晶闸管，与单相整流相比，输出电压脉冲小、输出功率大、三相负载平衡。其不足之处是整流变压器二次侧只有 1/3 周期有单方向电流通过，变压器使用率低，且直流分量造成变压器直流磁化。为克服直流磁化引起的较大漏磁通，需增大变压器截面增加用铁用铜量。因此，三相半波电路应用受到限制，在较大容量或性能要求高时，广泛采用三相桥式可控整流电路。

2.4 三相全控桥式整流电路

为了克服三相半波电路的缺点，利用共阴与共阳接法对于整流变压器电流方向相反的特点，用一个变压器同时对共阴与共阳两组整流电路供电如图 2-9（a）所示。图中变压器二次侧 U 相正向电流 i_{T1} 流过共阴极组 VT_1 管，反向电流 i_{T4} 流过共阳极组 VT_4 管。如两组负载与控制角均相同，则两组电流大小、波形相同而方向相反，使变压器二次侧正负半周均有电流流过，利用率增加一倍且无直流分量。零线电流 $I_{d0} = I_{d1} - I_{d2} = 0$，去除零线再将两组负载合并即成为图 2-9（b）所示的三相全控桥式整流电路。所以，三相桥式电路实质上是三相半波共阴与共阳极组的串联。

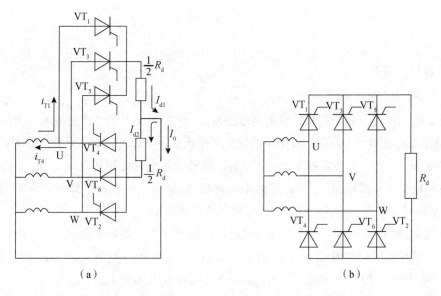

（a） （b）

图 2-9 三相半波共阴极、共阳极组串联构成三相桥式整流电路

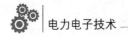

2.4.1 电阻性负载

1. 电路结构

（1）电路成串联结构

三相全控桥式整流电路相当于两组三相半波电路的串联，其中一组来自共阴极组，另一组来自共阳极组。

（2）对晶闸管的编号要求

三相全控桥式整流电路共使用六只晶闸管元件，这六只晶闸管的编号是有严格规定的，即每只晶闸管的编号与其所对应的自然换相点的点号保持一致。三相交流电正半周期相电压的交点（自然换相点）是1、3、5，那么对应共阴极组晶闸管的编号就应该是 VT_1、VT_3、VT_5；三相交流电负半周期相电压的交点（自然换相点）是4、6、2，那么对应共阳极组晶闸管的编号就应该是 VT_4、VT_6、VT_2。

（3）对触发脉冲的要求

由于三相全控桥式整流电路相当于两组三相半波电路的串联，要想使整个电路构成电流通路就必须保证共阴极组和共阳极组应各有一个晶闸管同时导通，因此，三相全控桥主电路要求触发电路必须同时输出两个触发脉冲，一个去触发共阴极组晶闸管，另一个去触发共阳极组晶闸管，即触发脉冲必须成对出现。

由于晶闸管的编号有严格规定，这就决定了晶闸管的导通也有严格顺序要求，正常情况下触发脉冲出现的顺序是按照晶闸管的编号顺序依次出现。

总之，三相全控桥式主电路对触发脉冲的要求是必须"依次、成对"出现，即：

$$u_{g6}、u_{g1} \rightarrow u_{g1}、u_{g12} \rightarrow u_{g2}、u_{g3} \rightarrow u_{g3}、u_{g4} \rightarrow u_{g4}、u_{g5} \rightarrow u_{g5}、u_{g6}$$

2. 波形分析

（1）α＝0°时电路工作分析

图2-10所示是三相全控桥式整流主电路及α＝0°时的波形图。在交流电一个周期内，用 ωt 坐标点将波形分为六段，设电路已处于工作状态，下面逐段对波形分析如下：

①当 $\omega t_1 \leqslant \omega t < \omega t_2$ 时，在 $\omega t = \omega t_1$ 时刻，触发脉冲出现的顺序是 $u_{g6} = u_{g1} > 0$；比较交流侧三相相电压瞬时值 u_U、u_V 的大小，此段 u_U 最大，u_V 最小，即 $u_{UV} > 0$。晶闸管 VT_6、VT_1 导通，即 $i_{T6} = i_{T1} = i_d > 0$；直流侧负载的电压 $u_d = u_{UV} > 0$。

②当 $\omega t_2 \leqslant \omega t < \omega t_3$ 时，在 $\omega t = \omega t_2$ 时刻，触发脉冲出现的顺序是 $u_{g1} = u_{g2} > 0$；比较交流侧三相相电压瞬时值 u_U、u_W 的大小，此段 u_U 最大，u_W 最小，即 $u_{UW} > 0$。晶闸管 VT_1、VT_2 导通，即 $i_{T1} = i_{T2} = i_d > 0$；直流侧负载的电压 $u_d = u_{UW} > 0$。

③当 $\omega t_3 \leqslant \omega t < \omega t_4$ 时，在 $\omega t = \omega t_3$ 时刻，触发脉冲出现的顺序是 $u_{g2} = u_{g3} > 0$；比较交流侧三相相电压瞬时值 u_V、u_W 的大小，此段 u_V 最大，u_W 最小，即 $u_{VW} > 0$。晶闸管

VT_2、VT_3导通，即$i_{T2}=i_{T3}=i_d>0$；直流侧负载的电压$u_d=u_{VW}>0$。

④当$\omega t_4\leqslant\omega t<\omega t_5$时，在$\omega t=\omega t_4$时刻，触发脉冲出现的顺序是$u_{g3}=u_{g4}>0$；比较交流侧三相相电压瞬时值$u_V$、$u_U$的大小，此段$u_V$最大，$u_U$最小，即$u_{VU}>0$。晶闸管$VT_3$、$VT_4$导通，即$i_{T3}=i_{T4}=i_d>0$；直流侧负载的电压$u_d=u_{VU}>0$。

⑤当$\omega t_5\leqslant\omega t<\omega t_6$时，在$\omega t=\omega t_5$时刻，触发脉冲出现的顺序是$u_{g4}=u_{g5}>0$；比较交流侧三相相电压瞬时值$u_W$、$u_U$的大小，此段$u_W$最大，$u_U$最小，即$u_{WU}>0$。晶闸管$VT_4$、$VT_5$导通，即$i_{T4}=i_{T5}=i_d>0$；直流侧负载的电压$u_d=u_{WU}>0$。

⑤当$\omega t_6\leqslant\omega t<\omega t_7$时，在$\omega t=\omega t_6$时刻，触发脉冲出现的顺序是$u_{g5}=u_{g6}>0$；比较交流侧三相相电压瞬时值$u_W$、$u_V$的大小，此段$u_W$最大，$u_V$最小，即$u_{WV}>0$。晶闸管$VT_5$、$VT_6$导通，即$i_{T5}=i_{T6}=i_d>0$；直流侧负载的电压$u_d=u_{WV}>0$。

经上述分析可得以下结论：

(1) 直流侧输出电压u_d波形为三相线电压波形正半周的包络线，u_d波形每周期脉动六次。

(2) 不管是共阴极组还是共阳极组的晶闸管，只要是同组内的晶闸管每隔$120°$换流一次，例如u_{g1}与u_{g3}的脉冲间隔为$120°$，对应同组内的VT_1、VT_3的导通间隔为$120°$；相邻号的晶闸管每隔$60°$换流一次，例如VT_1、VT_2的导通间隔为$60°$；接在同一根电源线上的晶闸管每隔$180°$换流一次，例如u_{g1}与u_{g4}的脉冲间隔为$180°$，对应VT_1、VT_4的导通间隔为$180°$。

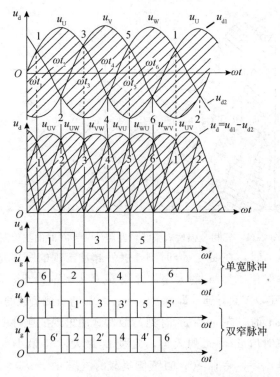

图 2-10 三相全控桥整流电路 $\alpha=0°$时的波形图

由于三相全控桥式整流电路相当于两组三相半波电路的串联，为了保证电路合闸后能工作，或在电流断续后再次工作，电路必须有两只晶闸管同时导通，对将要导通的晶闸管施加触发脉冲，所以，触发脉冲必须要"成对"出现。通常保证触发脉冲"成对"出现的方法有两种。

单宽脉冲触发：如图 2-10 所示，每个单宽脉冲的宽度在 80°～100°之间，由于相邻号的触发脉冲间隔 60°，也就是每隔 60°由上一只晶闸管轮换到下一只晶闸管导通时，在后一个触发脉冲出现时刻，前一个触发脉冲还没有消失，这样就可保证在任意换相时刻都能触发两只晶闸管导通。例如，当 2 号脉冲 u_{g2} 到来时，1 号脉冲 u_{g1} 还没有消失，两脉冲具有重叠时间，即脉冲 u_{g1}、u_{g2} "成对"出现。

双窄脉冲触发：如图 2-10 所示，每个窄脉冲的宽度在 20°～30°之间，触发电路在给某一晶闸管施加触发脉冲（主脉冲）的同时，也给前一晶闸管施加一个补脉冲（辅助脉冲）。例如，触发电路在给 2 号晶闸管施加主脉冲 u_{g2} 时，同时又给 1 号晶闸管施加补脉冲 u_{g1}。显然，双窄脉冲的作用同单宽脉冲的作用是一样的。双窄脉冲虽复杂，但脉冲变压器铁芯体积小，触发装置的输出功率小，所以，被广泛采用。

（2）$\alpha = 60°$ 时的波形分析

图 2-11 所示是三相全控桥式整流电路阻性 $\alpha = 60°$ 时的波形图。在交流电一个周期内，用 ωt 坐标点将波形分为六段，设电路已处于工作状态，下面对波形逐段分析如下：

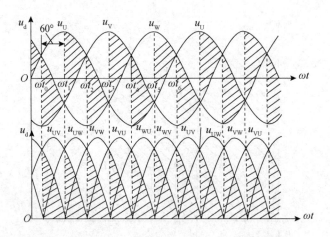

图 2-11　三相全控桥式整流电路阻性 $\alpha = 60°$ 时的波形图

①当 $\omega t_1 \leqslant \omega t < \omega t_2$ 时，在 $\omega t = \omega t_1$ 时刻，触发脉冲出现的顺序是 $u_{g6} = u_{g1} > 0$；比较交流侧三相相电压瞬时值 u_U、u_V 的大小，此段 u_U 最大，u_V 最小，即 $u_{UV} > 0$。

结论：晶闸管 VT_6、VT_1 导通，即 $i_{T6} = i_{T1} = i_d > 0$；直流侧负载的电压 $u_d = u_{UV} > 0$。

②当 $\omega t_2 \leqslant \omega t < \omega t_3$ 时，在 $\omega t = \omega t_2$ 时刻，触发脉冲出现的顺序是 $u_{g1} = u_{g2} > 0$；比较交流侧三相相电压瞬时值 u_U、u_W 的大小，此段 u_U 最大，u_W 最小，即 $u_{UW} > 0$。晶闸管 VT_1、VT_2 导通，即 $i_{T1} = i_{T2} = i_d > 0$；直流侧负载的电压 $u_d = u_{UW} > 0$。

③当 $\omega t_3 \leqslant \omega t < \omega t_4$ 时，在 $\omega t = \omega t_3$ 时刻，触发脉冲出现的顺序是 $u_{g2} = u_{g3} > 0$；比较

交流侧三相相电压瞬时值 u_V、u_W 的大小，此段 u_V 最大，u_W 最小，即 $u_{VW}>0$。晶闸管 VT_2、VT_3 导通，即 $i_{T2}=i_{T3}=i_d>0$；直流侧负载的电压 $u_d=u_{VW}>0$。

④当 $\omega t_4 \leqslant \omega t<\omega t_5$ 时，在 $\omega t=\omega t_4$ 时刻，触发脉冲出现的顺序是 $u_{g3}=u_{g4}>0$；比较交流侧三相相电压瞬时值 u_V、u_U 的大小，此段 u_V 最大，u_U 最小，即 $u_{VU}>0$。晶闸管 VT_3、VT_4 导通，即 $i_{T3}=i_{T4}=i_d>0$；直流侧负载的电压 $u_d=u_{VU}>0$。

⑤当 $\omega t_5 \leqslant \omega t<\omega t_6$ 时，在 $\omega t=\omega t_5$ 时刻，触发脉冲出现的顺序是 $u_{g4}=u_{g5}>0$；比较交流侧三相相电压瞬时值 u_W、u_U 的大小，此段 u_W 最大，u_U 最小，即 $u_{WU}>0$。晶闸管 VT_4、VT_5 导通，即 $i_{T4}=i_{T5}=i_d>0$；直流侧负载的电压 $u_d=u_{WU}>0$。

⑥当 $\omega t_6 \leqslant \omega t<\omega t_7$ 时，在 $\omega t=\omega t_6$ 时刻，触发脉冲出现的顺序是 $u_{g5}=u_{g6}>0$；比较交流侧三相相电压瞬时值 u_W、u_V 的大小，此段 u_W 最大，u_V 最小，即 $u_{WV}>0$。

（3）$\alpha=90°$ 时的波形分析

图 2-12 所示是三相全控桥式整流电路阻性 $\alpha=90°$ 时的波形图。在交流电一个周期内，用 ωt 坐标点将波形分为十二段，设电路已处于工作状态，下面对波形逐段分析如下：

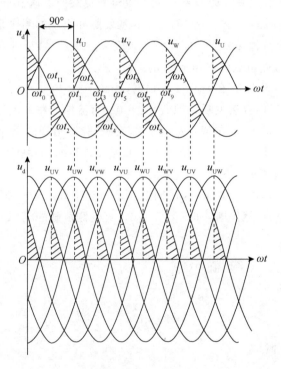

图 2-12　三相全控桥式整流电路阻性 $\alpha=90°$ 时的波形图

①当 $\omega t_1 \leqslant \omega t<\omega t_2$ 时，在 $\omega t=\omega t_1$ 时刻，触发脉冲出现的顺序是 $u_{g6}=u_{g1}>0$；比较交流侧三相相电压瞬时值 u_U、u_V 的大小，此段 $u_{UV}>0$。晶闸管 VT_6、VT_1 导通，即 $i_{T6}=i_{T1}=i_d>0$；直流侧负载的电压 $u_d=u_{UV}>0$。

②当 $\omega t_2 \leqslant \omega t<\omega t_3$ 时，在 $\omega t=\omega t_2$ 时刻，$u_U=u_V$，$u_{UV}=0$；但过 ωt_2 以后，$u_{UV}<0$。晶闸管 VT_6、VT_1 自然关断，即 $i_T=i_d=0$；直流侧负载的电压 $u_d=0$。

③当 $\omega t_3 \leqslant \omega t < \omega t_4$ 时，在 $\omega t = \omega t_3$ 时刻，触发脉冲出现的顺序是 $u_{g1} = u_{g2} > 0$；比较交流侧三相相电压瞬时值 u_U、u_W 的大小，此段 $u_{UW} > 0$。晶闸管 VT_1、VT_2 导通，即 $i_{T1} = i_{T2} = i_d > 0$；直流侧负载的电压 $u_d = u_{UW} > 0$。

④当 $\omega t_4 \leqslant \omega t < \omega t_5$ 时，在 $\omega t = \omega t_4$ 时刻，$u_U = u_W$，$u_{UW} = 0$；但过 ωt_4 以后，$u_{UW} < 0$。晶闸管 VT_1、VT_2 自然关断，即 $i_T = i_d = 0$；直流侧负载的电压 $u_d = 0$。

⑤当 $\omega t_5 \leqslant \omega t < \omega t_6$ 时，在 $\omega t = \omega t_5$ 时刻，触发脉冲出现的顺序是 $u_{g2} = u_{g3} > 0$；比较交流侧三相相电压瞬时值 u_V、u_W 的大小，此段 $u_{VW} > 0$。晶闸管 VT_2、VT_3 导通，即 $i_{T2} = i_{T3} = i_d > 0$；直流侧负载的电压 $u_d = u_{VW} > 0$。

⑥当 $\omega t_6 \leqslant \omega t < \omega t_7$ 时，在 $\omega t = \omega t_6$ 时刻，$u_V = u_W$，$u_{VW} = 0$；但过 ωt_6 以后，$u_{VW} < 0$。晶闸管 VT_2、VT_3 自然关断，即 $i_T = i_d = 0$；直流侧负载的电压 $u_d = 0$。

⑦当 $\omega t_7 \leqslant \omega t < \omega t_8$ 时，在 $\omega t = \omega t_7$ 时刻，触发脉冲出现的顺序是 $u_{g3} = u_{g4} > 0$；比较交流侧三相相电压瞬时值 u_V、u_U 的大小，此段 $u_{VU} > 0$。晶闸管 VT_3、VT_4 导通，即 $i_{T3} = i_{T4} = i_d > 0$；直流侧负载的电压 $u_d = u_{VU} > 0$。

⑧当 $\omega t_8 \leqslant \omega t < \omega t_9$ 时，在 $\omega t = \omega t_8$ 时刻，$u_V = u_U$，$u_{VU} = 0$；但过 ωt_8 以后，$u_{VU} < 0$。晶闸管 VT_3、VT_4 自然关断，即 $i_T = i_d = 0$；直流侧负载的电压 $u_d = 0$。

⑨当 $\omega t_9 \leqslant \omega t < \omega t_{10}$ 时，在 $\omega t = \omega t_9$ 时刻，触发脉冲出现的顺序是 $u_{g4} = u_{g5} > 0$；比较交流侧三相相电压瞬时值 u_W、u_U 的大小，此段 $u_{WU} > 0$。晶闸管 VT_4、VT_5 导通，即 $i_{T4} = i_{T5} = i_d > 0$；直流侧负载的电压 $u_d = u_{WU} > 0$。

⑩当 $\omega t_{10} \leqslant \omega t < \omega t_{11}$ 时，在 $\omega t = \omega t_{10}$ 时刻，$u_W = u_U$，$u_{UW} = 0$；但过 ωt_{10} 以后，$u_{WU} < 0$。晶闸管 VT_4、VT_5 自然关断，即 $i_T = i_d = 0$；直流侧负载的电压 $u_d = 0$。

⑪当 $\omega t_{11} \leqslant \omega t < \omega t_{12}$ 时，在 $\omega t = \omega t_{11}$ 时刻，触发脉冲出现的顺序是 $u_{g5} = u_{g6} > 0$；比较交流侧三相相电压瞬时值 u_W、u_V 的大小，此段 $u_{WV} > 0$。晶闸管 VT_5、VT_6 导通，即 $i_{T5} = i_{T6} = i_d > 0$；直流侧负载的电压 $u_d = u_{WV} > 0$。

⑫当 $\omega t_{12} \leqslant \omega t < \omega t_1$ 时，在 $\omega t = \omega t_{12}$ 时刻，$u_W = u_V$，$u_{WV} = 0$；但过 ωt_{12} 以后，$u_{WV} < 0$。晶闸管 VT_5、VT_6 自然关断，即 $i_T = i_d = 0$；直流侧负载的电压 $u_d = 0$。

3. 参数计算

①输出端直流电压（平均值）U_d。

当 $0° \leqslant \alpha \leqslant 60°$ 时，

$$U_d = 2.34U_2 \frac{1 + \cos\alpha}{2} \tag{2-8}$$

当 $60° \leqslant \alpha \leqslant 120°$ 时，

$$U_d = 2.34U_2 \left[1 + \cos\left(\frac{\pi}{6} + \alpha \right) \right] \tag{2-9}$$

②晶闸管可能承受的最大正向、反向电压均为 $\sqrt{6}U_2$，移相范围为 $0° \sim 120°$。

2.4.2　电感性负载

图 2-13 所示是三相全控桥式整流电路电感性负载电路，电路中电感远远大于电阻，

整个电路为电感性负载电路。

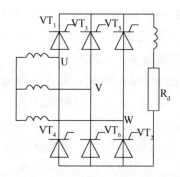

图 2-13 三相全控桥式整流电路电感性负载电路图

图 2-14 所示是三相全控桥式整流电路感性 α＝90°时的波形图。在交流电一个周期内，用 ωt 坐标点将波形分为十二段，设电路已处于工作状态，下面对波形逐段分析如下：

①当 $\omega t_1 \leqslant \omega t < \omega t_2$ 时，在 $\omega t = \omega t_1$ 时刻，触发脉冲出现的顺序是 $u_{g6} = u_{g1} > 0$；比较交流侧三相相电压瞬时值 u_U、u_V 的大小，此段 $u_{UV} > 0$。晶闸管 VT_6、VT_1 导通，即 $i_{T6} = i_{T1} = i_d > 0$；直流侧负载的电压 $u_d = u_{UV} > 0$。

②当 $\omega t_2 \leqslant \omega t < \omega t_3$ 时，在 $\omega t = \omega t_2$ 时刻，$u_U = u_V$，$u_{UV} = 0$；但过 ωt_2 以后，$u_{UV} < 0$。在电感 u_L 作用下，$|u_L| > |u_{UV}|$。晶闸管 VT_6、VT_1 导通，即 $i_{T6} = i_{T1} = i_d > 0$；直流侧负载的电压 $u_d = u_{UV} < 0$。

③当 $\omega t_3 \leqslant \omega t < \omega t_4$ 时，在 $\omega t = \omega t_3$ 时刻，触发脉冲出现的顺序是 $u_{g1} = u_{g2} > 0$；比较交流侧三相相电压瞬时值 u_U、u_W 的大小，此段 $u_{UW} > 0$。晶闸管 VT_1、VT_2 导通，即 $i_{T1} = i_{T2} = i_d > 0$；直流侧负载的电压 $u_d = u_{UW} > 0$。

④当 $\omega t_4 \leqslant \omega t < \omega t_5$ 时，在 $\omega t = \omega t_4$ 时刻，$u_U = u_W$，$u_{UW} = 0$；但过 ωt_4 以后，$u_{UW} < 0$。在电感 u_L 作用下，$|u_L| > |u_{UW}|$。晶闸管 VT_1、VT_2 导通，即 $i_{T1} = i_{T2} = i_d > 0$；直流侧负载的电压 $u_d = u_{UW} < 0$。

⑤当 $\omega t_5 \leqslant \omega t < \omega t_6$ 时，在 $\omega t = \omega t_5$ 时刻，触发脉冲出现的顺序是 $u_{g2} = u_{g3} > 0$；比较交流侧三相相电压瞬时值 u_V、u_W 的大小，此段 $u_{VW} > 0$。晶闸管 VT_2、VT_3 导通，即 $i_{T2} = i_{T3} = i_d > 0$；直流侧负载的电压 $u_d = u_{VW} > 0$。

⑥当 $\omega t_6 \leqslant \omega t < \omega t_7$ 时，在 $\omega t = \omega t_6$ 时刻，$u_V = u_W$，$u_{VW} = 0$；但过 ωt_6 以后，$u_{VW} < 0$。在电感 u_L 作用下，$|u_L| > |u_{VW}|$。晶闸管 VT_2、VT_3 导通，即 $i_{T2} = i_{T3} = i_d > 0$；直流侧负载的电压 $u_d = u_{VW} < 0$。

⑦当 $\omega t_7 \leqslant \omega t < \omega t_8$ 时，在 $\omega t = \omega t_7$ 时刻，触发脉冲出现的顺序是 $u_{g3} = u_{g4} > 0$；比较交流侧三相相电压瞬时值 u_V、u_U 的大小，此段 $u_{VU} > 0$。晶闸管 VT_3、VT_4 导通，即 $i_{T3} = i_{T4} = i_d > 0$；直流侧负载的电压 $u_d = u_{VU} > 0$。

⑧当 $\omega t_8 \leqslant \omega t < \omega t_9$ 时，在 $\omega t = \omega t_8$ 时刻，$u_V = u_U$，$u_{VU} = 0$；但过 ωt_8 以后，$u_{VU} < 0$。在电感 u_L 作用下，$|u_L| > |u_{VU}|$。晶闸管 VT_3、VT_4 导通，即 $i_{T3} = i_{T4} = i_d > 0$；直

流侧负载的电压 $u_d = u_{VU} < 0$。

⑨当 $\omega t_9 \leqslant \omega t < \omega t_{10}$ 时，在 $\omega t = \omega t_9$ 时刻，触发脉冲出现的顺序是 $u_{g4} = u_{g5} > 0$；比较交流侧三相相电压瞬时值 u_W、u_U 的大小，此段 $u_{WU} > 0$。晶闸管 VT_4、VT_5 导通，即 $i_{T4} = i_{T5} = i_d > 0$；直流侧负载的电压 $u_d = u_{WU} > 0$。

⑩当 $\omega t_{10} \leqslant \omega t < \omega t_{11}$ 时，在 $\omega t = \omega t_{10}$ 时刻，$u_W = u_U$，$u_{UW} = 0$；但过 ωt_{10} 以后，$u_{WU} < 0$。在电感 u_L 作用下，$|u_L| > |u_{WU}|$。晶闸管 VT_4、VT_5 导通，即 $i_{T4} = i_{T5} = i_d > 0$；直流侧负载的电压 $u_d = u_{WU} < 0$。

⑪当 $\omega t_{11} \leqslant \omega t < \omega t_{12}$ 时，在 $\omega t = \omega t_{11}$ 时刻，触发脉冲出现的顺序是 $u_{g5} = u_{g6} > 0$；比较交流侧三相相电压瞬时值 u_W、u_V 的大小，此段 $u_{WV} > 0$。晶闸管 VT_5、VT_6 导通，即 $i_{T5} = i_{T6} = i_d > 0$；直流侧负载的电压 $u_d = u_{WV} > 0$。

⑫当 $\omega t_{12} \leqslant \omega t < \omega t_1$ 时，在 $\omega t = \omega t_{12}$ 时刻，$u_W = u_V$，$u_{WV} = 0$；但过 ωt_{12} 以后，$u_{WV} < 0$。在电感 u_L 作用下，$|u_L| > |u_{WV}|$。晶闸管 VT_5、VT_6 导通，即 $i_{T5} = i_{T6} = i_d > 0$；直流侧负载的电压 $u_d = u_{WV} < 0$。

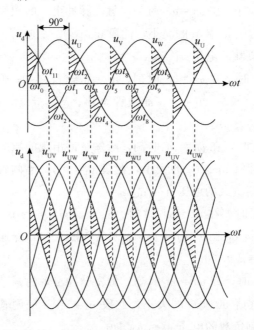

图 2-14　三相全控桥式整流电路感性 $\alpha = 90°$ 时的波形图

3. 参数计算

①输出端直流电压（平均值）U_d。

$$U_d = 2.34 U_2 \cos\alpha \tag{2-10}$$

②晶闸管可能承受的最大正向、反向电压均为 $\sqrt{6}U_2$，移相范围为 $0° \sim 90°$。

2.4.3　电感性负载并接续流二极管

图 2-15 所示是三相全控桥式整流电路感性并接续流二极管 $\alpha = 90°$ 时的波形图。在

交流电一个周期内，用 ωt 坐标点将波形分为十二段，设电路已处于工作状态，下面以 ωt₂ 点为例，对续流二极管作用分析如下：

在 ωt＝ωt₂ 时刻，$u_U＝u_V$，$u_{UV}＝0$，三相全控桥等效电路如图 2-16 所示。此时在续流二极管 VD 的箝位作用下，晶闸管 VT_6、VT_1 自然关断。

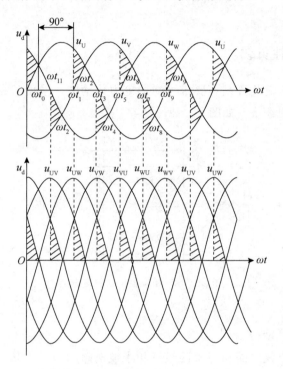

图 2-15　三相全控桥式整流电路感性并接续流二极管 α＝90°时的波形

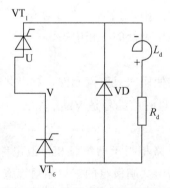

图 2-16　$u_{UV}＝0$ 时三相全控桥等效电路

三相全控桥整流电路输出电压脉动小，脉动频率高。与三相半波电路相比，在电源电压相同、控制角一样时，输出电压提高一倍。又因为整流变压器二次绕组电流没有直流分量，不存在铁芯被直流磁化问题，故绕组和铁芯利用率高，所以，被广泛应用在大功率直流电动机调速系统，以及对整流的各项指标要求较高的整流装置上。

2.5 三相半控桥式整流电路

2.5.1 电阻性负载

在中等容量的整流装置或不要求可逆的电力传动中，采用三相半控桥式整流电路比全控电路更简单更经济，如图 2-17 所示。

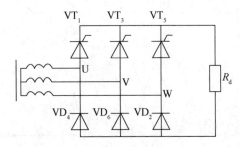

图 2-17 三相半控桥式整流电路

1. 电路结构

（1）电路成串联结构

三相半控桥式整流电路相当于两组三相半波电路的串联，其中一组来自可控的共阴极组，三个晶闸管只有在脉冲触发点才能换流到阳极电位更高的一相中去；另一组来自不可控的共阳极组，三个共阳连接的二极管总在三相相电压波形负半周的自然换相点换流，使电流换到阴极电位更低的一相中去。

（2）对元件的编号要求

三相半控桥式整流电路共使用六只整流元件，对应共阴极组晶闸管的编号是 VT_1、VT_3、VT_5；对应共阳极组二极管的编号是 VD_4、VD_6、VD_2。

（3）对触发脉冲的要求

由于三相半控桥式整流电路相当于两组三相半波电路的串联，其中共阳极组是不可控的，所以，触发电路只需给共阴极组的三只晶闸管施加相隔 120° 的单窄脉冲即可。

2. 波形分析

（1）$\alpha = 30°$ 时的波形分析

图 2-18 所示是三相半控桥式整流主电路及 $\alpha = 30°$ 时的波形图。在交流电一个周期内，用 ωt 坐标点将波形分为六段，设电路已处于工作状态，下面对波形逐段分析如下：

① 当 $\omega t_1 \leqslant \omega t < \omega t_2$ 时，在 $\omega t = \omega t_1$ 时刻，$u_{g1} > 0$；比较交流侧三相相电压瞬时值，u_V 最小，即 $u_{UV} > 0$。；二极管 VD_6、晶闸管 VT_1 导通，即 $i_{D6} = i_{T1} = i_d > 0$；直流侧负载

的电压 $u_d=u_{UV}>0$。

②当 $\omega t_2\leqslant\omega t<\omega t_3$ 时，在 $\omega t=\omega t_2$ 时刻，$u_V=u_W$；过 ωt_2 点后 u_W 最小，即 $u_{UW}>0$。晶闸管 VT_1、二极管 VD_2 导通，即 $i_{T1}=i_{D2}=i_d>0$；直流侧负载的电压 $u_d=u_{UW}>0$。

③当 $\omega t_3\leqslant\omega t<\omega t_4$ 时，在 $\omega t=\omega t_3$ 时刻，$u_{g3}>0$；比较交流侧三相相电压瞬时值，u_W 最小，即 $u_{VW}>0$。二极管 VD_2、晶闸管 VT_3 导通，即 $i_{D2}=i_{T3}=i_d>0$；直流侧负载的电压 $u_d=u_{VW}>0$。

④当 $\omega t_4\leqslant\omega t<\omega t_5$ 时，在 $\omega t=\omega t_4$ 时刻，$u_U=u_W$；过 ωt_4 点后 u_U 最小，即 $u_{VU}>0$。晶闸管 VT_3、二极管 VD_4 导通，即 $i_{T3}=i_{D4}=i_d>0$；直流侧负载的电压 $u_d=u_{VU}>0$。

⑤当 $\omega t_5\leqslant\omega t<\omega t_6$ 时，在 $\omega t=\omega t_5$ 时刻，$u_{g5}>0$；比较交流侧三相相电压瞬时值，u_U 最小，即 $u_{WU}>0$。晶闸管 VT_5、二极管 VD_4 导通，即 $i_{D4}=i_{T5}=i_d>0$；直流侧负载的电压 $u_d=u_{WU}>0$。

⑥当 $\omega t_6\leqslant\omega t<\omega t_7$ 时，在 $\omega t=\omega t_6$ 时刻，$u_V=u_U$；过 ωt_6 点后 u_V 最小，即 $u_{WV}>0$。晶闸管 VT_5、二极管 VD_6 导通，即 $i_{T5}=i_{T6}=i_d>0$；直流侧负载的电压 $u_d=u_{WV}>0$。

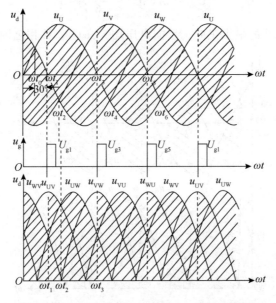

图 2-18　三相半控桥整流电路 $\alpha=30°$ 时的波形

（2）$\alpha=120°$ 时的波形分析

图 2-19 所示是三相半控桥式整流电路阻性 $\alpha=120°$ 时的波形图。在交流电一个周期内，用 ωt 坐标点将波形分为六段，设电路已处于工作状态，下面对波形逐段分析如下：

①当 $\omega t_1\leqslant\omega t<\omega t_2$ 时，在 $\omega t=\omega t_1$ 时刻，$u_{g1}>0$；比较交流侧三相相电压瞬时值，u_W 最小，即 $u_{UW}>0$。二极管 VD_2、晶闸管 VT_1 导通，即 $i_{D2}=i_{T1}=i_d>0$；直流侧负载的电压 $u_d=u_{UW}>0$。

②当 $\omega t_2\leqslant\omega t<\omega t_3$ 时，在 $\omega t=\omega t_2$ 时，$u_U=u_W$；过 ωt_2 点后 $u_g=0$。二极管 VD、晶闸管 VT 关断，即 $i_T=i_D=i_d=0$；直流侧负载的电压 $u_d=0$。

③当 $\omega t_3 \leqslant \omega t < \omega t_4$ 时，在 $\omega t = \omega t_3$ 时刻，$u_{g3} > 0$；比较交流侧三相相电压瞬时值，u_U 最小，即 $u_{VU} > 0$。二极管 VD_4、晶闸管 VT_3 导通，即 $i_{D4} = i_{T3} = i_d > 0$；直流侧负载的电压 $u_d = u_{VU} > 0$。

④当 $\omega t_4 \leqslant \omega t < \omega t_5$ 时，在 $\omega t = \omega t_4$ 时刻，$u_U = u_V$；过 ωt_4 点后 $u_g = 0$。二极管 VD、晶闸管 VT 关断，即 $i_T = i_D = i_d = 0$；直流侧负载的电压 $u_d = 0$。

⑤当 $\omega t_5 \leqslant \omega t < \omega t_6$ 时，在 $\omega t = \omega t_5$ 时刻，$u_{g5} > 0$；比较交流侧三相相电压瞬时值，u_V 最小，即 $u_{WV} > 0$。晶闸管 VT_5、二极管 VD_6 导通，即 $i_{D6} = i_{T5} = i_d > 0$；直流侧负载的电压 $u_d = u_{WV} > 0$。

⑥当 $\omega t_6 \leqslant \omega t < \omega t_7$ 时，在 $\omega t = \omega t_6$ 时刻，$u_V = u_W$；过 ωt_6 点后 $u_g = 0$。二极管 VD、晶闸管 VT 关断，即 $i_T = i_D = i_d = 0$；直流侧负载的电压 $u_d = 0$。

3. 参数计算

①输出端直流电压（平均值）U_d。

$$U_d = 2.34 U_2 \frac{1 + \cos\alpha}{2} \tag{2-11}$$

②晶闸管可能承受的最大正向、反向电压均为 $\sqrt{6} U_2$，移相范围为 $0° \sim 180°$。

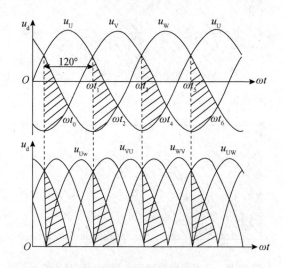

图 2-19 三相半控桥式整流电路阻性 $\alpha = 120°$ 时的波形

2.5.2 感性负载

三相半控桥式整流电路感性负载时输出的电压波形与阻性时的相似，当 $\alpha = 120°$ 时 u_d 波形如图 2-19 所示。在交流电一个周期内，用 ωt 坐标点将波形分为六段，设电路已处于工作状态，下面对波形逐段分析如下：

①当 $\omega t_1 \leqslant \omega t < \omega t_2$ 时，在 $\omega t = \omega t_1$ 时刻，$u_{g1} > 0$；比较交流侧三相相电压瞬时值，u_C 最小，即 $u_{UW} > 0$。二极管 VD_2、晶闸管 VT_1 导通，即 $i_{D2} = i_{T1} = i_d > 0$；直流侧负载的电压 $u_d = u_{UW} > 0$。

②当 $\omega t_2 \leqslant \omega t < \omega t_3$ 时，在 $\omega t = \omega t_2$ 时刻，$u_U = u_W$，VD_2 和 VD_4 先并联，再与 VT_1 串联对电感构成续流通路；过 ωt_2 点后，u_U 最小，VT_1 与 VD_4 串联对电感构成续流通路。二极管 VD_4、晶闸管 VT_1 导通，即 $i_{T1} = i_{D4} = 0$，$i_d > 0$；直流侧负载的电压 $u_d = 0$。

③当 $\omega t_3 \leqslant \omega t < \omega t_4$ 时，在 $\omega t = \omega t_3$ 时刻，$u_{g3} > 0$；比较交流侧三相相电压瞬时值，u_U 最小，即 $u_{VU} > 0$。二极管 VD_4、晶闸管 VT_3 导通，即 $i_{D4} = i_{T3} = i_d > 0$；直流侧负载的电压 $u_d = u_{VU} > 0$。

④当 $\omega t_4 \leqslant \omega t < \omega t_5$ 时，在 $\omega t = \omega t_4$ 时刻，$u_U = u_V$，VD_4 和 VD_6 先并联，再与 VT_3 串联对电感构成续流通路；过 ωt_4 点后，u_V 最小，VT_3 与 VD_6 串联对电感构成续流通路。二极管 VD_6、晶闸管 VT_3 关断，即 $i_{T3} = i_{D6} = 0$，$i_d > 0$；直流侧负载的电压 $u_d = 0$。

⑤当 $\omega t_5 \leqslant \omega t < \omega t_6$ 时，在 $\omega t = \omega t_5$ 时刻，$u_{g5} > 0$；比较交流侧三相相电压瞬时值，u_V 最小，即 $u_{WV} > 0$。晶闸管 VT_5、二极管 VD_6 导通，即 $i_{D6} = i_{T5} = i_d > 0$；直流侧负载的电压 $u_d = u_{WV} > 0$。

⑥当 $\omega t_6 \leqslant \omega t < \omega t_7$ 时，在 $\omega t = \omega t_6$ 时刻，$u_V = u_W$，VD_6 和 VD_2 先并联，再与 VT_5 串联对电感构成续流通路；过 ωt_6 点后，u_W 最小，VT_5 与 VD_2 串联对电感构成续流通路。二极管 VD_2、晶闸管 VT_5 关断，即 $i_{T5} = i_{D2} = 0$，$i_d > 0$；直流侧负载的电压 $u_d = 0$。

失控现象：大电感负载时，与单相半控桥式电路一样，桥路内部整流管有续流作用，u_d 波形与电阻负载时一样，不会出现负电压。但当电路工作时突然切除触发脉冲或把 α 快速调至 $180°$ 时，也会发生导通晶闸管不关断而三个整流二极管轮流导通的失控现象，负载上仍有 $U_d = 1.17U_2$ 的电压。为避免失控，感性负载的三相半控桥式电路也要接续流二极管。并接续流二极管后只有当 $\alpha > 60°$ 时才有续流电流。

2.5.3 电感性负载并接续流二极管

图 2-19 也可以看作是三相半控桥式整流电路感性并接续流二极管 $\alpha = 120°$ 时的波形图。下面仅以 ωt_2 点为例，对续流二极管作用分析如下：

在 $\omega t = \omega t_2$ 时刻，$u_U = u_W$，$u_{UW} = 0$，三相半控桥等效电路如图 2-20 所示。此时在续流二极管 VD 的箝位作用下，晶闸管 VD_2、VT_1 自然关断。

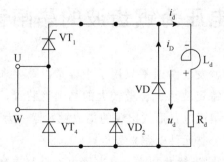

图 2-20 $u_{AC} = 0$ 时三相半控桥等效电路

上面所讨论的几种常用的三相可控整流电路，由于三相负载平衡、输出电压平稳，在功率较大的场合广泛应用。为了便于比较，现把各三相可控整流电路的一些参数列于表 2-1 中。

表 2-1　常用三相可控整流电路的参数比较

可控整流主电路		三相半波	三相全控桥式	三相半控桥式
$\alpha=0°$ 时，空载直流输出电压平均值 U_d		$1.17U_2$	$2.34U_2$	$2.34U_2$
$\alpha \neq 0$ 时，空载直流输出电压平均值	电阻负载或电感负载有续流二极管的情况	当 $0 \leqslant \alpha \leqslant \pi/6$ 时 $U_{d0}cos\alpha$ 当 $\pi/6 \leqslant \alpha \leqslant 5\pi/6$ 时 $0.67U_2 [1+cos (\alpha+\pi/6)]$	当 $0 \leqslant \alpha \leqslant \pi/3$ 时 $U_{d0}cos\alpha$ 当 $\pi/3 \leqslant \alpha \leqslant 2\pi/3$ 时 $U_{d0} [1+cos (\alpha+\pi/3)]$	$U_{d0} = \dfrac{1+cos\alpha}{2}$
	电感性负载的情况	$U_{d0}cos\alpha$	$U_{d0}cos\alpha$	$U_{d0} = \dfrac{1+cos\alpha}{2}$
晶闸管承受的最大正、反向电压		$\sqrt{6}U_2$	$\sqrt{6}U_2$	$\sqrt{6}U_2$
移相范围	电阻负载或电感负载有续流二极管的情况	$0 \sim 5\pi/6$	$0 \sim 2\pi/3$	$0 \sim \pi$
	电感性负载不接续流二极管的情况	$0 \sim \pi/2$	$0 \sim \pi/2$	不采用
晶闸管最大导通角		$2\pi/3$	$2\pi/3$	$2\pi/3$
特点与适用场合		电路简单，但元件承受电压高，对变压器或交流电源因存在直流分量，故较少采用或在功率小的场合	各项指标好，用于电压控制要求高或要求逆变的场合，但要六只晶闸管触发，比较复杂	各项指标较好，适用于较大功率高电压场合

2.6　同步电压为锯齿波的晶闸管触发电路

用单结晶体管组成的触发电路通常只用于小容量以及要求不高的场合。对触发脉冲的波形、移相范围等有特定要求、容量较大的晶闸管装置，大都采用由晶体管组成的触发电路，目前都用以集成电路形式出现的集成触发器。为了讲清触发移相的原理，现以常用的锯齿波同步的分立元件电路来分析。

图 2-21 所示为锯齿波同步触发电路，该电路由五个基本环节组成：脉冲形成与放大、锯齿波形成及脉冲移相、同步、双脉冲形成和强触发电路。

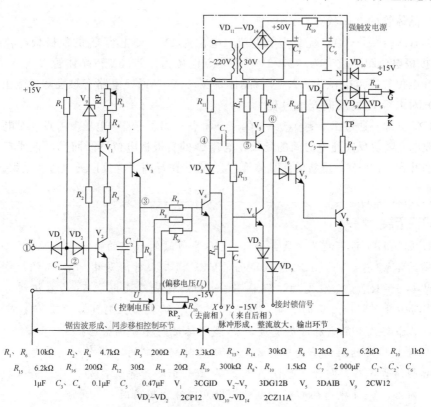

图 2-21 同步电压为锯齿波的晶闸管触发电路

R_1、R_6 10kΩ R_2、R_4 4.7kΩ R_5 200Ω R_7 3.3kΩ R_{13}、R_{14} 30kΩ R_8 12kΩ R_9 6.2kΩ R_{10} 1kΩ

R_{15} 6.2kΩ R_{16} 200Ω R_{12} 30Ω R_{18} 20Ω R_{19} 300kΩ R_8'、R_{10}' 1.5kΩ C_7 2 000μF C_1、C_2、C_6

1μF C_3、C_4 0.1μF C_5 0.47μF V_1 3CGID $V_2 \sim V_7$ 3DG12B V_5 3DAIB V_9 2CW12

$VD_1 \sim VD_2$ 2CP12 $VD_{10} \sim VD_{14}$ 2CZ11A

2.6.1 脉冲形成与放大环节

在图 2-21 中，晶体管 V_4 与 V_5、V_6 组成单稳态电路，通过 V_4 的工作状态控制单稳态电路的翻转，产生触发脉冲。晶体管 V_7、V_8 组成复合功率放大电路，用以提高输出脉冲的功率。

1. 电路处于稳态

条件：令晶体管 V_4 截止，即 $u_{b4} < 0.7V$。

（1）晶体管的工作状态

晶体管 V_4 截止→④点为高电位→+15V 电源通过 R_{13}、R_{14} 分别向晶体管 V_5、V_6 注入足够大的基极电流→晶体管 V_5、V_6 导通→⑥点为低电位，电位为 $-13.7V$→晶体管 V_7、V_8 截止→电路无触发脉冲输出。

（2）对电容 C_3 的正向充电过程

+15V 电源→通过 R_{11}→④点→｜C_3｜→⑤点→V_5 的发射极→V_6→VD_4→$-15V$ 电源，对电容 C_3 进行正向充电。如果充电时间足够长，电容 C_3 的左极板电位为 +15V，右极板电位为 $-13.3V$，电容 C_3 的电压为 28.3V。

2. 电路处于暂稳态

条件：令晶体管 V_4 导通，即 $u_{b4} \geqslant 0.7V$。

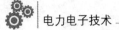

（1）晶体管的工作状态

晶体管 V_4 导通→④点跳变为低电位，电位为 1V，即电容 C_3 的左极板电位跳变为 1V，右极板电位跟随跳变为 $-27.3V$，即⑤点电位为 $-27.3V$→晶体管 V_5、V_6 截止→⑥点为高电位，⑥点电位为 $+2.1V$→晶体管 V_7、V_8 导通→电路有触发脉冲输出。

（2）对电容 C_3 的反向充电过程

$+15V$ 电源→通过 R_{14}→⑤点→｜C_3｜→④点→VD_3→V_4→电压参考点，对电容 C_3 进行反向充电。随着反向充电时间的延长，电容 C_3 的右极板电位逐渐回升，直到 C_3 的右极板电位回升到 $-13.3V$，重新促使晶体管 V_5、V_6 再次导通，C_3 反向充电过程结束。

⚙ 知识拓展

1. 触发脉冲的宽度是由晶体管 V_7、V_8 导通时间确定的，而 V_7、V_8 的导通时间是由晶体管 V_5、V_6 截止时间确定的，V_5、V_6 截止时间是由电容 C_3 的反向充电时间常数 $\tau = R_{14} \times C_3$ 确定的，调整 R_{14} 的大小就能改变电容 C_3 的右极板电位由 $-27.3V$ 回升到 $-13.3V$ 的时间，就能改变 V_5、V_6 的截止时间，改变 V_7、V_8 的导通时间，最终改变触发脉冲的宽度，R_{14} 是主脉冲的脉宽调整电阻。

2. 触发脉冲的前沿是由单稳态电路翻转时刻决定的，什么时候单稳态电路由稳态翻转到暂稳态，即什么时候晶体管 V_4 由截止转为导通，那么什么时候就会出现脉冲前沿，V_4 管导通的起始时刻就是触发脉冲出现的时刻。

3. 射极跟随器 V_3 的主要作用是隔离，目的是为了减小锯齿波电压与控制电压 U_C、偏移电压 U_b 之间的影响。

2.6.2　锯齿波形成及脉冲移相环节

1. 锯齿波形成

锯齿波作为触发电路的同步信号，其波形是在电容 C_2 两端获得。电路中采用恒流源（V_1、V_9、R_3、R_4）对电容 C_2 充电形成锯齿波电压。

①当晶体管 V_2 截止时，恒流源电流 I_{C1} 对 C_2 恒流充电，电容两端电压为：

$$u_{C2} = \frac{1}{C_2}\int i_{C1}dt = \frac{I_{C1}}{C_2}t$$

其充电斜率为 $\dfrac{I_{C1}}{C_2}$，恒流充电电流 $I_{C1} \approx \dfrac{U_{V9}}{R_3+R_4}$，因此调节电位器 RP_1 即可调节锯齿波斜率。

②当晶体管 V_2 饱和导通时，由于 R_5 阻值小，电容 C_2 经 R_5、V_2 管迅速放电。所以只要 V_2 管周期性关断导通，电容 C_2 两端就能得到线性很好的锯齿波电压。

2. 脉冲移相环节

由于触发脉冲的前沿是由晶体管 V_4 由截止转为导通的时刻确定的，控制 V_4 管导通的起始时刻也就控制了触发脉冲出现的时刻，即达到了移相的目的。V_4 管的基极电压

由锯齿波电压 u_{e3}、控制电压 U_C、偏移电压 U_b 分别经 R_7、R_8、R_9 的分压值（u'_{e3}、U'_C、U'_b）叠加而成，由三个电压比较而控制 V_4 的截止与导通。

根据叠加原理，分析 V_4 的基极电位时，可看成锯齿波电压 u_{e3}、控制电压 U'_C、偏移电压 U'_b 三者单独作用的叠加，三者单独作用的等效电路如图 2-22 所示。

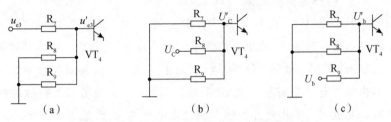

图 2-22 u_{e3}、U_C 和 U_b 单独作用的等效电路

电容 C_2 两端的锯齿波依靠 V_2 管的导通与截止来保证与晶闸管主电路电压的同步。图 2-21 中的①点有一交流形式的同步信号 u_s 输入，u_s 波形如图 2-24 所示。在 u_s 波形处于负半周下降段，电容 C_1 经 VD_1 放电，极性为上负下正，忽略 VD_1 正向压降，②点波形与①点一致，V_2 管发射结反偏而截止。在 u_s 波形处于负半周上升段，+15V 经 R_1 对 C_1 先放电后反充电，由于②点电位上升比①点慢，VD_1 反偏，②点电压波形如图 2-24 所示。②点电位反充到约 1.4V，V_2 管导通并将②点电位箝位在 1.4V，直到 u_s（$u_①$）下一个负半周开始 V_2 管重新截止。在一个正弦波周期内，V_2 管包括截止与导通两个状态，对应锯齿波恰好是一个周期，与主电路电源频率完全一致，达到同步的目的。电容 C_2 两端的锯齿波其底宽与 V_2 管截止的时间长短有关，由 $\tau_1 = C_1 R_1$ 决定，可达 240°。图 2-24 画出电路各点波形与幅值（发射结、二极管正向压降为 0.7V，晶体管饱和压降 0.3V）。

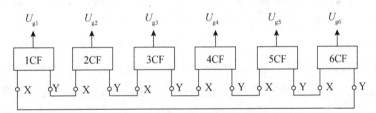

图 2-23 触发电路 X、Y 端的连接

知识拓展

触发电路的同步，就是要求锯齿波与主电源频率相同。锯齿波是由开关管 V_2 控制的，V_2 管由截止变导通期间产生锯齿波，V_2 管截止持续时间就是锯齿波的底宽，V_2 管的开关频率就是锯齿波的频率。要使触发脉冲与主回路电源同步，必须使 V_2 管开关的频率与主回路电源频率达到同步才行。同步变压器与整流变压器接在同一电源上，用同步变压器的次级电压控制 V_2 管的通断，就保证了触发脉冲与主回路电源同步。

锯齿波的底宽是由 $\tau_1 = C_1 R_1$ 决定的，调节 R_1 的值就可以调整锯齿波底宽。底宽越宽说明对应触发脉冲的移相范围越宽，通常底宽调整为 240°。

2.6.3 双窄脉冲形成环节

三相全控桥式电路要求双脉冲触发，相邻两个脉冲间隔为60°，图2-21所示电路可达到此要求。V_5、V_6两管构成逻辑"或"门，当V_5、V_6都导通时，V_7、V_8都截止，没有脉冲输出，但不论V_5、V_6哪个截止，都会使⑥点变为＋2.1V电位，V_7、V_8导通，有脉冲输出，通常控制V_5截止，产生主脉冲，控制V_6截止，产生补脉冲。所以只要用适当的信号来控制V_5和V_6前后间隔60°截止，就可以获得双窄触发脉冲。第一个主脉冲是由本相触发电路控制电压U_C发出的，而相隔60°的第二个补脉冲则是由它的后相触发电路，通过X、Y相互连线使本相触发电路的V_6管截止而产生的。VD_3、R_{12}的作用是为了防止双脉冲信号的相互干扰。

例如，三相全控桥式电路电源的三相U、V、W为正相序时，晶闸管的触发顺序为$VT_1 \rightarrow VT_2 \rightarrow VT_3 \rightarrow VT_4 \rightarrow VT_5 \rightarrow VT_6$，彼此间隔为60°，六块触发板的X、Y如图2-23所示方式连接（即后相的X与前相的Y端相连），就可得到双脉冲。

【工程经验】

使用锯齿波同步触发电路触发的晶闸管装置，要求三相电源有确定的相序。在新装置安装使用时，必须先测定电源的相序，按照装置要求正确连接，才能正常使用。如电源的相序接反了，虽然装置的主电路与同步变压器同时反相序，同步没有破坏，但因主电路晶闸管的导通次序在管子下标不变时，改为$VT_6 \rightarrow VT_5 \rightarrow VT_4 \rightarrow VT_3 \rightarrow VT_2 \rightarrow VT_1$，与原来次序相反，即原来先导通的管子变成后导通，此时六个触发电路的X、Y端之间的连接关系未变。由于管子的导通先后次序反了，使得原来由后相对前相补发附加脉冲变为前相对后相补发脉冲，使补发的附加脉冲变成触发脉冲，导致原来调整好的脉冲移相范围向前移（左移）60°。因此，出现控制电压U_C减小时，U_d仍有较大数值；U_C最大时，U_d出现间隔为60°的两次最大值，使装置不能正常工作。

2.6.4 强触发环节

强触发电路环节如图2-21右上方点划线框内电路所示。变压器二次侧30V电压经桥式整流使C_7两端获得50V的强触发电源，在V_8导通前，经R_{19}对C_6充电，使N点电位达到50V。当V_8导通时，C_6经脉冲变压器一次侧、R_{17}和V_8快速放电。因放电回路电阻很小，C_6两端电压衰减很快，N点电位迅速下降。一旦N点电位低于15V时，VD_{10}二极管导通，脉冲变压器改由＋15V稳压电源供电。这时虽然50V电源也在向C_6再充电，但因充电时间常数太大，N点电位只能被钳制在14.3V。当V_8截止时，50V电源又通过R_{19}对C_6再充电，使N点电位再达到50V，为下次触发作准备。电容C_5是为提高N点触发脉冲前沿陡度而附加的。

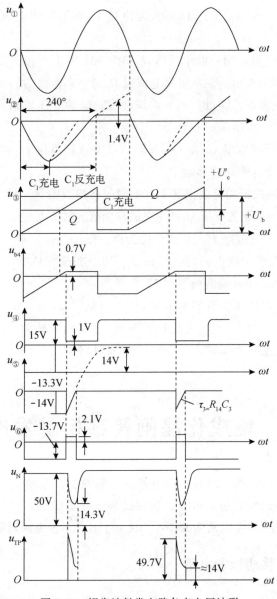

图 2-24 锯齿波触发电路各点电压波形

2.6.5 脉冲封锁环节

在事故情况下或在可逆逻辑无环流系统，要求一组晶闸管桥路工作，另一组桥路封锁，这时可将脉冲封锁引出端接零电位或负电位，晶体管 V_7、V_8 无法导通，触发脉冲就无法输出。串接二极管 VD_5 是为了防止封锁端接地时，经 V_5、V_6 和 VD_4 到 $-15V$ 之间产生大电流通路。

【实践经验】

在调试锯齿波触发电路时，为了正确、快速完成工作，可按以下步骤进行调试：

①查接线无误后，将偏置电压 U_b 和控制电压 U_c 调节旋钮调到零位，即：使 $U_b =$ 0，$U_c = 0$。

②接通交、直流电源，用双踪示波器观察图 2-21 中①点和②点的电压波形，正常情况下波形应如图 2-24 所示。调节斜率电位器 R_3 时，锯齿波的斜率应能变化。

③观察图 2-21 中④点、⑤点、⑥的电压波形及脉冲变压器输出电压 U_{TP} 波形，正常情况下波形应如图 2-24 所示。

④用双踪示波器同时观察 U_c 和 U_{TP} 波形，调节控制电压 U_c 时，U_c 上平直部分的宽度应能变化，同时 U_{TP} 能前后移动。

⑤不同的整流电路或不同负载情况下有不同的移相范围。为了充分利用锯齿波中间线性段，应尽量通过调节偏置电压 U_b 使主电路移相范围的中点与锯齿波的中点重合。

⑥以三相全控桥可逆电路 180° 移相范围为例：令 $U_c = 0$，调节偏置电压 U_b，脉冲 U_{TP} 的前沿应能调节到图中横坐标的 120° 位置，即三相全控桥的 $\alpha = 90°$，否则应将 R_1 或 C_1 适当加大或减小，使 α 角能调节到 90°。

⑦调节 U_c，U_{TP} 将移动。当 $U_c > 0$ 时，U_{TP} 向前移动，$\alpha < 90°$，晶闸管电路处于整流状态，至 $U_c = +U_{Cm}$ 时，$\alpha = 0°$。当 $U_c < 0$ 时，U_{TP} 向后移动，$\alpha > 90°$，晶闸管电路处于逆变状态，至 $U_c = -U_{Cm}$ 时，$\alpha = 180°$。触发电路满足 $\alpha = 0° \sim 180°$ 的要求。

2.7　集成化晶闸管移相触发电路

随着晶闸管技术的发展，对其触发电路的可靠性提出了更高的要求，集成触发路具有体积小、温漂小、性能稳定可靠、移相线性度好等优点，它近年来发展迅速，应用越来越广。本节介绍由集成元件 KC04、KC42、KC41 组成的六脉冲触发器。

2.7.1　KC04 移动触发电路

图 2-25 所示为 KC04 型移相集成触发器，它与分立元件的锯齿波移相触发电路相似，由同步、锯齿波形、移相、脉冲形成和功率放大几部分组成。它有 16 个引出端。16 端接正 15V 电源，3 端通过 30kΩ 电阻和 6.8Ω 电位器接负 15V 电源，7 端接地。正弦同步电压经 15kΩ 电阻接至 8 端，进入同步环节。3、4 端接 0.47uF 电容与集成电路内部三极管构成电容负反馈锯齿波发生器。9 端为锯齿波电压、负直流偏压和控制移相压中和比较输入。11 和 12 端接 0.47uF 电容后接 30kΩ 电阻，再接 15v 电源与集成电路内部三极管构成脉冲形成环节。脉宽由时间常数 0.047uF × 30kΩ 决定。13 和 14 端是提供脉冲列调制和脉冲封锁控制端。1 和 15 端输出相位差 180° 的两个窄脉冲。KC04 移相触发器各端得波形如图 2-26 （a）所示。

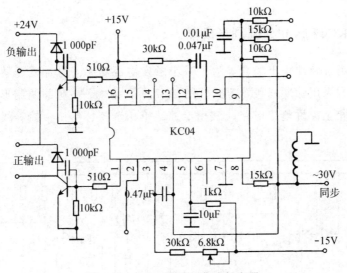

图 2-25 KC04 型移相集成触发器

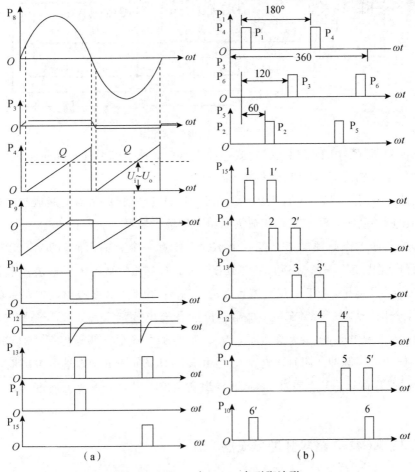

（a）　　　　　　　　　　　（b）

图 2-26　KC04 与 KC41 各引脚波形

（a）KC04 部分引脚波形　　（b）KC41 部分引脚波形

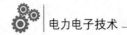

2.7.2 KC42脉冲列调制形成器

在需要宽触发脉冲输出场合，为了减小触发电源功率与脉冲变压器体积，提高脉冲前沿陡度，常采用脉冲列触发方式。图2-27所示为KC42脉冲调制形成器电路。它主要是用于三相全控桥整流电路、三相半控、单相全控、单相半控等线路中作脉冲调制源。

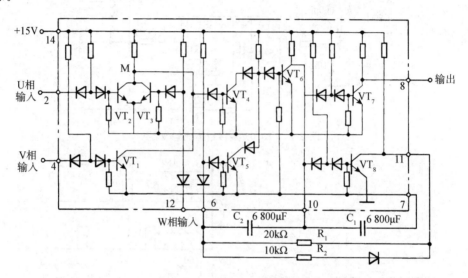

图2-27　KC42电气原理图

当脉冲列调制器用于三相全控桥式整流电路时，来自三块KC04锯齿波触发器13端的脉冲信号分别送至KC42脉冲调制器的2、4、12端。VT_1、VT_2、VT_3构成"或非"门电路，VT_5、TV_6、VT_8组成环形振荡器，VT_4控制振荡器的起振与停振。VT_6集电极输出脉冲列时，经VT_7倒相放大后由8端输出信号。

环形振荡器工作原理如下：当三个KC04任意一个有输出时，TV_1、TV_2、TV_3"或非"门电路中将有一管导通，VT_4截止，VT_5、VT_6、VT_8环形振荡器起振，VT_6导通，10端为低电平，VT_7、VT_8截止，8、11端高电平，8端有脉冲输出。此时电容C_2由11端→R_1→C_2→10端充电，6端电位随着充电逐渐升高，当升高到一定值时，VT_5导通，VT_6截止，10端为高电平，V_7、V_8导通，环形振荡器停振。8、11端为低电平，V_7输出一窄脉冲。同时，电容C_2再由$R_1//R_2$方向充电，6端电位降低，降低到一定值时，VT_5截止，VT_6导通，8端又输出高电位，以后又重复上述过程，形成循环振荡。

2.7.3 KC41六路双脉冲形成器

KC41不仅具有双脉冲形成功能，它还具有电子开关控制封锁功能。图2-28所示为KC41内部电路与内部接线图。把三块KC04输出的脉冲接到KC41的1~6端时，集成内部二极管完成"或"功能,形成双窄脉冲。在 10～15 端可获得六路放大了的双脉冲。KC41 有关各点波形如图 2-26(b)所示。

VT$_7$是电子开关,当控制端 7 接逻辑"0",VT$_7$截止,各电路可输出触发脉冲。因此,使用 2 块 KC41,两控制端分别作为正、反组整流电路的控制输出端,即可组成可逆系统。

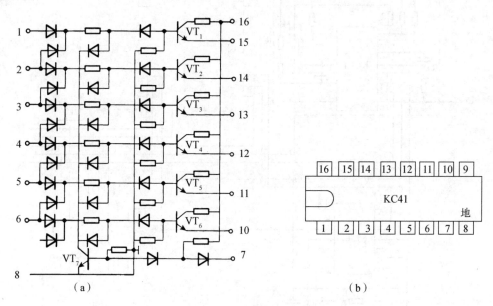

图 2-28 KC41 六路双窄脉冲形成器

(a)内部原理电路图 (b)外形与管脚排号

2.7.4 由集成元件组成三相触发电路

图 2-29 是由三块 KC04、一块 KC41 和一块 KC42 组成的三相触发电路,组件体积小,调整维修方便。同步电压 u_{TA}、u_{TB}、u_{TC} 分别加到 KC04 的 8 端上,每块 KC04 的 13 端输出相位差为 180° 的脉冲分别送到 KC42 的 2、4、12 端,由 KC42 的 8 端可获相位差为 60° 的脉冲列,将此脉冲列再送回到每块 KC04 的 14 端,经 KC04 鉴别后,由每块 KC04 的 1 和 15 端送至 KC41 组合成所需的双窄脉冲列,再放大后输出到六只相应的晶闸管控制极。

前面介绍触发器电路均为模拟触发电路,其优点是结构简单、可靠,但缺点是易受电网电压影响,触发脉冲不对称度较高。数字触发器电路是为了克服上述缺点而设计的,图 2-30 为微机控制数字触发器系统框图。控制角 α 设定值以数字形式通过接口送至微机,微机以基准点作为计时起点开始计数,当计数值与控制角要求一致时,微机就发出触发信号,该信号经输出脉冲放大、隔离电路送至晶闸管。对于三相全控桥整流电路,要求每一电源周波产生 6 对触发脉冲,不断循环。采用微机使数字触发电路变得简单、可靠,控制灵活,精确度高。

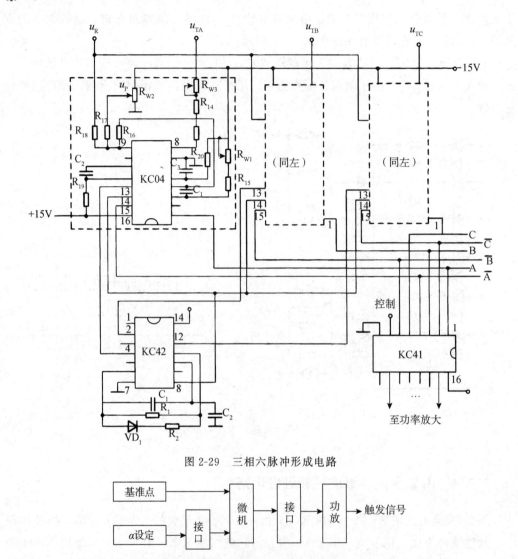

图 2-29 三相六脉冲形成电路

图 2-30 微机控制数字触发系统框图

2.8 晶闸管的保护与串并联使用

2.8.1 晶闸管的保护

由于晶闸管的击穿电压接近工作电压，热容量小，承受过电压与过电流能力很差，短时间的过电压、过电流都可能造成晶闸管的损坏。为使晶闸管能正常使用而不损坏，只靠合理选择器件的额定值还不够，还必须在电路中采取适当的保护措施，以防使用中出现的各种不测因素。

1. 过电压保护

过电压标准：凡是超过晶闸管正常工作时承受的最大峰值电压都是过电压。

过电压分类：晶闸管的过电压分类形式有多种，最常见形式有按过电压产生的原因分类和按晶闸管装置发生过电压的位置分类两种形式。

（1）按原因分类。根据过电压产生的原因，过电压又可分为两种，即浪涌过电压、操作过电压。

浪涌过电压：由于外部原因，例如雷击、电网激烈波动或干扰等产生的过电压属于浪涌过电压，浪涌过电压的发生具有偶然性，它能量特别大、电压特别高，必须将其值限制在晶闸管断态正反向不重复峰值电压 U_{DSM}、U_{RSM} 值以下。

操作过电压：由于内部原因，主要是电路状态变化时积聚的电磁能量不能及时地消散，例如晶闸管关断、开关的突然闭合与分断等产生的过电压属于操作过电压，操作过电压发生频繁，也必须将其值限制在晶闸管额定电压范围内。

（2）按位置分类。根据晶闸管装置发生过电压的位置，过电压又可分为交流侧过电压、晶闸管关断过电压及直流侧过电压。

1）晶闸管关断过电压及其保护。在关断时刻，晶闸管电压波形出现的反向尖峰电压（毛刺）就是关断过电压，如图 2-31 所示。以 VT_1 管为例，当 VT_2 管导通强迫关断 VT_1 时，VT_1 承受反向阳极电压，又由于管子内部还存在着大量的载流子，这些载流子在反向电压作用下，将产生较大的反向电流，使残存的载流子迅速消失。由于载流子电流消失极快，此时 di/dt 很大，即使电感很小，也会在变压器漏抗上产生很大的感应电动势，极性是左正右负，其值可达到工作电压峰值的 $5\sim6$ 倍，通过导通的 VT_2 管加在已截止的 VT_1 管的两端，可能会使管子反向击穿。

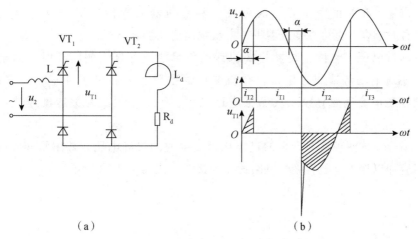

（a）　　　　　　　　　　　　　　（b）

图 2-31　晶闸管关断过程的过电压

（a）电路　（b）波形

保护措施：最常用的方法是在晶闸管两端并接电容，利用电容电压不能突变的特性吸收尖峰过电压，把它限制在允许的范围内。实用时为了防止电路震荡和限制管子开通损耗及电流上升率，电容串接电阻称阻容吸收，如图 2-32 所示。

RC 吸收电路参数可按表 2-2 经验数据选取。电容的耐压一般选晶闸管额定电压的 1.1～1.5 倍。RC 吸收电路要尽量靠近晶闸管，引线要短，最好采用无感电阻。

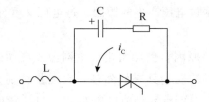

图 2-32 RC 吸收电路

表 2-2 晶闸管 RC 吸收电路经验数据

晶闸管额定电流/A	1000	500	200	100	50	20	10
电容/μF	2	1	0.5	0.25	0.2	0.15	0.1
电阻/Ω	2	5	10	20	40	80	100

2）晶闸管交流侧过电压及其保护

交流侧操作过电压：

交流侧电路在接通、断开时会出现过电压，通常发生在下面几种情况：

①合闸过电压。由高压电源供电或电压比很大的变压器供电，在一次侧合闸瞬间，由于一、二次绕组之间存在分布电容，使得高电压耦合到了低压侧，结果发生过电压。

保护措施：在单相变压器二次侧或三相变压器二次侧星形中点与地之间并联 0.5μF 左右的电容，也可在变压器一、二次绕组之间加屏蔽层。

②拉闸过电压。与整流装置并联的其他负载或装置直流侧断开时，因电源回路电感产生感应电动势造成过电压；整流变压器空载且电源电压过零时一次侧断电，因变压器励磁电流突变导致二次侧感应过电压。一般来说，开关速度越快，过电压就越高。

保护措施：这两种情况产生的过电压都是瞬时的尖峰电压，常用阻容吸收电路或整流式阻容加以保护。阻容吸收电路的几种接线方式如图 2-33 所示。

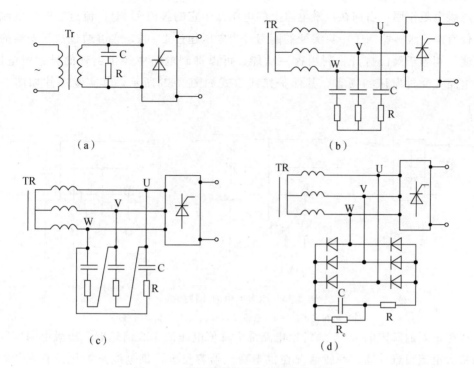

图 2-33　交流侧阻容吸收电路的几种接法

（a）单相连接　　（b）三相 Y 连接　　（c）三相 △ 连接　　（d）三相整流连接

交流侧浪涌过电压：由于晶闸管装置的交流侧是整个装置的受电端，所以很容易受到雷击浪涌过电压的侵袭。阻容吸收保护只适用于峰值不高、过电压能量不大以及要求不高的场合，要想抑制交流侧浪涌过电压，除了使用阀型避雷器外，必须采用专门的过电压保护元件——压敏电阻来保护。

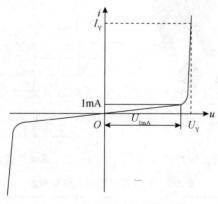

图 2-34　压敏电阻的伏安特性

①压敏电阻。压敏电阻是一种新型非线性过电压保护元件，它是由氧化锌、氧化铋等烧结制成的非线性电阻元件。具有抑制过电压能力很强、体积小、价格便宜等优点，完全了取代传统落后的硒堆电压保护。压敏电阻具有正、反向相同的很陡的伏安特性，如图2-34所示。

压敏电阻作用：当加在压敏电阻上的电压低于它的阀值 U_N 时，流过它的漏电流极小，仅有微安级，相当于一只关死的阀门；当电压超过 U_N 时，它可通过数千安培的放电电流，相当于阀门打开。利用这一功能，可以抑制电路中经常出现的异常过电压，保护电路免受过电压的损害。其保护接线方式如图 2-35 所示，其实物图片如图 2-36 所示。

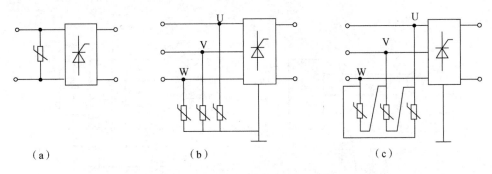

（a）　　　　　　　　　（b）　　　　　　　　　（c）

图 2-35　压敏电阻的几种接法

（a）单相连接　（b）三相 Y 连接　（c）三相 △ 连接

压敏电阻的额定电压 U_N 通常以电路最大峰值电压的 1.2 倍选取。压敏电阻实际受到的最大电流很难计算，一般情况在供电变压器容量大，供电线路短且没有安装阀型避雷器的场合，应选择较大的通流容量。

【注意事项】

压敏电阻的接法与阻容吸收电路相同，在交、直流侧完全可取代阻容吸收，但不能用作限制 di/dt，所以不宜并接在晶闸管两端。

图 2-36　压敏电阻实物图片

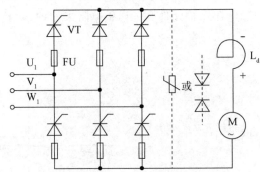

图 2-37　晶闸管直流侧过电压及其保护

表 2-3　TVS 部分型号与性能参数

型号	能量等级 P_m	击穿电压 U_{BR}	备注
P6KE6 8CA～440CA	600W	6.8～440V	双向二极管封装
VSC10P 5～24	500～8250W	5～24V	SIP 封装单向 TVS 陈列

（续表）

型号	能量等级 P_m	击穿电压 U_{BR}	备注
SMDA03A－24C	300W	5～24V	4 对双向 SOIC8 管脚封装
90KS 200C	90000W	200V	双向（军标级）模块结构
704－15K36T	15000W	28V	功率电源保护作用，军标级，模块结构

②态电压抑制器。目前市场上供应一种"瞬态电压抑制器"（transient voltage suppressor），简称 TVS。当其两端受到瞬时高电压时，能以 10^{-12} s 的速度从高阻变为低阻，吸收数千瓦的浪涌。TVS 具有单向与双向保护两种形式，接线形式与压敏电阻相同，有时产品用稳压管符号来表示。表 2-3 是 TVS 部分型号与性能参数。

3）晶闸管直流侧过电压及其保护

当整流器在带负载工作中，如果直流侧突然断路，例如快速熔断器突然熔断、晶闸管烧断或拉断直流开关，都会因大电感释放能量而产生过电压，并通过负载加在关断的晶闸管上，使晶闸管承受过电压，如图 2-37 所示。直流侧过电压保护采用与交流侧过电压保护同样的方法。对于容量较小的装置，可采用阻容保护抑制过电压；如果容量较大，选择压敏电阻。

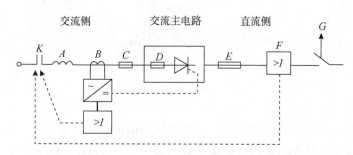

图 2-38　晶闸管装置可能采用的过电流保护措施

A—交流进线电抗器；B—电流检测和过电流继电器；

C、D、E—快速熔断器；F—过电流继电器；G—直流快速开关

2. 过电流保护

（1）过电流标准

凡是超过晶闸管正常工作时承受的最大峰值电流都是过电流。

（2）过电流原因

产生过电流原因很多，但主要有以下几个方面。①有变流装置内部管子损坏；②触发或控制系统发生故障；③可逆传动环流过大或逆变失败；④交流电压过高、过低、缺相及负载过载等。

（3）过电流保护措施

常用的过电流保护措施有下面几种，如图 2-38 所示。

①串接交流进线电抗或采用漏抗大的整流变压器（图中 A），利用电抗限制短路电

流。此法有效，但负载电流大时存在较大的交流压降，通常以额定电压3%的压降来计算进线电抗值。

②电流检测和过电流继电器（图中B、F），过流时使交流开关K跳闸切断电源，此法由于开关动作需要几百毫秒，故只适用于短路电流不大的场合。另一类是过流信号控制晶闸管触发脉冲快速后移至 $\alpha > 90°$ 区域，使装置工作在逆变状态（项目三叙述），迫使故障电流迅速下降，此法也称拉逆变法。

③直流快速开关（图中G），对于变流装置功率大且短路可能性较多的高要求场合，可采用动作时间只有2ms的直流快速开关，它可以优于快速熔断器熔断而保护晶闸管，但此开关昂贵且复杂，所以使用不多。

④快速熔断器（图中C、D、E），它是最简单有效的过电流保护器件。与普通熔断器相比，它具有快速熔断特性，在流过6倍额定电流时熔断时间小于20ms，目前常用的有：RLS系列（螺旋式）、ROS系列、RS3系列、RSF系列可带熔断撞针指示和微动开关动作指示。快速熔断器实物图片如图2-39所示。

图2-39 快速熔断器实物图片

快速熔断器可接在交流侧、直流侧和晶闸管桥臂串联，如图2-40所示，后者保护最直接，效果也最好。与晶闸管串联时，快熔额定电流选用要考虑熔体额定电流 I_{RD} 是有效值，其值应小于被保护晶闸管的额定有效值 $1.57I_{T(AV)}$，同时要大于流过晶闸管实际最大有效值 I_{TM}。即：$1.57I_{T(AV)} \geq I_{RD} \geq I_{TM}$。

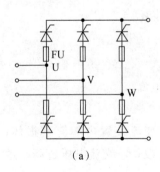 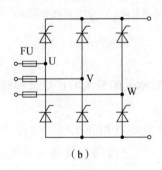 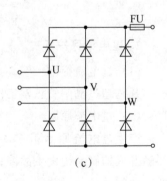

（a） （b） （c）

图2-40 快速熔断器保护的接法

（a）桥臂串快熔 （b）交流侧快熔 （c）直流侧快熔

变流装置中大多采用几种过电流保护，各种保护必须选配调整恰当，快速熔断器作为最后保护措施，非不得已希望不要熔断。

2.8.2 晶闸管的串并联

晶闸管因受其自身工艺条件的限制，晶闸管的耐压和电流不可能无限制地提高，但晶闸管的应用环境所要求的耐压和电流却越来越高，为了满足高耐压、大电流的要求，就必须采取晶闸管的容量扩展技术，即用多个晶闸管串联来满足高电压要求，用多个晶闸管并联来满足大电流要求，甚至可以采取晶闸管装置的串并联来满足要求。

1. 晶闸管的串联

当单只晶闸管耐压达不到电路要求时，就必须使用两个或两个以上同型号晶闸管串联来共同分担高电压。尽管串联的晶闸管必须都是同一型号的，但由于晶闸管制造时参数就存在离散性，在其阳极反向耐压截止时，虽然流过的是同一个漏电流，但每只管子实际承受的反向阳极电压却不同，出现了串联不均压的问题，如图 2-41（a）所示，严重时可能造成元件损坏，因此要采取以下措施：

（1）尽量选择同一厂家、同一型号、同一批次、特性较一致的管子串联，有条件的可用晶闸管图示仪测量管子的正反向特性。

（2）采用静态均压和动态均压电路。

静态均压的方法是在串联的晶闸管上并联阻值相等的小均压电阻 R_j，如图 2-41（b）所示。均压电阻 R_j 能使平稳的直流或变化缓慢的电压均匀分配在串联的各个晶闸管上。由于串联的晶闸管电压分配是由各个管子的结电容、导通与关断时间、以及外部脉冲等因素综合决定的，所以静态均压方法不能实现串联晶闸管的动态均压。

动态均压的方法是在串联的晶闸管上并联电容值相等的电容 C，但为了限制管子开通时，电容放电产生过大的电流上升率，并防止因并接电容使电路产生振荡，通常在并接电容的支路中串入电阻 R，成为 RC 支路，如图 2-41（b）所示。实际线路中晶闸管的两端都并接了 RC 吸收电路，在晶闸管串联均压时不必另接 RC 电路了。

虽然采取了均压措施，但仍然不可能完全均压，因此，在选择每个管子的额定电压时，应按下式计算：

$$U_{Tn} = \frac{(2 \sim 3)U_{TM}}{(0.8 \sim 0.9)n}$$

式中，n 为串联元件的个数；

0.8～0.9 为考虑不均压因素的计算系数。

（3）采用前沿陡、幅值大的强触发脉冲。

（4）降低电压定额值的 10%～20% 使用。

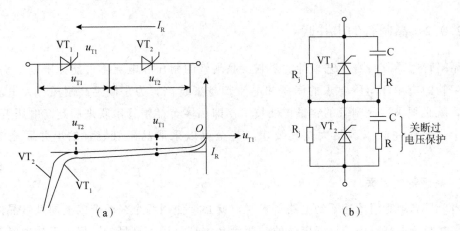

图 2-41 串联时反向电压分配和均压措施

(a) 反向电压分配不均 (b) 均压措施

2. 晶闸管的并联

当单只晶闸管电流达不到电路要求时，就必须使用两个或两个以上同型号晶闸管并联来共同分担大电流。尽管并联的晶闸管必须都是同一型号的，还是由于参数的离散性，晶闸管在正向导通时，虽然耐受的是相同的阳极电压，但每只管子实际流过的正向阳极电流却不同，出现了并联不均流的问题，如图 2-42（a）所示，因此要采取以下措施：

（1）尽量选择同一厂家、同一型号、同一批次、特性较一致的管子串联，有条件的可用晶闸管图示仪测量管子的正反向特性。

（2）采用静态均压和动态均流电路。

均流措施：晶闸管的并联均流措施分为静态和动态两种方法。

静态均流的方法是在并联的晶闸管中串入电阻，如图 2-42（b）所示。由于电阻功耗较大，所以这种方法只适用于小电流晶闸管。

动态均流的方法（电抗均流）是用一个电抗器接在两个并联的晶闸管电路中，均流原理是利用电抗器中感应电动势的作用，使管子电流大的支路电流有减小的趋势，使管子电流小的支路电流有增大的趋势，从而达到均流目的，如图 2-42（c）所示。

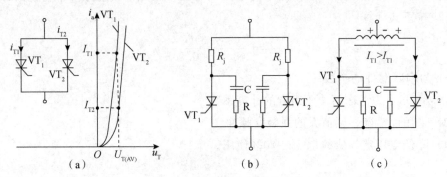

图 2-42 并联时电流分配和均流措施

(a) 电流分配不均 (b) 电阻均流 (c) 电抗均流

晶闸管并联后,尽管采取了均流措施,电流也不可能完全平均分配,因而选择晶闸管额定电流时,应按下式计算:

$$I_{T(AV)} = \frac{(2 \sim 3)I_{TM}}{(0.8 \sim 0.9)1.57n}$$

式中,n 为并联元件的个数;

0.8~0.9 为考虑不均流因素的计算系数。

(3)采用前沿陡、幅值大的强触发脉冲。

(4)降低电流定额值的 $10\% \sim 20\%$ 使用。

3. 晶闸管装置成组串并联

在高电压、大电流变流装置中,还广泛采用如图 2-43 所示的变压器二次绕组分组分别对独立的整流装置供电,然后成组串联(适用于高电压)或成组并联(适用于大电流),使整流效果更好。

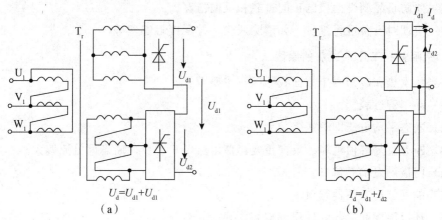

图 2-43 晶闸管装置成组串并联

(a)成组串联 (b)成组并联

2.8.3 晶闸管的使用

1. 晶闸管使用中应注意的问题

晶闸管除了在选用时要充分考虑安全裕量以外,在使用过程中也要采取正确的使用方法,以保证晶闸管能够安全可靠运行,延长其使用寿命。关于晶闸管的使用,具体应注意以下问题:

(1)选用晶闸管的额定电流时,除了考虑通过元件的平均电流外,还应注意正常工作时导通角的大小、散热通风条件等因素。在工作中还应注意管壳温度不超过相应电流下的允许值。

(2)使用晶闸管之前,应该用万用表检查晶闸管是否良好。发现有短路或断路现象时,应立即更换。

（3）电流为 5A 以上的晶闸管要装散热器，并且保证所规定的冷却条件。使用中若冷却系统发生故障，应立即停止使用，或者将负载减小到原额定值的三分之一做短时间应急使用。

冷却条件规定：如果采用强迫风冷方式，则进口风温不高于 40℃，出口风速不低于 5m/s。如果采用水冷方式，则冷却水的流量不小于 4000ml/min，冷却水电阻率 20kΩ·cm，PH＝6～8，进水温度不超过 35℃。

（4）保证散热器与晶闸管管体接触良好，它们之间应涂上一薄层有机硅油或硅脂，以帮助良好的散热。

（5）严禁用兆欧表（即摇表）检查晶闸管的绝缘情况，如果确实需要对晶闸管设备进行绝缘检查，在检查前一定要将所有晶闸管元件的管脚做短路处理，以防止兆欧表产生的直流高电压击穿晶闸管，造成晶闸管损坏。

（6）按规定对主电路中的晶闸管采用过压及过流保护装置。

（7）要防止晶闸管门极的正向过载和反向击穿。

（8）定期对设备进行维护，如清除灰尘、拧紧接触螺丝等。

2. 晶闸管在工作中过热的原因

应当从发热和冷却两个方面找原因，主要有：

（1）晶闸管过载。

（2）通态平均电压即管压降偏大。

（3）断态重复峰值电流、反向重复峰值电流即正、反向断态漏电流偏大。

（4）门极触发功率偏高。

（5）晶闸管与散热器接触不良。

（6）环境温度和冷却介质温度偏高。

（7）冷却介质流速过低。

3. 晶闸管在运行中突然损坏的原因

引起晶闸管器件损坏的原因有很多，下面介绍一些常见的损坏器件的原因。

（1）电流方面的原因

输出端发生短路或过载，而过电流保护不完善，熔断器规格不对，快速性能不合乎要求。输出接电容滤波，触发导通时，电流上升率太大造成损坏。

（2）电压方面的原因

没有适当的过电压保护，外界因开关操作、雷击等有过电压侵入或整流电路本身因换相造成换相过电压，或是输出回路突然断开而造成过电压均可损坏元件。

（3）元件自身的原因

元件特性不稳定，正向电压额定值下降，造成连续的正向转折引起损坏，反向电压额定值下降，引起反向击穿。

（4）门极方面的原因

门极所加最高电压、电流或平均功率超过允许值；门极和阳极发生短路故障；触发电路有故障，加在门极上的电压太高，门极所加反向电压太大。

（5）散热冷却方面的原因

散热器没拧紧，温升超过允许值，或风机、水冷却泵停转，元件温升过高使其结温超过允许值，引起内部 PN 结损坏。

4. 晶闸管的查表选择法

工程上选择晶闸管时，往往不是通过很精确的计算来确定的，而是通过估算、查表等带有一些经验性的简便方式来确定。晶闸管查表选择法就是其中一种。它根据线路型式、电源电压及负载性质等因素，并适当考虑一定的安全裕量，查表选择晶闸管。

额定电压的选择：$U_{Tn} = (2 \sim 3) U_{Tm}$

额定电流的选择：$I_{T(AV)} = (1.5 \sim 2) K I_d$

其中 K 为计算系数，K 的取值根据电路工作的实际情况可以通过查表 2-4 得到。

表 2-4　晶闸管额定电压、额定电流选择表

主电路形式	0°	30°	60°	90°	120°	150°
单相半波电阻性负载	1.001	1.063	1.202	1.416	1.775	2.541
单相半波感性负载，并接续流管	0.450	0.413	0.367	0.319	0.261	0.183
单相半控桥式电阻性负载	0.500	0.530	0.600	0.707	0.885	1.273
单相半控桥式感性负载，并接续流管	0.450	0.413	0.367	0.319	0.261	0.183
单相全控桥式电阻性负载	0.500	0.530	0.600	0.707	0.885	1.273
单相全控桥式大电感负载	0.450	0.450	0.450	—	—	—
三相半波电阻性负载	0.373	0.400	0.471	0.569	0.846	—
三相半波感性负载	0.367	0.367	0.367	—	—	—
三相半波感性负载，并接续流管	0.367	0.367	0.318	0.259	0.184	—
三相半控桥式电阻性负载	0.367	0.372	0.397	0.471	0.589	0.846
三相半控桥式感性负载	0.367	0.367	0.367	0.367	0.367	0.367
三相半控桥式感性负载，并接续流管	0.367	0.367	0.367	0.318	0.265	0.184
三相全控桥式电阻性负载	0.367	0.374	0.418	0.599	—	—
三相全控桥式感性负载	0.367	0.367	0.367	—	—	—

例　某晶闸管主电路为三相全控桥式整流电路，已知整流变压器二次侧相电压为 140V，负载为直流电动机，最大电流为 466A，试用查表法选择晶闸管。

解　三相全控桥式整流电路中晶闸管承受的峰值电压为 $\sqrt{6} U_2$，所以，本电路晶闸管的额定电压为：

$$U_{Tn} = (2 \sim 3) U_{Tm} = (2 \sim 3) \sqrt{6} U_2 = (2 \sim 3) \sqrt{6} \times 140 = 686 \sim 1029 V$$

取
$$U_{Tn} = 800V$$

晶闸管的额定电流 $I_{T(AV)}$ 可先查表 2-2，相应电流的 K=0.367，所以本电路晶闸管的额定电流为：

$$I_{T(AV)} = (1.5 \sim 2) KI_d = (1.5 \sim 2) \times 0.367 \times 466 = 257 \sim 342A$$

取
$$I_{T(AV)} = 300A$$

应选用型号规格为 KP300-8 的晶闸管，共计 6 只。

2.8.4 利用 u_d 和 u_T 波形分析晶闸管故障

1. 晶闸管整流装置调试应注意的问题

调试晶闸管装置时，应注意的问题主要有：

（1）旋紧螺钉确保接线紧固，仔细核对接线确保无误。清除掉装置内散落的导线头、螺母等杂物。

（2）先调试触发电路。触发脉冲的宽度、幅值、移相范围等必须满足要求。

（3）再调试装置输入端电压相序及同步。使用三相电源，要特别注意三相交流的相序必须正确。仔细观察不同晶闸管之间触发脉冲是否满足相位差的要求。在观察晶闸管所在相的电源电压与对应的触发脉冲是否同步、移相范围是否满足要求。

（4）之后调试主电路。先给主电路送入低电压，再送入触发信号，正常后再接入正常电压试运行。

（5）试运行中要注意观察整流装置的电压、电流、输出波形以及有无异常声响等。运行一段时间后，确实没问题，方可投入正常运行。

2. 用示波器观察装置各点波形应注意的问题

在大多数双踪示波器中，示波器两路探头的负极性端以及电源插头的接地端在示波器内部是连接在一起的，因此用示波器观察主电路各点的波形时，必须将示波器插头的接地端断开，否则会引起短路。用示波器双踪同时观察时，必须将两探头的负端连接在一起，也可以选择两个电位相同的点或者无直接电联系的点，否则会引起短路。

3. 用示波器观察判断电路的故障

用示波器检测整流电路输出电压波形 u_d 和晶闸管两端电压波形 u_T 是否正确，就可知道整流电路工作是否正常，也可以逐步分析判断出故障所在。

本章小结

研究晶闸管相控整流电路的工作原理时，所采用的基本方法是根据整流电路的工作条件和特点、负载的性质及各元器件的导通、关断的物理过程，分析得出有关电量

与触发延迟角 α 的关系。晶闸管相控整流电路广泛应用于直流电动机调速系统，取代原来直流调速系统中的发电机，不仅方便地实现无级调速，而且降低了成本，提高了效率，便于实现自动控制。

晶闸管的导通控制信号由触发电路提供，触发电路的类型按组成器件分为：单结晶体管触发电路，晶体管触发电路、集成触发电路和微机控制的数字触发电路等。单节晶体管触发电路结构简单，调节方便，输出脉冲前沿陡，抗干扰能力强，对于控制精度要求不高的小功率系统，可采用单节晶体管触发电路来控制。对于大功率晶闸管，一般采用晶体管或集成电路组成的触发电路，微机控制的数字触发电路常用于控制精确要求较高的复杂系统中。各类触发电路有其共同特点，它们一般都由同步环节、移相环节、脉冲形成环节和功率放大输出环节组成。

不同类型晶闸管三相相控整流电路的有关性能比较：参见表 2-1 常用三相可控整流电路的参数比较。

习　题

1. 图 2-44 为晶闸管整流自动恒流充电器电路，试说明电路工作原理。

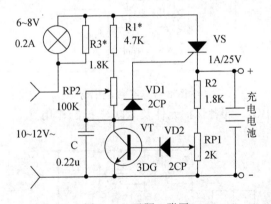

图 2-44　习题 1 附图

2. 带电阻性负载三相半波可控整流电路，如触发脉冲左移到自然换相点之前 $15°$ 处，分析电路工作情况，画出触发脉冲宽度分别为 $10°$ 与 $20°$ 时负载两端的 u_d 波形。

3. 三相半波可控整流电路，当 A 相 VT_1 管无触发脉冲时，试画出 $α=15°$、$α=60°$ 两种情况下的 u_d 波形，并画出 $α=60°$ 时 B 相晶闸管 VT_2 两端电压 u_{T2} 波形。

4. 图 2-45 电路中，当 $α=60°$ 时，画出下列故障时的 u_d 波形。

(1) 熔断器 1FU 熔断。

(2) 熔断器 2FU 熔断。

(3) 熔断器 2FU、3FU 同时熔断。

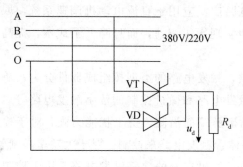

图 2-45　习题 4 附图

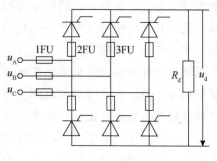

图 2-46　习题 5 附图

5. 图 2-46 为两相零式可控整流电路，画出晶闸管控制角 $\alpha=15°$、$\alpha=60°$ 两种情况下的 u_d 波形。

6. 图 2-47 为过电压自动断电晶闸管保护电路，试分析电路的工作原理。

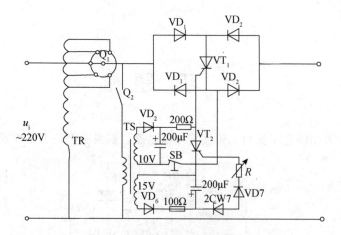

图 2-47　习题 6 附图

7. 指出图 2-48 中①～⑧各保护元件及 VD 与 L_d 的作用。

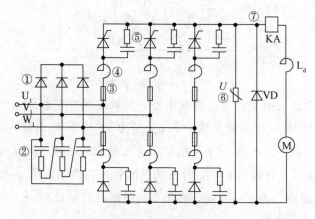

图 2-48 习题 7 附图

8. 晶闸管在实际使用过程中应注意哪些问题？造成晶闸管损坏的原因有哪些？

9. 晶闸管两端并联阻容元件，起哪些保护作用？

10. 三相全控桥式整流大电感负载带续流二极管，变压器二次侧的相电压 $U_2 = 220v$，$R_d = 10\Omega$，$\alpha = 90°$。

求：（1）输出电压 U_d，负载电流 I_d。

（2）流过晶闸管电流的平均值 I_{dT}、有效值 I_T。

（3）流过续流二极管的电流平均值 I_{dD}、有效值 I_D。

（4）晶闸管承受的最高电压 U_{TM}。

第 3 章　有源逆变电路

教学目标

（1）了解逆变的概念、分类及应用；

（2）了解变流装置与外接直流电势之间的能量传递过程；

（3）掌握有源逆变的工作原理；

（4）掌握有源逆变的条件；

（5）掌握采用有源逆变电路的分析及参量计算；

（6）掌握有源逆变失败的原因及最小逆变角的确定。

能力目标

（1）能够阐述有源逆变电路的典型应用；

（2）能够详细分析至少一例有源逆变电路的工作过程。

3.1　单相桥式有源逆变电路

在工业生产中不但需要将固定频率、固定的交流电转变为可调电压的直流电，即可控整流，而且还需要将直流电转变为交流电，这一过程称为逆变。逆变与整流互为可逆过程，能够实现可控整流的晶闸管装置称为可控整流器；能够实现逆变的晶闸管装置称为逆变器。如果同一晶闸管装置既可以实现可控整流，又可以实现逆变，这种装置则称为变流器。

逆变电路可分为有源逆变和无源逆变两类。

有源逆变的过程为：直流电→逆变器→交流电→交流电网，这种将直流电变成和电网同频率的交流电并将能量回馈给电网的过程称为有源逆变。有源逆变的主要应用有：直流电动机的可逆调速、绕线转子异步电动机的串级调速、高压直流输电等。

无源逆变的过程为：直流电→逆变器→交流电→用电器，这种将直流电变成某一频率或频率可调的交流电并供给用电器使用的过程称为无源逆变。无源逆变的主要应用有：交流电动机变频调速、不间断电源 UPS、开关电源、中频加热炉等。

3.1.1　有源逆变的条件

图 3-1 是交流电网经变流器接直流电机的系统原理图。图中变流器的状态可逆是指整流与逆变，直流电机的状态可逆是指电动与发电。

1. 晶闸管装置整流状态、直流电机电动运行状态

如图 3-1（a）所示，晶闸管装置工作在整流状态，装置直流侧极性是上正下负；直流电机工作在电动运行状态，其电枢电势 E 的极性也是上正下负，且 $|U_d| > |E|$。

系统回路产生顺时针方向电流 i_d，i_d 电流从晶闸管装置正极性端流出，装置提供能量输出，处于整流状态；i_d 电流从直流电机正极性端流进，直流电机吸收能量，处于电动状态。i_d 电流的大小为 $i_d = \dfrac{\tau}{T}U$。

2. 晶闸管装置逆变状态、直流电机发电运行状态

如图 3-1（b）所示，晶闸管装置工作在逆变状态，装置直流侧极性是上负下正；直流电机工作在发电运行状态，其电枢电势 E 的极性也是上负下正，且 $|E| > |U_d|$。

系统回路产生顺时针方向电流 i_d，i_d 电流从晶闸管装置正极性端流进，装置吸收能量，处于逆变状态；i_d 电流从直流电机正极性端流出，直流电机提供能量输出，处于发电状态。i_d 电流的大小为 $i_d = \dfrac{\tau}{T}U$。

3. 晶闸管装置整流状态、直流电机发电运行状态

如图 3-1 (c) 所示,晶闸管装置工作在整流状态,装置直流侧极性是上正下负;直流电机工作在发电运行状态,其电枢电势 E 的极性是上负下正。

系统回路产生顺时针方向电流 i_d,i_d 电流从晶闸管装置正极性端流出,装置提供能量输出,处于整流状态;i_d 电流从直流电机正极性端流出,直流电机提供能量输出,处于发电状态。i_d 电流的大小为 $i_d = \frac{\tau}{T} U$。由于 R 可能很小,i_d 电流值将很大,相当于短路。这在实际工作中是不允许的。

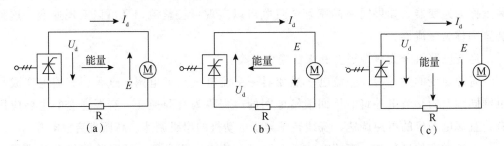

图 3-1　晶闸管装置与直流电机间的能量传递

现以卷扬机为例,由单相全波变流器供电,直流电动机作为动力,分析重物提升与下降两种工作情况。

(1) 重物提升过程

在重物提升过程中,如图 3-2 (a) 所示,变流器直流侧 u_d 波形正面积大于负面积,$U_d > 0$,极性是上正下负;直流电机电枢电势 E 的极性也是上正下负,且 $|U_d| > |E|$。变流器处于整流状态提供直流电机能量,直流电机处于电动运行状态提升重物。此过程与图 3-1 (a) 所示的情形一致。

(2) 重物下降过程

在重物下降过程中,如图 3-2 (b) 所示,变流器直流侧 u_d 波形负面积大于正面积,$U_d < 0$,极性是上负下正;直流电机电枢电势 E 的极性也是上负下正,且 $|E| > |U_d|$。变流器处于逆变状态吸收直流电机能量,直流电机处于发电运行状态下降重物。此过程与图 3-1 (b) 所示的情形一致。

因此,可得出实现有源逆变的条件为:①控制角 $\alpha > 90°$,保证晶闸管大部分时间在电压负半波导通,使输出电压 $U_d < 0$。②直流侧要有直流电源 E,且 $|E| > |U_d|$,其方向与电流方向相同,使晶闸管承受正向阳极电压。③回路中要有足够大的电感 L_d。

上述①、②是实现有源逆变的必要条件,③是实现有源逆变的充分条件。

实现有源逆变时要求控制角 $\alpha > 90°$,原因是晶闸管装置在可控整流时其直流侧的共阴极端是正极性,电流从正极性端流出;由于晶闸管具有单向导电特性,所以在有源逆变时,回路电流方向也必须与可控整流时保持一致。为保证有源逆变时晶闸管装置直流侧的极性与外接电动势同极性相接,装置直流侧的极性就必须是下正上负,u_d

波形就必须是负面积大于正面积，晶闸管在电源负半周期导通时间比正半周期导通时间长，因此，要求控制角 $\alpha > 90°$。

由于半控桥式晶闸管电路和接有续流二极管的电路不可能输出负电压，而且也不允许在直流侧接上反极性的直流电源，因而，这些电路不能实现有源逆变。

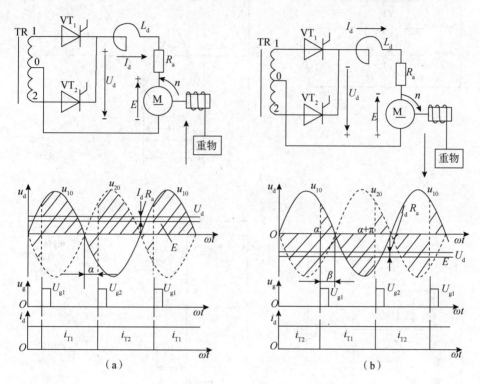

图 3-2　全波可控电路的整流与有源逆变

当变流器工作在逆变状态时，控制角 $\alpha > 90°$，平均电压 $U_d = U_{d0} \cos\alpha$。为方便计算，我们引入了逆变角 β，它和控制角 α 的关系为 $\beta = \pi - \alpha$，则 $U_d = U_{d0} \cos(\pi - \beta) = -U_{d0}\cos\beta$。逆变角为 β 的触发脉冲位置可从 $\alpha = \pi$ 时刻开始前移（左移）β 角度来确定。

图 3-3（a）画出了四种不同的控制角 α，如果分别在 ωt_1、ωt_2、ωt_3、ωt_4 时刻触发晶闸管时，则对应的 $\alpha_1 = 60°$、$\alpha_2 = 90°$、$\alpha_3 = 120°$、$\alpha_4 = 180°$。根据前面讲的，$\beta = \pi - \alpha$，因此和 α_1、α_2、α_3、α_4 对应的 $\beta_1 = 120°$、$\beta_2 = 90°$、$\beta_3 = 60°$、$\beta_4 = 0°$。在波形图中把 $\alpha = 180°$ 处作为计算 β 的起点，即图 3-3（a）中的 B 点，然后顺着电位上升的电压波形（如 u_U）向左计算，算出 β 角的大小。例如在 ωt_1 处触发晶闸管 VT_1，这时 $\alpha_1 = 60°$，同时也相当于 $\beta_1 = 120°$。而在 ωt_3 处触发晶闸管 VT_1 的时候，$\alpha_3 = 120°$，而此时 $\beta_3 = 60°$。从上述讨论可知，α 和 β 是从两个方向表示晶闸管 VT 的触发时刻，从图 3-3（a）中的 A 点算到 ωt_1 的角度是 α_1，从 B 点算到 ωt_1 的角度就是 β_1。不论是用 α_1 表示还是用 β_1 表示，晶闸管 VT 的触发时刻是相同的。图 3-3（b）画出了单相电路中 $\alpha_1 = 60°$、$\alpha_2 = 120°$、$\alpha_3 = 180°$ 与 $\beta_1 = 120°$、$\beta_2 = 60°$、$\beta_3 = 0°$ 的一一对应关系。

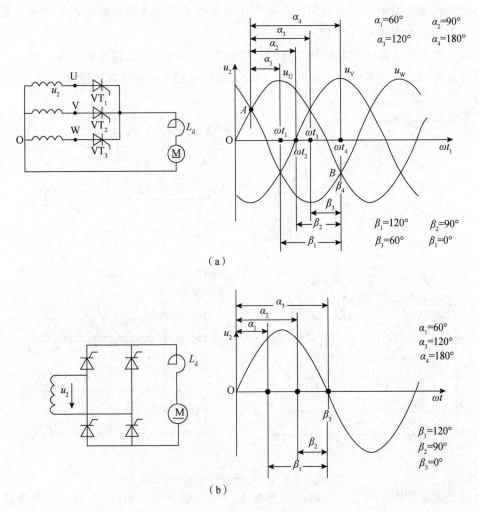

（a）

（b）

图 3-3　逆变角 β 的表示法

3.1.2　单相全控桥式有源逆变电路

图 3-4（a）为单相全控桥式电路，图 3-4（b）为单相全控桥式电路有源逆变波形分析图。在交流电 u_2 半个周期内，用 ωt 坐标点将波形分为三段，下面对波形逐段分析如下：

①当 $\omega t_1 \leqslant \omega t < \omega t_2$ 时，交流侧输入电压瞬时值 $u_2 > 0$，电源电压 u_2 处于正半周期；晶闸管 VT_1、VT_4 承受正向阳极电压；在 $\omega t = \omega t_1$ 时刻，给晶闸管 VT_1、VT_4 门极施加触发电压 u_{g1}、u_{g4}，即 $u_{g1} > 0$、$u_{g4} > 0$。晶闸管 VT_1、VT_4 导通，即 $i_{T1} = i_{T4} = i_d > 0$；直流侧负载的电压 $u_d = u_2 > 0$。

②当 $\omega t_2 \leqslant \omega t < \omega t_3$ 时，交流侧输入电压瞬时值 $u_2 \leqslant 0$，电源电压 u_2 处于负半周期；在此期间外接感生电动势 E 极性是下正上负，且 $u_{T1} + u_{T4} = |E| - |u_2| > 0$，使晶闸管 VT_1、VT_4 继续承受正向阳极电压。晶闸管 VT_1、VT_4 导通，即 $i_{T1} = i_{T4} = i_d > 0$；

直流侧负载的电压 $u_d = u_2 \leqslant 0$。

③当 $\omega t_3 \leqslant \omega t < \omega t_4$ 时，交流侧输入电压瞬时值 $u_2 \leqslant 0$，电源电压 u_2 处于负半周期，在此期间电感 L_d 产生的感生电动势 u_L 极性是下正上负，且 $u_{T1} + u_{T4} = |E| + |u_L| - |u_2| > 0$，使晶闸管 VT_1、VT_4 继续承受正向阳极电压。晶闸管 VT_1、VT_4 导通，即 $i_{T1} = i_{T4} = i_d > 0$；直流侧负载的电压 $u_d = u_2 < 0$。

④当 $\omega t = \omega t_4$ 时，交流侧输入电压瞬时值 $u_2 < 0$，电源电压 u_2 处于负半周期；晶闸管 VT_2、VT_3 承受正向阳极电压；给晶闸管 VT_2、VT_3 门极施加触发电压 u_{g2}、u_{g3}，即 $u_{g2} > 0$、$u_{g3} > 0$。晶闸管 VT_2、VT_3 导通，即 $i_{T2} = i_{T3} = i_d > 0$；直流侧负载的电压 $u_d = |u_2| > 0$。

其输出的直流电压平均值为：$U_d = -0.9u_2\cos\beta$

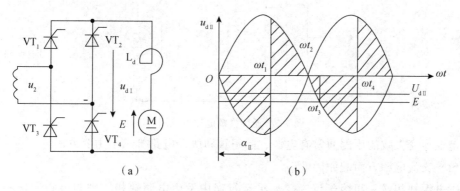

图 3-4 单相全控桥有源逆变电路与波形图

（a）电路图 （b）波形图

知识拓展

在有源逆变电路中，在回路中要串有足够大的电感 L_d，我们所说的电路工作在有源逆变状态，是对整个工作过程而言的。实际上，在每一瞬间，电路不一定都工作在有源逆变状态。这是因为，例如图 3-4（b）在 $\omega t_1 \sim \omega t_2$ 这段时间里，电源电压 u_2 处于正半周期，输出电压 U_d 的极性为下负上正，与 E 反极性相连，两电源均供出能量，只是这段时间较短，通过电感 L_d 作用限制电流不会上升很大。所以，回路中要有足够大的电感 L_d，是实现有源逆变的充分条件。

3.1.3 逆变失败及最小逆变角的确定

1. 逆变失败的原因

逆变失败也叫逆变颠覆。晶闸管变流电路工作在整流状态时，如果晶闸管损坏、触发脉冲丢失或快熔烧断时，其后果是至多出现缺相、直流输出电压减小。但在逆变状态时，如发生上述情况，则情况要严重得多。晶闸管变流器工作在逆变状态下，晶闸管大部分的时间或全部时间在电流电压的负半周导通，晶闸管之所以在电源电压负半周能导通，完全是依赖于电动机反电动势 E。由于电路的输出直流电压和电动机电势 E 两电源同极性相连（如图 3-7 所示），此时电路输出的直流电流 $I_d = \sqrt{\frac{1}{2\pi}sin2\alpha + \frac{\pi-\alpha}{\pi}}$ 较小。如果当某种原因使晶闸管换相失败，本来在负半波导通的晶闸管会一直导通到正半波，使输出电压极性反过来（如图 3-5 虚线所示），即极性为上正下负，U_d 和 E 变成反极性相连，此时电路电流 $I_d = \frac{t_{on}}{T_s}U_d - \frac{T_s - t_{on}}{T_s}U_d$ 会非常大，从而造成短路事故，使逆变无法正常进行。

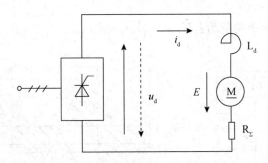

图 3-5 逆变失败电压极性图

造成逆变失败的原因通常有电源、晶闸管和触发电路等三个主要方面。

（1）交流电源方面的原因

①电源缺相或一相熔丝熔断。如果运行当中发生电源缺相，则与该相连接的晶闸管无法导通，使参与换相的晶闸管无法换相而继续工作到相应电压的正半波，从而造成逆变器电压 U_d 与电机电动势 E 反极性连接而短路，使换相失败。

②电源突然断电。此时变压器二次侧输出电压为零，而一般情况下电动机因惯性作用无法立即停车，反电动势也不会在瞬间为零，在 E 的作用下晶闸管继续导通。由于回路电阻一般都较小，电流 $I_d = E/R$ 仍然很大，会造成事故导致逆变失败。

③晶闸管快熔烧断。此情况与电源缺相情况相似。

④电压不稳，波动很大。

（2）触发电路的原因

①触发脉冲丢失。图 3-6（a）所示为三相半波逆变电路，在正常工作条件下，u_{g1}、u_{g2}、u_{g3} 触发脉冲间隔 120°，轮流触发 VT_1、VT_2、VT_3 晶闸管。ωt_1 时刻 u_{g1} 触发 VT_1 晶闸管，在此之前 VT_3 已导通，由于此时 u_U 虽为零值，但 u_W 为负值，因而 VT_1 承受 u_{UW} 正向电压而导通，VT_3 关断。到达 ωt_2 时刻，在正常情况下应该有 u_{g2} 触发信号触发 VT_2 导通，VT_1 关断。在图 3-6（b）中，假如由于某种原因 u_{g2} 丢失，VT_2 虽然承受 u_{UW} 正相电压，但因无触发信号不能导通，因而 VT_1 就无法关断，继续导通到正半波结束。到 ωt_3 时刻 u_{g3} 触发 VT_3，由于 VT_1 此时仍然导通，VT_3 承受 u_{UW} 反向电压，不能满足导通条件，因而 VT_3 不能导通，而 VT_1 仍然继续导通，输出电压 U_d 极性变成上正下

负，和 E 反极性相连，造成短路事故，逆变失败。

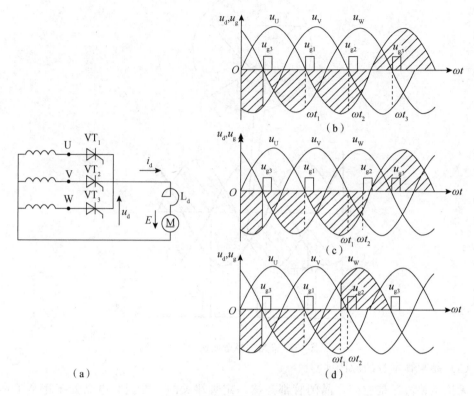

图 3-6　有源逆变换流失败波形

(a) 电路图　(b) (c) (d) 波形图

②触发脉冲分布不均匀（不同步）。如图 3-6（c）所示，本应在 ωt_1 时刻触发 VT_2 管，关断 VT_1 管，进行正常换相，但是，由于脉冲延迟至 ωt_2 时刻才出现（例如，触发电路三相输出脉冲不同步，u_{g1} 和 u_{g2} 之间间隔大于 $120°$，使 u_{g2} 出现邂逅）。此时 VT_2 承受反向电压，因而不满足导通条件，VT_2 不导通，VT_1 继续导通，直至导通至正半波，形成短路，造成逆变失败。

③逆变角 β 太小。如果触发电路没有保护措施，在移相控制时，β 角太小也可能造成逆变失败。由于整流变压器存在漏抗，换相时电流不能突变，换相电流—关断晶闸管的电流从 0 到 I_d 和导通晶闸管的电流从 I_d 到 0 都不能在瞬间完成，因此存在换相时出现两晶闸管同时导通的现象。同时导通的时间对应一个角度，用换相重叠角 γ 表示。在正常工作的情况下，ωt_1 时该触发 VT_2，关断 VT_1，完成 VT_1 到 VT_2 的换相。当 $\beta <$ γ（如图 3-7 中放大部分所示），由于 β 太小，在过 ωt_2 时刻（对应 $\beta = 0°$），换相尚未结束，即 VT_1 没关断。过 ωt_2 时刻 U 相电压 u_U 大于 V 相电压 u_V，使 VT_1 管仍承受正压而继续导通。VT_2 管导通短时间后又受反相电压而关断，与触发脉冲 u_{g2} 丢失的情况一样，造成逆变失败。

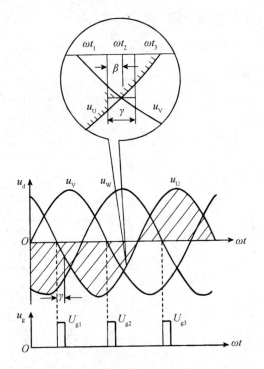

图 3-7 β角太小造成逆变失败

（3）晶闸管本身的原因

无论是整流还是逆变，晶闸管都是按一定规律关断、导通，电路处于正常工作状态。倘若晶闸管本身没有按预期的规律工作，就可能造成逆变失败。例如，应该导通的晶闸管导通不了（这和前面说的丢失脉冲情况是一样的），会造成逆变失败。在应该关断的状态下误导通了，也会造成逆变失败。如图 3-6 （d）所示，VT_2 本应在 ωt_2 时刻导通，但由于某种原因 ωt_1 时刻 VT_3 导通了。一旦 VT_3 导通，使 VT_1 承受 u_{WU} 的反向电压而关断。在 ωt_2 时刻触发 VT_2 管，由于此时 VT_2 管承受 u_{WU} 反向电压，所以 VT_2 管不会导通，而 VT_3 管继续导通，致使逆变失败。除晶闸管本身不导通或误导通外，晶闸管连接线的松脱，保护器件的动作等原因也可能引起逆变失败。

2. 最小逆变角的确定及限制

（1）最小逆变角的确定

为保证逆变能正常工作，使晶闸管的换相能在电压负半波换相区之内完成换相，触发脉冲必须超前一定的角度给出，也就是说，对逆变角 β 必须要有严格的限制。

①相重叠角 γ。由于整流变压器存在漏抗，使晶闸管在换相时存在换相重叠角 γ。如图 3-7 所示，在此期间，要换相的两只晶闸管都导通，如果 β<γ，则在 ωt_2 时刻（即 β=0°处），换相尚未结束，一直延至 ωt_3 时刻，此时，$u_U > u_V$，晶闸管 VT_2 关不断，VT_1 不能导通，就会使逆变失败。γ 值随电路形式、工作电流的大小不同而不同，一般选取 15°～25°电角度。

②晶闸管关断时间 t_g 对应的电角度 δ_0。晶闸管从导通到完全关断需要一定的时间，这个时间 t_g 一般由管子的参数决定，通常 $200\sim300\mu s$，折合成电角度 δ_0 约为 $4°\sim5.4°$。

③安全裕量角 θ_a。由于触发电路各元件的工作状态会发生变化（如温度的影响），使触发脉冲的间隔出现不均匀即不匀称现象，再加上电源电压的波动、波形畸变等因素，因此必须留有一定安全裕量角 θ_a，一般取 θ_a 为 $10°$ 左右。

综合以上因素，最小逆变角 $\beta_{min} \geqslant \gamma + \delta_0 + \theta_a = 30°\sim35°$。

最小逆变角 β_{min} 所对应的时间即为电路提供给晶闸管保证可靠关断的时间。

（2）限制最小逆变角的常用方法

①设置逆变角保护电路。当 β 角小于最小逆变角 β_{min} 或 β 角大于 $90°$ 时，主电路电流急剧增大，由电路互感器转换成电压信号，反馈到触发电路，使触发电路的控制电压 U_c 发生变化，脉冲移至正常工作范围。

②设置固定脉冲。在设计要求较高的逆变电路时，为了保证 $\beta \geqslant \beta_{min}$，常在触发电路附加一组固定的脉冲，这种固定的脉冲出现在 $\beta = \beta_{min}$ 时刻，不能移动，如图 3-8 中的 u_{gd1}。当换相脉冲 u_{g1} 在固定脉冲 u_{gd1} 之前时，由于 u_{g1} 触发 VT_1 导通，则固定脉冲 u_{gd1} 对电路工作不产生影响。如果换相脉冲 u_{g1} 因某种原因移到 u_{gd1} 后，（如图 3-8 中的 ωt_2 时刻），则 u_{gd1} 触发 VT_1 管，使 VT_3 管关断，保证电路在 β_{min} 之前完成换相，避免了逆变失败。

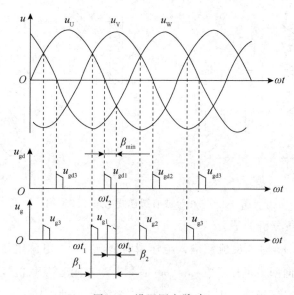

图 3-8 设置固定脉冲

③设置控制电压 U_c 限幅电路。由于触发脉冲的移相大多采用垂直移相控制，控制电压 U_c 的变化决定了 β 角的变化，因此，只要给控制端加上限幅电路，也就限制了 β 角的变化范围，避免由于 U_c 变化引起的 β 角超范围变化而引起的逆变失败。

3.2　三相有源逆变电路

3.2.1　三相半波有源逆变电路

图 3-9（a）为三相半波有源逆变电路，图 3-9（b）为三相半波有源逆变电路波形分析图。在交流电一个周期的 120°范围内，用 ωt 坐标点将波形分为三段。

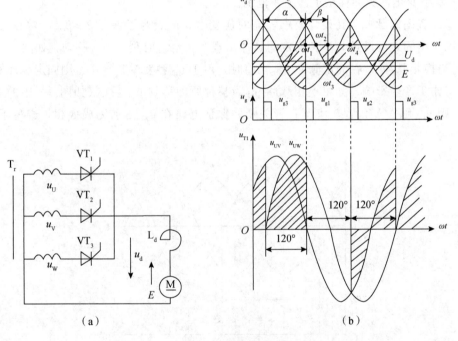

（a）　　　　　　　　　　　　　　　　　（b）

图 3-9　三相半波有源逆变电路与波形图

下面对波形逐段分析如下：

①当 ωt$_1$≤ωt＜ωt$_2$ 时，交流侧输入电压瞬时值 u$_U$＞0，电源电压 u$_U$ 处于正半周期；晶闸管 VT$_1$ 承受正向阳极电压；在 ωt＝ωt$_1$ 时刻，给晶闸管 VT$_1$ 门极施加触发电压 u$_{g1}$，即 u$_{g1}$＞0。晶闸管 VT$_1$ 导通，即 i$_{T1}$＝i$_d$＞0；直流侧负载的电压 u$_d$＝u$_U$＞0。

②当 ωt$_2$≤ωt＜ωt$_3$ 时，交流侧输入电压瞬时值 u$_U$≤0，电源电压 u$_U$ 处于负半周期；在此期间外接感生电动势 E 极性是下正上负，且 u$_{T1}$＝｜E｜－｜u$_A$｜＞0，使晶闸管 VT$_1$ 继续承受正向阳极电压。晶闸管 VT$_1$ 导通，即 i$_{T1}$＝i$_d$＞0；直流侧负载的电压 u$_d$＝u$_U$＜0。

③当 ωt$_3$≤ωt＜ωt$_4$ 时，交流侧输入电压瞬时值 u$_U$＜0，电源电压 u$_U$ 处于负半周期，在此期间电感 L$_d$ 产生的感生电动势 u$_L$ 极性是下正上负，且 u$_{T1}$＝｜E｜＋｜u$_L$｜－｜u$_U$

｜＞0，使晶闸管 VT_1 继续承受正向阳极电压。晶闸管 VT_1 导通，即 $i_{T1}=i_d＞0$；直流侧负载的电压 $u_d=u_U＜0$。

④当 $\omega t=\omega t_4$ 时，交流侧输入电压瞬时值 $u_V＞0$，电源电压 u_V 处于正半周期；晶闸管 VT_2 承受正向阳极电压；给晶闸管 VT_2 门极施加触发电压 u_{g2}，即 $u_{g2}＞0$。晶闸管 VT_2 导通，即 $i_{T2}=i_d＞0$；直流侧负载的电压 $u_d=u_V＞0$。

其输出的直流电压平均值为：$U_d=-1.17u_2\cos\beta$。

图 3-10（a）、（b）分别画出了 $\beta=30°$、$\beta=90°$ 时逆变电压波形和晶闸管 VT_1 承受的电压波形。

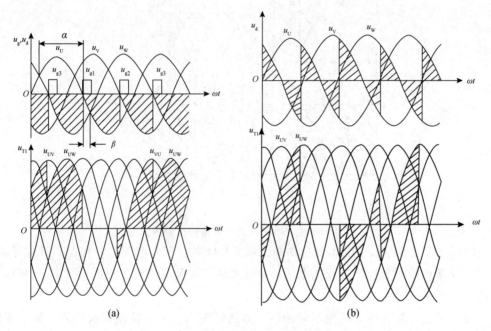

(a)　　　　　　　　　　　　　　　(b)

图 3-10　三相半波有源逆变电路的电压波形图

（a）$\beta=30°$　（b）$\beta=90°$

3.2.2　三相桥式有源逆变电路

图 3-11 为三相桥式逆变电路的波形图。为满足逆变条件，电机电动势 E 为上负下正，回路中串有大电感 L_d，逆变角 $\beta＜90°$。现以 $\beta=30°$ 为例，分析其工作过程。

（1）在图 3-11 中，在 ωt_1 处加上双窄脉冲触发 VT_1 和 VT_6，此时电压 u_U 为负半波，给 VT_1 和 VT_6 以反向电压。但 $|E|＞|u_{UV}|$，E 相对 VT_1 和 VT_6 为正向电压，加在 VT_1 和 VT_6 上的总电压（$|E|-|u_{UV}|$）为正，使 VT_1 和 VT_6 两管导通，有电流 i_d 流过电路，变流器输出的电压 $u_d=u_{UV}$。

（2）经过 60°后，在 ωt_2 处加上双窄脉冲触发 VT_2 和 VT_1 管，由于此前 VT_6 是导通的，从而使加在 VT_2 上的电压 u_{VW} 为正向电压，当 VT_2 在 ωt_2 时刻被触发后即刻导通，而 VT_2 导通后，VT_6 因承受的电压 u_{WV} 为反压而关断，完成了从 VT_6 到 VT_2 的换相。

在第二次触发后第三次触发前（$\omega t_1 \sim \omega t_3$），变流器输出的电压 $u_d = u_{UW}$。

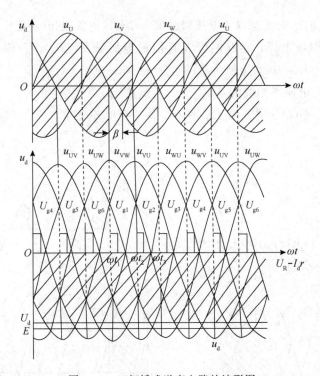

图 3-11　三相桥式逆变电路的波形图

（3）又经过 $60°$ 后，在 ωt_3 处再次加上双窄脉冲触发 VT_2 和 VT_3，使 VT_2 继续导通，而 VT_3 导通后使 VT_1 因承受反向电压 u_{VW} 而关断，从而又进行了一次由 VT_1 和 VT_3 的换流。

按照 $VT_1 \sim VT_6$ 换流顺序不断循环，晶闸管 $VT_1 \sim VT_6$ 轮流依次导通，整个周期始终保证有两只晶闸管是导通的。控制 β 角使输出电压平均值 $|U_d| < |E|$，则电动机直流能量经三相桥式逆变电路转换成交流能量送到电网中去，从而实现了有源逆变。

3.3　有源逆变电路的应用

3.3.1　绕线转子异步电动机的串级调速

串级调速是通过绕线式异步电动机的转子回路引入附加电势而产生的。它属于变转差率来实现串级调速的。与转子串电阻的方式不同，串级调速可以将异步电动机的功率加以应用（回馈电网），因此效率高。它能实现无级平滑调速，低速时机械特性也比较硬。特别是晶闸管低同步串级调速系统，技术难度小，性能比较完善，因而获得了广泛的应用。

晶闸管串级调速系统是在绕线转子异步电动机转子侧用大功率的二极管，将转子的转差频率交流电变为直流电，再用晶闸管逆变器将转子电流返回电源以改变电机转速的一种调速方式。

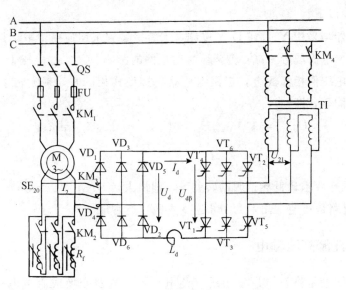

图 3-12　晶闸管串级调速主电路原理图

串级调速主电路如图 3-12 所示，逆变电压 $U_{d\beta}$ 为引入转子电路的反电动势，改变逆变角 β 即可改变反电动势大小，达到改变转速的目的。U_d 是转子整流后的直流电压，其值为：

$$U_d = 1.35 s E_{20}$$

$$s = \frac{U_{2i}}{E_{20}} \cos\beta$$

式中：E_{20} 是转子开路线电动势（n＝0）；

　　　s 是电动机转差率。

当电动机转速稳定，忽略直流回路电阻时，则整流电压 U_d 与逆变电压 $U_{d\beta}$ 大小相等、方向相反。当逆变变压器 TI 二次线电压为 U_{2l} 时，则：

$$U_{d\beta} = 1.35 U_{2l} \cos\beta = U_d = 1.35 s E_{20}$$

上式说明，改变逆变角 β 的大小即可改变电动机的转差率，实现调速。其调速过程大致如下：

起动：接通 KM_1、KM_2 接触器，利用频敏变阻器起动电动机。对于水泵、风机等负载用频敏变阻器起动；对矿井提升、传输带、交流轧钢等可直接起动。当电动机起动后，断开 KM_2 接通 KM_3、KM_4，装置转入串速调节。

调速：当电动机稳定运行在某转速时，此时 $U_d＝U_{d\beta}$，如 β 角增大则 $U_{d\beta}$ 减小，转子电流瞬时增大，致使电动机转矩增大转速提高，转差率 s 减小，当 U_d 减小到与 $U_{d\beta}$

相等时，电动机稳定运行在较高的转速上；反之，减小 β 值，则电动机转速下降。

停车：先断开 KM_1，延时断开 KM_3、KM_4，电动机停车。

通常电动机转速越低，返回电网的能量越大，节能越显著，但调速范围过大将使装置的功率因数变差，逆变变压器和变流装置的容量增大，一次投资增大，故串级调速比宜在 2∶1 以下。

逆变变压器均采用 Y/D 或 D/Y 联结，大容量装置采用逆变桥串、并联十二脉波控制，有利于改善电流波形，减小变流装置对电网的影响。其二次电压 U_{2l} 的大小要和异步电动机转子电压值相互配合，当两组桥路连接型式相同时，最大转子整流电压与最大逆变电压相同等，即：

$$U_{d\max} = 1.35 s_{\max} E_{20} = U_{d\beta\max} = 1.35 U_{2l} cos\beta_{\min}$$

$$U_{2l} = \frac{s_{\max} E_{20}}{cos\beta\min}$$

式中，$s_{\max}$ 是调速要求最低转速时的转差率，即最大转差率；

$\beta_{\min}$ 是电路最小逆变角，为防止逆变失败，通常取 $30°$。

3.3.2　直流高压输电

直流高压输电是将发电厂发出的交流电，经整流器变换成直流电输送至受电端，再用逆变器将直流电变换成交流电送到受端交流电网的一种输电方式。主要应用于远距离大功率输电和非同步交流系统的联网，具有线路投资少、不存在系统稳定问题、调节快速、运行可靠等优点。直流输电系统的基本构成如图 3-13 所示。

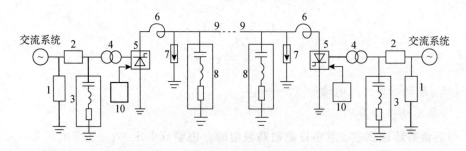

图 3-13　直流输电系统的基本构成图

1—无功补偿装置；2—交流断路器；3—交流滤波器；4—换流变压器；5—换流装置；
6—平波电抗器；7—避雷器；8—直流滤波器；9—直流输电线；10—保护和控制

1. 直流高压输电的优势 直流输电与交流输电相比有以下优点：

（1）当输送相同功率时，直流线路造价低，架空线路杆塔结构较简单，线路走廊窄，同绝缘水平的电缆可以运行于较高的电压。

（2）直流输电的功率和能量损耗小。

（3）对通信干扰小。

（4）线路稳态运行时没有电容电流，没有电抗压降，沿线电压分布较平稳，线路本身无需无功补偿。

（5）直流输电线联系的两端交流系统不需要同步运行，因此，可用以实现不同频率或相同频率交流系统之间的非同步联系。

（6）直流输电线本身不存在交流输电固有的稳定问题，输送距离和功率也不受电力系统同步运行稳定性的限制。

（7）由直流输电线互相联系的交流系统各自的短路容量不会因互联而显著增大。

（8）直流输电线的功率和电流的调节控制比较容易并且迅速，可以实现各种调节、控制。如果交、直流并列运行，有助于提高交流系统的稳定性和改善整个系统的运行特性。

2. 高压直流输电原理

高压直流输电在跨越江河、海峡和大容量远距离的电缆输电、联系两个不同频率（$50H_z$ 与 $60H_z$）的交流电网、同频率两个相邻交流电网的非同步并联等方面发挥重要作用，它能减少输电线中的能量损耗，提高输电效益以及增加电网稳定性和操作方便。因此，在世界范围内高压直流输电获得迅速的发展。图 3-14 为高压直流输电的原理示意图，u_1、u_2 为两个交流电网系统，两端为高压变流阀，为了绝缘与安全采用光控大功率晶闸管串并组成桥路，用光脉冲同时触发多只光控晶闸管。通过分别控制两个变流阀的工作状态，就可控制电功率流向，如 u_1 电网向 u_2 电网输送功率时，则左边变流阀工作在整流状态，右边变流阀工作于有源逆变状态。为了保证交流电网波形质量，变流阀设计与滤波环节必须十分重视。

图 3-14　高压直流输电的原理示意图

3. 晶闸管串级调速装置的一般故障及排除方法

（1）起动投入调速后，电机转速下降，调节失控。因起动时，电机运转正常，只是切换至调速后，出现电机转速下降，故可判断为触发模块工作不正常。重点检查触发电路，测量模块的输入电压为220V，正常；测量触发模块的输出电压为零，说明触发模块没有工作。

经拆开模块检查，通过静态测量，发现电源变压器损坏，造成模块工作电源消失，没有输出电压。

（2）起动并投调速后过流动作跳闸，保护停机。本故障出现较多，其原因也较多，分析如下：

1）晶闸管损坏。晶闸管损坏后一般会引起快速熔断器熔断，但如果未熔断时，就会引起 GLJ 动作停机，通过测量晶闸管的阳、阴两极的电阻，就可判断出晶闸管的好坏。

2）触发回路接触不良。本故障出现较多，如果触发回路接触不良，将会引起各触发信号错乱，晶闸管导通角发生错乱，引起逆变失败，从而引发过流动作。对于这种故障，可以采用送上控制电源后，测量模块输出端到晶闸管输入端的线路压降就可以反映线路的接触情况，正常电压应为零，故障时会有一定电压。在本装置中，因触发信号经过穿心螺栓引入另一面的晶闸管；由于该装置放置在曝气池附近，长期受曝气池潮湿、腐蚀空气的影响，螺栓易生锈而产生接触不良，处理后正常。

3）触发模块损坏。触发模块损坏后，将会引起某一相晶闸管全导通，引起过流动作；模块内一般是三极管中某一个或多个击穿引起晶闸管某一相或多相全导通，引起直流电流大造成过电流继电器动作，通过静态测量来找出损坏的三极管更换即可。

（3）起动后电动机电流偏大，投入调速时发现直流电压不随直流电流而改变。起动电机并投调速后，发现直流电压表为满偏，直流电流为 60A，测量自动开关 ZK 下面的输入交流电流为 75A，比额定值略大，调节调速电位器 RP 时，发现直流电流增加，但直流电压不下降，后检查电动机，发现电动机并没有转动！仔细检查各交流接触器的触头后，发现为定子主回路交流接触器有一相触头接触不良，造成定子绕组"跑单相"，而电机负载较大，无法起动。因电机控制装置离电机较远，操作人员不能及时发现，还以为是调速装置有故障。

为什么出现"跑单相"时，会引起这种现象呢？电动机"跑单相"堵转时，电机转差率为 1，频敏变阻器工作在频率高、阻抗大的状态下，电机定子电流增加不大，热继电器不能迅速动作，这时电机的定、转子绕组相当于变压器初、次级绕组，转子绕组的交流电压经过整流器整流后的直流电压为一定值，这时调节调速电位器时，当然会产生直流电流上升而直流电压不下降的现象。而当时测量输入端的交流电流的方法不对，没有考虑逆变器的影响，因逆变时交流接触器闭合，和电机定子绕组并联，把转子电压逆变回电网，会使各相均有电流流过，并不反映电动机有无缺相，应直接测量电动机定子绕组的电流。

（4）电机滑环易发生烧坏。本故障主要为电机长时间运转（该厂一般为 24 小时运转），碳粉积集在滑环、碳刷架上引起绝缘下降造成短路。尤其是电机在速度较低下运行时，因转差率较大，这时转子绕组感应的电压较高，易击穿短路，在潮湿的天气更厉害；轻者可以见到碳刷架上碳粉在冒火，重者将滑环、碳刷架烧坏。通过将原铜质滑环更换成钢质滑环减少磨损，将 D201 型碳刷改为较难磨损的 J201 型碳刷，平时加强检查和保养，解决了该问题。

（5）运行中频敏变阻器烧坏。频敏变阻器仅在电机启动时使用，平时不通电，一般不会烧坏，除非多次启动过程烧坏，但现在是在运行中烧坏，说明控制线路有故障；经检查发现控制线路中的中间继电器线圈已开路。在正常运行工作状态，中间继电器是通电工作的，并通过其辅助触点断开控制频敏变阻器的交流接触器，使得频敏变阻器在起动完毕后撤出工作状态。若在运行中，中间继电器线圈回路断开，中间继电器失电导致控制频敏变阻器的交流接触器接通，频敏变阻器投入长期工作，因频敏变阻器设计是短时工作制，长时间通电必然造成过热烧坏。

本章小结

本章介绍了有源逆变的过程为：直流电→逆变器→交流电→交流电网，这种将直流电变成和电网同频率的交流电并将能量回馈给电网的过程称为有源逆变。实现有源逆变的条件为：①控制角 $\alpha > 90°$，保证晶闸管大部分时间在电压负半波导通，使输出电压 $U_d < 0$。②直流侧要有直流电源 E，且 $|E| > |U_d|$，其方向与电流方向相同，使晶闸管承受正向阳极电压。③回路中要有足够大的电感 L_d。

逆变失败也叫逆变颠覆。晶闸管变流电路工作在整流状态时，如果晶闸管损坏、触发脉冲丢失或快熔烧断时，其后果是至多出现缺相、直流输出电压减小。但在逆变状态时，如发生上述情况，则情况要严重得多。造成逆变失败的原因通常有电源、晶闸管和触发电路等三个主要方面。为保证逆变能正常工作，使晶闸管的换相能在电压负半波换相区之内完成，触发脉冲必须超前一定的角度给出，也就是说，对逆变角 β 必须要有严格的限制。最小逆变角 $\beta_{min} \geq \gamma + \delta_0 + \theta_\alpha = 30° \sim 35°$。

本章重点从工作原理、输出的电压波形及参数计算等方面讲述了单相全控桥逆变电路、三相半波逆变电路及三相全控桥逆变电路的工作过程。

有源逆变的主要应用有：直流电动机的可逆调速、绕线转子异步电动机的串级调速、高压直流输电等。

习 题

1. 什么叫有源逆变？什么叫无源逆变？

2. 实现有源逆变的条件是什么？哪些电路可以实现有源逆变？

3. 为什么有源逆变工作时，变流器直流侧会出现负的直流电压，而电阻负载和大电感负载不能？

4. 在只有电阻和电感的整流电路中，能否使变流装置稳定运行于逆变状态？为什么？对于有 R、L 的整流电路，在运行过程中是否有运行于逆变状态的时刻？如果有，试说明这种逆变是怎样产生的？

5. 可逆电路为什么要限制最小逆变角？试绘图说明。

6. 在图 3-15 中，一个工作在整流电动机状态，另一个工作在逆变发电机状态，试求：

（1）标出 U_d、E 及 i_d 的方向。

（2）说明 E 与 U_d 的大小关系。

（3）当 α 与 β 的最小值均为 30°时，变流电路控制角 α 的移相范围为多大？

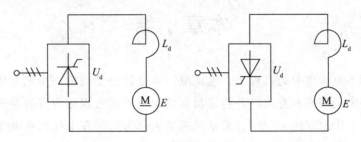

图 3-15　习题 6 附图

7. 试画出三相半波共阴接法时，β＝60°的 u_d 与 u_{T3} 的波形。

第 4 章 交流调压电路

交流变换电路，就是将一种形式的交流电变换成另一种形式的交流电的电路。在进行交流变换时，可以改变交流电的电压、频率、相数等参数。根据变换参数不同，交流变换电路可分为交流电力控制电路和变频电路两大类。

只改变交流电压或对电路的通断进行控制，而不改变频率的电路称为交流电力控制电路。其中采用相位控制技术来改变交流电压的交流电力控制电路，就是交流调压电路；采用通断控制的交流电力控制电路，即交流调功电路及交流无触点开关。

4.1 单相交流调压与调功器

4.1.1 双向晶闸管

晶闸管自诞生以来便获得了迅速发展，除器件的性能与电压、电流容量不断提高外，还派生出双向晶闸管、快速晶闸管、可关断晶闸管、逆导晶闸管、光控晶闸管等，形成完整的晶闸管系列。

双向晶闸管（TRIAC）是把两个反向并联的晶闸管集成在同一硅片上，用一个门极控制触发的组合型器件。这种结构使它在两个方向都具有和单只晶闸管同样的对称的开关特性，且伏安特性相当于两只反向并联的分立晶闸管，不同的是它由一个门极进行双方向控制，因此可以认为是一种控制交流功率（如电灯调光及加热器控制）的理想器件。

1. 双向晶闸管的结构

双向晶闸管的外形与普通晶闸管的外形类似，有塑封式、螺旋式、平板式。但其内部是 NPNPN 五层结构的三端器件，有两个主电极 T_1、T_2，一个门极 G。双向晶闸管的内部结构、等效电路及电气符号分别如图 4-1（a）（b）和（c）所示。

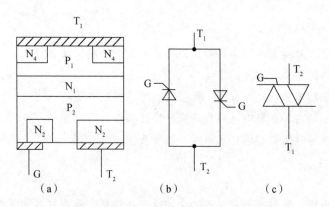

图 4-1 双向晶闸管的内部结构、等效电路及电气符号

（a）内部结构 （b）等效电路 （c）电气符号

2. 双向晶闸管的工作原理与特性

双向晶闸管与单向晶闸管一样，也具有触发控制特性。不过，它的触发控制特性与单向晶闸管有很大的不同，这就是无论在阳极和阴极间接入何种极性的电压，只要在它的控制极上加上一个触发脉冲，也不管这个脉冲是什么极性的，都可以使双向晶闸管导通。由于双向晶闸管在阳、阴极间接任何极性的工作电压都可以实现触发控制，

因此，双向晶闸管的主电极也就没有阳极、阴极之分，通常把这两个主电极称为 T1 电极和 T2 电极，将接在 P 型半导体材料上的主电极称为 T1 电极，将接在 N 型半导体材料上的电极称为 T2 电极。由于双向晶闸管的两个主电极没有正负之分，所以它的参数中也就没有正向峰值电压与反同峰值电压之分，而只用一个最大峰值电压，双向晶闸管的其他参数则和单向晶闸管相同。

双向晶闸管的伏安特性曲线：由于双向晶闸管正、反特性具有对称性，所以，它可在任何一个方向导通，是一种理想的交流开关器件。

双向晶闸管在第一和第三象限有对称的伏安特性，如图 4-2 所示。T_1 相对于 T_2 既可以加正向电压，也可以加反向电压，这就使得门极 G 相对于 T_1 端无论是正向电压还是反向电压，都能触发双向晶闸管。图 4-2 中标明了四种门极触发方式，即 I^+、I^-、III^+ 和 III^-，同时也注明了各种触发方式下主电极 T_1 和 T_2 的相对电压极性以及门极 G 相对于 T_1 的触发电压极性。必须注意的是，触发途径不同则触发灵敏度不同，一般触发灵敏度排序为 $I^+ > III^- > I^- > III^+$。通常采用 I^+ 和 III^- 两种触发方式。

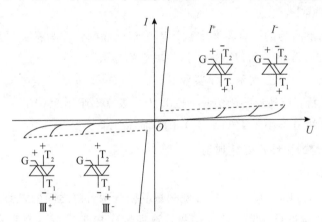

图 4-2 双向晶闸管的伏安特性

3. 双向晶闸管的主要参数

双向晶闸管的参数与普通晶闸管的参数相似，但因其结构及使用条件的差异又有所不同。

（1）额定电流

双向晶闸管的主要参数中额定电流的定义与普通晶闸管有所不同，由于双向晶闸管工作在交流电路中，正、反向电流都可以流过，所以它的额定电流不用平均值来表示。其定义为：在标准散热条件下，当器件的单向导通角大于 $170°$，允许流过器件的最大交流正弦电流的有效值，用 $I_{T(RMS)}$ 表示。

双向晶闸管的额定电流与普通晶闸管的额定电流之间的换算关系式为：

$$I_{T(AV)} = \frac{\tau}{T} U I_{T(RMS)} = 0.45 I_{T(RMS)}$$

以此推算，一个 100A 的双向晶闸管与两个 45A 反并联的普通晶闸管电流容量相等。

（2）通态压降

双向晶闸管每个半波都有各自的通态压降。由于结构及工艺的原因，其正、反两个通态压降值可能有较大的差别，使用时应尽量选用偏差小的，即具有比较对称的正、反通态压降的器件。

（3）电流上升率 di/dt

双向晶闸管通常不用于逆变电路，对 di/dt 的要求不高。但实际上仍然存在因 di/dt 损坏器件的可能。因此，提高双向晶闸管 di/dt 容量的方法及保护电路和普通晶闸管是一样考虑的。

（4）开通时间 t_g 和关断时间 t_q

双向晶闸管的触发导通过程需经过多个晶体管的相互作用后才能完成，和普通晶闸管一样，延迟时间与门极触发电流的大小密切相关。

（5）电压上升率 du/dt

du/dt 是双向晶闸管的一个重要参数。因为双向晶闸管作为开关器件使用时，有可能出现相当高的 du/dt 值，所以 du/dt 是一项必测参数。

国产双向晶闸管用 KS 表示。如型号 KS50－10－21 表示额定电流 50A，额定电压 10 级（1000V），断态电压临界上升率 du/dt 为 2 级（不小于 $200V/\mu s$），换向电流临界下降率 di/dt 为 1 级（不小于 $1\%I_{T(RMS)}$）的双向晶闸管。

4. 双向晶闸管的极性及好坏判别

（1）双向晶闸管的极性判别

①判别 T_2。用万用表 R×1Ω 挡分别测量晶闸管两管脚之间的阻值，当出现其中某两管脚正、反向测量都导通时，那么这两只管脚为 G 和 T_1，另一只管脚为 T_2；如果某管脚与另外两管脚的正、反向测量时都不通，那么这只管脚为 T_2。

②判别 G、T_1。用万用表 R×1 挡，将黑表笔接第 2 阳极 T_2（已知），红表笔接假设的第 1 阳极 T_1，此时万用表指针还不会偏转。

保持黑表笔与 T_2 的接触，黑表笔碰触一下 G 极，即给 G 极加上正的触发电压，这时如果指针右偏（阻值约 10Ω），说明 T_2、T_1 间已触发导通，假设正确，电流由 T_2 流向 T_1；如果 T_2、T_1 间不能触发导通，则红表笔改接另一只管脚再试。

将红表笔接第 2 阳极 T_2，黑表笔接第 1 阳极 T_1，用红表笔碰触一下 G 极，给 G 极加上负的触发信号，晶闸管应该触发导通，电流由 T_1 流向 T_2。

（2）双向晶闸管的好坏判别

因为双向晶闸管 G、T_1 两极离的较近，因此用万用表测量 G、T_1 的正、反向电阻都应该较小（几十欧姆），而 T_2 与 G 和 T_1 间的正、反向电阻均应为无穷大。

在判别双向晶闸管的 G、T_1 极时，如果晶闸管能在正、负触发信号下触发导通，则证明该晶闸管具有双向可控性，其性能完好。

4.1.2　单相交流调压电路

交流调压的控制目标是输出电压有效值，采用相位控制方式，即在每半个周波内通过对晶闸管开通相位的控制，来调节晶闸管的导通角度，达到调节输出电压有效值的目的。交流调压广泛用于工业加热、灯光控制、感应电机调压调速以及电焊、电解、电镀交流侧调压等场合。

1. 电阻性负载

（1）电路分析

电路如图 4-3 所示，用两只普通晶闸管反向并联或一只双向晶闸管组成主电路，接电阻性负载。在普通晶闸管反向并联电路中，当电源电压为正半波时，在 $\omega t = \alpha$ 时触发 VT_1 导通。于是有电流 i 流过负载，有电压 u_R。当 $\omega t = \pi$ 时，电源电压过零，$i = 0$，VT_1 自行关断，$u_R = 0$。在电源的负半波 $\omega t = \pi + \alpha$ 时，触发 VT_2 导通，u_R 变为负值。在 $\omega t = 2\pi$ 时，$i = 0$，VT_2 自行关断，$u_R = 0$。下个周期重复上述过程，在负载电阻上就得到缺角的交流电压波形。u_R、u_{T1}、u_{T2} 的波形如图 4-3 所示。通过改变 α 可得到不同的输出电压的有效值，从而达到交流调压的目的。由于双向晶闸管组成的电路，只要在正、负半周的对称的相应时刻（$\omega t = \alpha$、$\omega t = \pi + \alpha$）给出触发脉冲，则和反向并联电路一样可得到同样的可调交流电压。

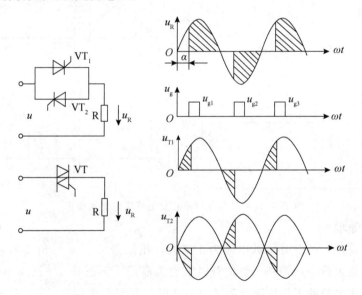

图 4-3　单相交流调压器和电阻性负载组成的电路及波形

（2）各电量的计算

①输出端电压（有效值）U：

$$U = U_2 \sqrt{\frac{1}{2\pi}\sin 2\alpha + \frac{\pi - \alpha}{\pi}}$$

②输出端电流（有效值）I：

$$I = \frac{t_{on}}{T_s}U_d - \frac{T_s - t_{on}}{T_s}U_d = \frac{U_{2l}}{E_{20}}\cos\beta$$

③反向并联电路流过每个晶闸管的电流的平均值 I_d：

$$I_d = \frac{s_{max}E_{20}}{\cos\beta_{min}}$$

④功率因数 $\cos\varphi$：

$$\cos\varphi = \frac{U_d}{U_{cm}}u_r = cu_r\sqrt{\frac{2(\pi - \alpha) + \sin2\alpha}{2\pi}}$$

2. 阻感性负载

（1）阻感负载单相交流调压电路及其波形

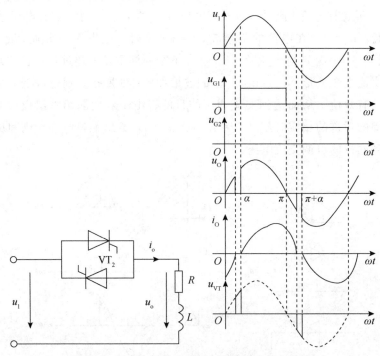

图 4-4　电感性负载时单相交流调压电路和波形

（2）工作原理

若晶闸管短接，稳态时负载电流为正弦波，相位滞后于 u_1 的角度为 φ，当用晶闸管控制时，只能进行滞后控制，使负载电流更为滞后。下面分 $\alpha > \varphi$、$\alpha = \varphi$ 和 $\alpha < \varphi$ 三种情况讨论调压电路的工作情况（为了说明情况，设 VT_1 先触发，VT_2 后触发）。

设负载的阻抗角为 $\varphi = tg^{-1}$（$\omega L/R$），稳态时 α 的移相范围应为 $\varphi \leqslant \alpha \leqslant \pi$。

①当 $\alpha > \varphi$ 时，此时 VT_1 中的电流已经下降为零，两个晶闸管均处于截止状态，电流断续，当 VT_2 触发后负载中的电流方向相反。α 越大，θ 越小，波形断续越严重。

②当 $\alpha = \varphi$ 时，VT_1 中的电流正好下降为零，此时触发 VT_2，负载中的电流正好连续，即每个晶闸管的导通角 $\theta = \pi$。此时晶闸管轮流导通，相当于晶闸管此时被短接，

负载中的电流为完全的正弦波。

③$\alpha < \varphi$ 时，见图 4-5，晶闸管门极采用窄脉冲触发，由于 $\alpha < \varphi$，VT_2 触发脉冲到来时 VT_1 中的电流还没有下降为零，此时 VT_2 处于反向截止状态，当 VT_1 中的电流下降为零时，VT_2 的触发脉冲已经消失，VT_2 无法导通。到第二周期时，VT_1 重复第一个周期的工作，此时电路同感性负载的半波整流电路工作情况，VT_2 始终不能导通，电路处于失控状态。回路中将出现很大的直流电流分量，无法维持电路的正常工作。

解决上述失控现象的办法是采用宽脉冲或脉冲列触发。晶闸管采用单脉冲触发时，当 VT_1 中的电流下降为零时，VT_2 的触发脉冲还没有消失，VT_2 可以在 VT_1 导通后接着导通，即 VT_1 的导通时间超过 π，VT_2 导通角小于 π。i_o 有指数衰减分量，在指数分量衰减过程中，VT_1 导通时间渐短，VT_2 的导通时间渐长。

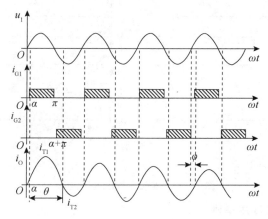

图 4-5 $\alpha < \varphi$ 时阻感负载交流调压电路工作波形

4.1.3 交流调功器

交流调功器的控制目标是输出平均功率，采用通断控制方式，即以交流电的周期为单位，通过调节晶闸管导通周期数与断开周期数的比值，达到调节输出平均功率的目的。交流调功器广泛用于时间常数很大的电热负载的控制，如电阻炉温度控制等。由于电源接通时输出到负载上的是完整的正弦波，因此，不会对电网造成通常意义上的谐波污染。

1. 交流调功电路的基本原理

前面介绍的各种控制都采用移相触发控制，这种触发方式使电路中的正弦波形出现缺角，包含较大的高次谐波。因此，移相触发使晶闸管的应用受到一定限制。为了克服这种缺点，可采用另一类触发方式即过零触发或称零触发。交流零触发开关使电路在电压为零或零附近瞬间接通，利用管子电流小于维持电流使管子自行关断，这种开关对外界的电磁干扰最小。功率的调节方法如下：在设定的周期 T_c 内，用零电压开关接通几个周波然后断开几个周波，改变晶闸管在设定周期内的通断时间比例，以调节负载上的交流平均电压，即可达到调节负载功率的目的。因而这种装置称为调功器或周波控制器。

图 4-6 为设定周期 T_c 内零触发输出电压波形的两种工作方式，如在设定周期 T_c 内导通的周波数为 n，每个周波的周期为 T（f＝50H_z 时，T＝20ms），则调功器的输出功率和输出电压有效值分别为：

$$P = \frac{nT}{T_c}P_n$$

$$U = \sqrt{\frac{nT}{T_c}U_n}$$

式中，Pn、Un 为设定周期 T_c 内全部周波导通时，装置输出的功率与电压有效值。因此，改变导通周波数 n 即可改变电压和功率。

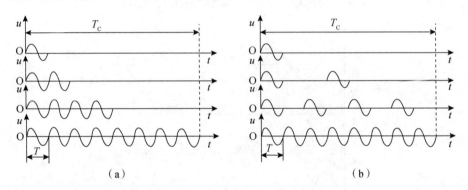

图 4-6　过零触发输出电压波形

2　交流调功电路应用举例

（1）电热器具调温电路

图 4-7 所示为一种电热器具的调温电路，工作于交流调功模式。主电路由熔断器 FU、双向晶闸管 VT 和电热丝 R_L 组成。控制电路由 NE555 定时器为核心构成，其中通过 R_1、C_1、VD_1、VS 和 C_2 等元件，把 220V 的交流电经降压、整流、稳压、滤波，变换成约 7.3V 的直流电作为 NE555 的工作电源。由 RP、R_2、C_3、C_4、VD_2 和 NE555 等元件组成无稳态多谐振荡器。当 NE555 输出高电平时，VT 导通，电热丝 R_L 加热；NE555 输出低电平时，VT 关断，电热丝 R_L 停止加热。调节 RP 滑动端的位置，就可以调节 NE555 输出高、低电平的时间比，即可以调节电路的通断比，达到调节温度的目的。调节范围为 $0.5\% \sim 99.5\%$。电路的振荡周期约为 3.4s。

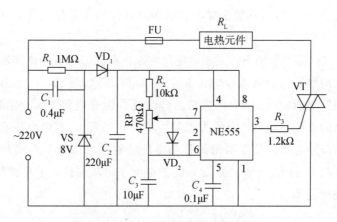

图 4-7 双向晶闸管电热器具调温电路

（2）使用 LC906 组成的调功电路

图 4-8 是用 LC906 和双向晶闸管组成的单相调功电路。LC906 是专用调功集成电路。其内部由可控分频、多路门输出及自动清零等电路组成。它采用 8 脚双列直插式 DIP 封装，引脚功能为：① （LED$_3$） 输出指示端 3；② （V$_{DD}$） 正电源；③ （V$_{SS}$） 负电源；④ （OUT）控制信号输出端；⑤ （IN）50H$_z$市电输入端；⑥ （LED$_1$） 输出指示端 1；⑦ （SW）键控输入端；⑧ （LED$_2$） 输出指示端 2。

图 4-8 电路中，220V 交流经 C$_1$、R$_1$ 降压，VD$_1$、VD$_2$ 整流和电容滤波后，由 VS 稳定在 6V 左右，为 LC906 的②脚和③脚供电。VL 为电源指示用发光二极管。⑦脚外接挡位选择按钮 SB，用来改变④脚输出控制信号。连续按动 SB 时，输出挡位将按"1－2－3－4－5－OFF－1…"的顺序切换，以改变输出脉冲的被切割量，从而实现对双向晶闸管导通时间的控制，实现对负载功率的调节。LED$_1$～LED$_3$ 为挡位指示用发光二极管。

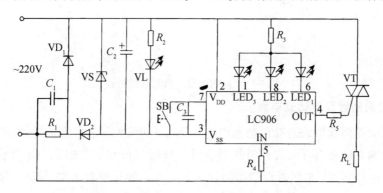

图 4-8 使用 LC906 组成的调功电路

4.1.4 单相交流调压电路应用举例

1. 双向晶闸管简易单相调光电路

图 4-9 是常用的双向晶闸管简易单相调光电路。其触发电路由双向触发二极管 VD、电阻 R$_1$、电阻 R$_2$、电位器 RP 及电容 C$_1$、C$_2$ 等构成。双向触发二极管是一种

NPN 三层结构、具有双向对称的击穿特性和负阻特性的半导体元件，伏安特性如图 4-10 所示。

图 4-9 中的双向晶闸管由 RC 充放电电路和双向触发二极管 VD 控制。当电容 C_2 电压升高到超过双向触发二极管 VD 的击穿电压 U_B 时，VD 导通，C_2 迅速放电，其放电电流使双向晶闸管导通。改变 RP 的阻值，即改变了 C_2 充电到 VD 击穿电压 U_B 的时间，达到改变控制角的目的。当 RP 阻值大于某一值时，可能 C_2 充电电压在电源半个周期内达不到 VD 的击穿电压，使控制角的移相范围受到一定限制。但增加 R_1 和 C_1 之后，C_1 的充电电压通过 R_2 给 C_2 充电，提高了 C_2 的端电压，从而扩大了移相范围，即扩大了白炽灯的最低亮度范围。

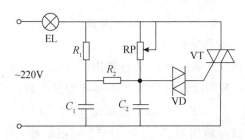

图 4-9　双向晶闸管简易单相调光电路

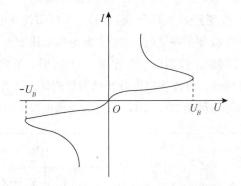

图 4-10　双向触发二极管伏安特性

2. 双向晶闸管双色调光电路

采用双向晶闸管构成的双色调光电路如图 4-11 所示。它实质上是由两组图 4-9 所示的晶闸管调光电路组合而成，但共用一只电位器进行调节。EL_1、EL_2 分别为红、绿白炽灯泡，电位器 RP 来同时调节晶闸管 VT_1、VT_2 的导通角。R_1、RP、R_2 和 C_1 组成 VT_1 的调压移相网络，R_1、RP、R_3 和 C_2 组成 VT_2 的调压移相网络。接通电源后，当 RP 的滑动端向左移动时，C_1 充电变快，C_2 充电变慢，灯 EL_1 渐亮、EL_2 渐暗；反之，当 RP 的滑动端向右移动时，灯 EL_1 渐暗、EL_2 渐亮。

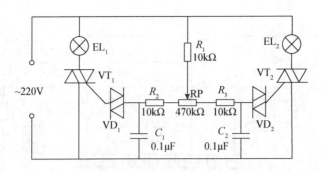

图 4-11　双向晶闸管双色调光电路

3. 用单结晶体管触发的交流调压电路

电路如图 4-12 所示。电源接通后，经桥式整流电路输出双半波脉动直流电压，再经稳压管 VS 削成梯形波电压。RP 和 C 为充放电定时元件，当 C 两端电压充电到单结晶体管 V 的峰点电压时，单结晶体管导通，输出尖脉冲，通过脉冲变压使双向晶闸管触发导通。当改变 RP 时可以改变脉冲产生的时刻，从而改变晶闸管的导通角，达到调节交流输出电压的目的。

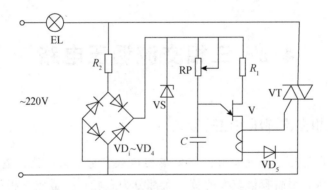

图 4-12　用单结晶体管触发的交流调压电路

4. KC06 触发器组成的晶闸管移相交流调压电路

如图 4-13 所示，该触发电路主要适用于交流直接供电的双向晶闸管或反并联普通晶闸管的交流移相控制。由交流电网直接供电，而不需要外加同步信号、输出脉冲变压器和外接直流工作电源。RP_1 可调节触发电路锯齿波斜率，R_5、C_2 调节脉冲的宽度，RP_2 是移相控制电位器。

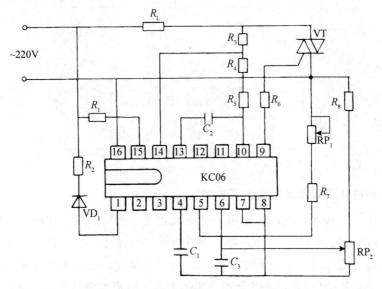

图 4-13 KC06 触发器组成的交流调压电路

4.2 三相交流调压电路

4.2.1 三相交流调压主电路形式

单相交流调压适用于单相负载。如果单相负载容量过大，就会造成三相不平衡，影响电网供电质量，因而容量较大的负载大都分为三相。要适应三相负载的要求，就需要三相交流调压。三相交流调压的电路有各种各样的形式，下面分别介绍较为常用的三种接线方式。

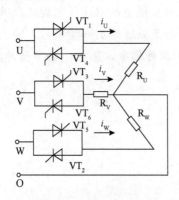
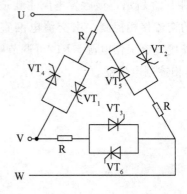

图 4-14　带中线星形连接的交流调压电路　　图 4-15　连接成内三角形的交流调压电路

1. 星形连接带中线的三相交流调压电路

带中线的三相交流调压电路，实际上就是三个单相交流调压电路的组合，如图 4-14 所示，工作原理和波形分析与单相交流调压完全相同。晶闸管的导通顺序为 VT_1、VT_2、VT_3、VT_4、VT_5、VT_6，触发脉冲间隔为 $60°$，其触发电路可以套用三相全控桥式整流电路的触发电路。由于有中线，故不一定非要有宽脉冲或双窄脉冲触发。

2. 晶闸管与负载连接成内三角形的三相交流调压电路

其接线如图 4-15 所示，它实际上也是三个单相交流调压电路的组合，其优点是由于晶闸管串接在三角内部，流过晶闸管的电流是相电流，故在同样线电流情况下，晶闸管电流容量可以降低。另外，线电流中无三的倍数次谐波分量。缺点是负载必须能拆成三个部分才能接成此种电路。

3. 用三对反向并联晶闸管连接成三相交流调压电路

电路如图 4-16 所示，负载可以连接成星行，也可以连接成三角形。触发电路和三相全控式整流电路一样，需采用宽脉冲或双窄脉冲。

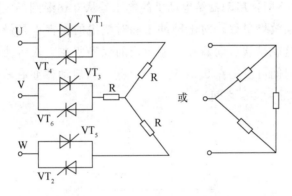

图 4-16 三相三线交流调压电路

4.2.2 三相交流调压电路应用举例

1. 电热炉的温度自动控制

图 4-17 为双向晶闸管控制三相自动控温电热炉的电路。当开关 Q 拨到"自动"位置时，炉温就能自动保持在给定温度。若炉温低于给定温度，温控仪（调节式毫伏温度计）使常开触点 KT 闭合，小容量双向晶闸管 VT_4 触发导通，继电器 KA 得电，使主电路中 $VT_1 \sim VT_3$ 管导通，触发方式为 I^+、III^-，负载电阻 R_L（电热丝）接通电源使炉子升温。当炉温到达给定温度，温控仪触点 KT 断开，VT_4 关断，继电器 KA 失电，双向晶闸管 $VT_1 \sim VT_3$ 关断，炉子降温。因此，电热炉温度在给定温度附近小范围内波动。

双向晶闸管仅用一只电阻（主电路为 $R_1{}^*$、控制电路为 $R_2{}^*$）构成本相触发电路，其阻值可由试验决定。用电位器代替 $R_1{}^*$ 和 $R_2{}^*$，调节电位器阻值，使双向晶闸管两端电压（用交流电压表测量）减小到 $2 \sim 5V$，此时电位器阻值即为触发电阻值，通常为 0.03～3kΩ，功率小于 2W。

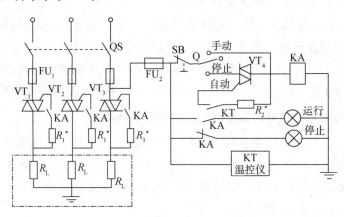

图 4-17 自动控温电热炉电路图

2. 电动机软启动器

图 4-18 为电动机软启动器电路图。软启动与直接将电动机接至全电压起动或两级起动如星/三角起动不同，启动器给电动机的电压是从 0 逐渐到额定电压的，它的启动过程更为平滑，启动效果更好，对电网冲击和对绕组的伤害也是最小的，要优于自耦变压器降压启动。这就是软启动器在工业应用的优势所在。软启动起动时电压沿斜坡上升，升至全压的时间可设定在 0.5s 到 60s 之间。软启动器亦有软停止功能，其可调节的斜坡时间在 0.5s～240s 之间。

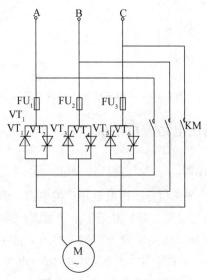

图 4-18 软启动器电路图

图 4-19 为不同启动方法下的特性曲线。采用软启动器将降低起动电流，减少对电网的干扰。如在气动泵、风机、输送带等设备的时候，软启动器可解决水泵电动机起动与停止时管道内的水压波动问题；解决起动风机时传动皮带打滑及轴承应力过大的问题；解决输送带启动或停止过程中由于颠簸而造成产品损坏的问题。因此，软启动

器可延长机械使用寿命，减少维修工作量，避免因故障停机所造成的损失。

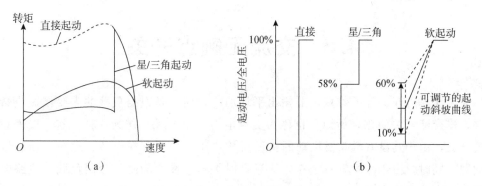

图 4-19 不同起动方法下的特性曲线

⚙ 知识拓展

1. 用一对反并联的晶闸管和用一只双向晶闸管进行交流调压时，它们的主要差别在于：

双向晶闸管不论是从结构上，还是从特性上，都可以把它看做是一对反并联的晶闸管集成元件。它只有一个门极，可用交流或直流脉冲触发，可正、反向导通。在交流调压或交流开关中使用可简化结构、减少装置体积和重量、节省投资、维修方便等。

在交流调压使用一对反并联的晶闸管时，每只晶闸管至少有半个周期处于截止状态，有利于换流。而双向晶闸需要承受正反向半波电流与电压，它在一个方向导通结束时，如果各PN结中的载流子还没有全部复合，这时在相反方向电压作用下，这些剩余载流子可能作为晶闸管反向工作时触发的电流而使之误导通，从而失去控制能力导致换流失败。特别是电感性负载时，电流滞后于电压，当电流过零关断时，器件承受的电压从零瞬时升高到很高的数值时，更容易导致换流失败。所以，双向晶闸管更适合于中小容量电阻性负载的交流调压场合，如调光、调温电路。

2. 比较采用晶闸管交流调压与采用自耦调压器的交流调压异同：

晶闸管交流调压电路输出的波形是正、负半波都被切去一部分的正弦波，不是完整的正弦波，切去部分的大小与控制角的大小有关。这种非正弦交流电包含了高次谐波，会对交流电源及其他用电设备造成干扰。另外，随着控制角的增大，功率因数降低，因此，如果输出电流不变，要求电源容量随之增大，这是它的缺点。但是晶闸管交流调压设备重量轻，控制灵敏，易于实现远方控制和自动调节，这是它的优点。与此相反，采用自耦调压器的交流调压，输出电压不论高低总是正弦波，不会引起干扰和功率因数降低，但是它体积大，重量重，安装不方便，它的调节方式是机械方式移动碳刷位置，要实现远方操作和自动调节，必须加伺服机构，比较复杂。

4.3 交流无触点开关

交流无触点开关并不着意调节输出平均功率，而只是根据负载的需要接通或断开电路，作交流开关使用，所以，也称为交流电力电子开关。作为一种快速、较理想的交流开关，由于其没有触头及可动的机械机构，所以，不存在电弧、触头磨损和熔焊等问题。同时，由于晶闸管总是在电流过零时关断，在关断时不会因负载或线路电感储存能量而造成暂态过电压和电磁干扰，因此，特别适用于操作频繁、可逆运行及有易燃气体、多粉尘的场合。

4.3.1 交流开关的常见形式及其应用

1. 交流开关的常见形式

门极毫安级电流的通断，可控制晶闸管阳极几十到几百安培大电流的通断。交流开关的工作特点是晶闸管在承受正半周期电压时触发导通，而它的关断是利用电源负半周在管子上加反压来实现，在电流过零时自然关断。

图 4-20 (a) 为普通晶闸管反并联的交流开关，当 Q 合上时，靠管子本身的阳极电压作为触发电压，具有强触发性质，即使对触发电流很大的管子也能可靠触发，负载上得到的基本上是正弦电压。图 4-20 (b) 采用双向晶闸管，为 I^+、III^- 触发方式，线路简单，但工作频率比反并联电路低。图 4-20 (c) 只用一只普通管，管子不受反压，由于串联元件多、压降损耗较大。

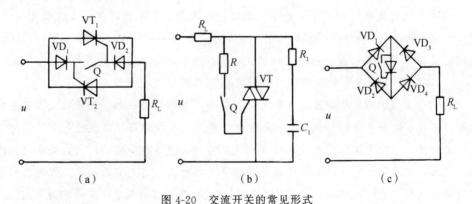

图 4-20 交流开关的常见形式

2. 交流开关的应用

(1) 双向晶闸管过电压和欠电压自动保护电路

图 4-21 是双向晶闸管构成的过电压和欠电压自动保护电路，双向晶闸管工作于交流开关模式。电路的工作原理是：市电经变压器降至 9V，经整流、滤波及稳压后输出

6V给电路提供电源。IC2是双运放LM358，用作电压比较器，其中的一个运放IC21构成过电压比较器，另一个运放IC22构成欠电压比较器。R_1、RP_1、R_2组成取样电路，R_3、RP_2、R_4组成基准电路。

正常情况下，IC21、IC22均输出低电平信号，V_1关断，V_2导通，给双向晶闸管VT提供触发信号，VT处于导通状态，插座正常供电。

欠电压时，变压器二次侧电压下降，取样电路得到的电压信号降低，当IC22的反相输入端（取样）电位低于同相输入端（基准）电位时，IC22输出高电平，红色发光二极管LED_2点亮指示欠电压，V_1导通，V_2关断，双向晶闸管VT也关断，插座无输出，实现欠电压保护。

同理，当发生过电压时，变压器二次侧电压上升，取样电路得到的电压信号升高，当IC21的同相输入端（取样）电位高于反相输入端（基准）电位时，IC21输出高电平，黄色发光二极管LED_1点亮指示过电压，V_1导通，V_2关断，双向晶闸管VT也关断，插座无输出，实现过电压保护。

电路焊接好后，用调压器将市电降至180V，调节RP_1，使LED_2刚好亮为止，此时插座应无输出；然后再用调压器将市电升至260V，调节RP_2，使LED_1刚好亮为止，此时插座也应无输出。

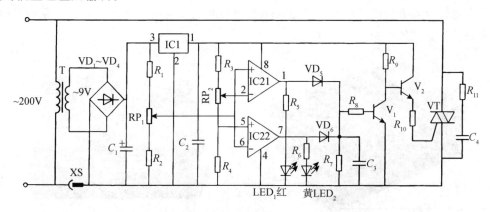

图4-21 双向晶闸管过电压和欠电压自动保护电路

（2）双向晶闸管人体感应电子开关电路

图4-22（a）是双向晶闸管构成的人体感应电子开关电路，双向晶闸管工作于交流开关模式。

电路中，红外发射接收传感器采用TLP947，它是一种反射式红外发射接收一体化的元件，其外形、管脚排列及内部电路如图4-22（b）所示。

当人体接近TLP947时，其内部发光二极管发射的红外线经人体反射后被光敏晶体管接收，光敏晶体管导通，NE555的2脚电位下降，当下降到电源电压的1/3时，3脚输出高电平，触发VT使其导通，白炽灯EL点亮。同时，NE555内部的放电管关断，7脚为高阻态，电源通过RP_3对C_4充电。经过一段时间，C_4上的电压充电到电源电压的2/3时，NE555状态翻转，3脚输出低电平，VT关断，白炽灯EL熄灭。同时

7 脚内部的放电管导通，C₄ 放电，电路复位。白炽灯 EL 点亮的持续时间由 RP₃ 和 C₄ 的充电时间常数决定。

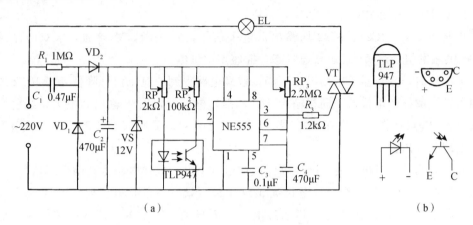

（a）   （b）

图 4-22　双向晶闸管人体感应电子开关电路

（3）固态继电器

固态继电器是一种无触点通断电力电子开关，它是一种 4 端有源器件，其中两个端子是输入控制端，另外两个端子是主电路的输出受控端。输入和输出之间采用高耐压的光电耦合器进行电气隔离，当输入端有信号时，其主电路呈导通状态；无信号时，呈阻断状态，其外形如图 4-23 所示。

图 4-23　固态开关外形

固态继电器是将晶闸管、电力 MOSFET、电力 GTR 或 IGBT 等电力电子器件与隔离电路、驱动电路等按一定的电路组合在一起，并封装在一个外壳中所形成的模块。

图 4-24（a）光电双向晶闸管耦合器非零电压开关。输入端 1、2 输入信号时，光电双向晶闸管耦合器 B 导通，门极由 R₂、B 形通道以 I⁺、III⁻ 方式触发双向晶闸管。这种电路对于输入信号的交流电源在任意相位均可接通，称为非零电压开关。

图 4-24（b）光电双向晶闸管耦合器零电压开关，1、2 端输入信号时，光控晶闸管门极不短接时，耦合器 B 中的光控晶闸管导通，电流经整流桥与导通的光控晶闸管提供门极电流，使 VT 导通。由 R₃、R₂、V₁ 组成零电压开关功能电路，当电源电压过零并升至一定幅值时 V₁ 导通，光控晶闸管被关断。

图 4-24（c）零电压接通与零电流断开的理想无触点开关，1、2 端加上输入信号时（交直流电压均可），适当选取 R_2 与 R_3 的比值，使交流电源的电压在接近零值区域（±25V）且有输入信号时，V_2 管截止，无输入信号时 V_2 管饱和导通。因此，不管什么时刻加上输入信号，开关只能在电压过零附近使晶闸管 VT_1 导通，也就是双向晶闸管只能在零电压附近加触发信号使开关闭合。

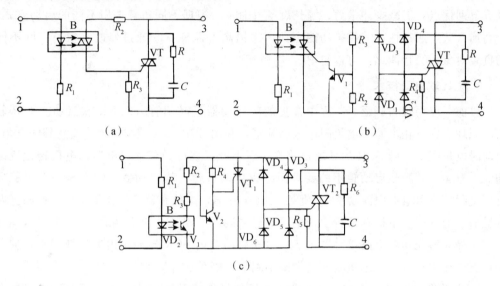

（a）　　　　　　　　　　（b）

（c）

图 4-24　固态开关原理图

由于固态继电器是由固体器件组成的无触点开关元件，所以与电磁继电器、接触器相比，它具有工作可靠、寿命长、对外界干扰小、能与逻辑电路兼容、抗干扰能力强、开关速度快、使用方便等一系列优点。它的应用范围很广，有取代电磁继电器的趋势，并且可以应用到电磁继电器无法工作的领域，如计算机和 PLC 的接口、过程控制、调压调速等。在一些要求耐振、耐潮、耐腐蚀、防爆的特殊装置和恶劣环境、高可靠性的场合中，有无可比拟的优越性。

4.3.2　软启动器技术原理及应用

软启动器以体积小、转矩可以调节、启动平稳、冲击小并具有软停机功能等优点得到了越来越多的应用，大有取代传统的自耦减压、Y—△启动的趋势。由于电动机直接启动时的冲击电流很大，特别是大容量电动机直接启动时会对其他负载造成干扰，甚至危害电网的安全运行，所以按不同情况，采用许多种减压启动方式。早期的方式有串联电抗或电阻、串联自耦变压器、Y—△变换等。

软启动器的构成主要是串接于电源与被控电动机之间的三相反并联晶闸管及其电子控制电路。软启动器的工作原理是，控制电路运用不同的方法，控制三相反并联晶闸管的导通角，使电动机输入电压从零以预设的函数关系逐渐上升，直至启动结束，赋予电动机全电压，实现软启动，在软启动过程中，电动机启动转矩逐渐增加，转速也逐渐增加，在上述基础上，把功率因数控制技术结合进去，以及采用微处理器代替模拟控制电路，使早期的软启动器已发展成智能化软启动器。

软启动是使用调压装置在规定时间内，自动地将启动电压连续、平滑地上升，直到达到额定电压。此时电动机的转矩就会平滑地增大，一直到转矩为最大值时为止，启动过程结束。软启动可以使电动机启停自如，减少空转，有节能作用，软启动器还具有下列优点：①减少冲击力，延长设备寿命；②根据不同负载选用不同的启动方式，提高加（减）速特性；③保护功能全面；④提高可靠性；⑤通过修改参数，匹配不同的负载对象；⑥智能化，可以与 PLC 等相互通讯。

1. SCR 软启动技术

目前，应用较为广泛、工程中常见的软启动器是晶闸管（SCR）软启动。SCR 软启动原理：在三相电源与电机间串入晶闸管，利用 SCR 移相控制原理，改变其触发角，启动时电机端电压随 SCR 的导通角从零逐渐上升，就可调节输出电压，电机转速逐渐增大，直至达到满足启动转矩的要求而结束启动过程；软启动器的输出是一个平稳的升压过程（且可具有限流功能），直到 SCR 全导通，电机在额定电压下工作；此时旁路接触器接通（避免电机在运行中对电网形成谐波污染，延长 SCR 寿命），电机进入运行状态；停车时先切断旁路接触器，然后由软启动器内 SCR 导通角由大逐渐减小，使三相供电电压逐渐减小，电机转速由大减小到零，停车过程完成。

SCR 软启动器在设计上采用了电流电压矢量传感动态监控技术，不改变电机原有的运转特性；采用锁相环技术和单片机，根据压控振荡器锁定三相同步信号的逻辑关系设计出的一种晶闸管触发系统，控制输出脉冲的移相，通过对电流的检测，控制输出电压按一定线性加至全压，限制启动电流，实现电机的软启动。

2. 智能软启动器

智能软启动主要由串接于电源与被控电动机之间的三对反并联晶闸管组成的调压电路构成，以微处理器为控制核心，整个启动过程在数字化程序软件控制下自动进行。智能软启动器利用三对晶闸管的电子开关特性，通过启动器中的微处理器，控制触发脉冲，改变触发角的大小，改变晶闸管的导通时间，从而最终改变加到定子绕组的三相电压的大小。异步电动机定子调压的特点是，电动机转矩近似与定子电压的二次方成正比，电动机的电流和定子电压成正比。因此，电动机的启动转矩和初始电流的限制可以通过定子电压的控制来实现，而电动机定子电压又是通过晶闸管的导通角来控制的，所以，不同的初始相角可实现不同的端电压，以满足不同的负载启动特性。在电动机启动过程中，晶闸管的导通角逐渐增大，晶闸管的输出电压也逐渐增加，电动机从零开始加速，直到晶闸管全导通，启动完成，从而实现电动机的无级平滑启动，电动机的启动转矩和启动电流的最大值可根据负载情况设定。

本章小结

本章主要介绍交—交变换电路的电路原理及其应用。交—交变换电路是将交流电能的参数直接进行变换，可分为交流调压与交—交变频器两类。所用的器件目前大都采用晶闸管进行交流变换，主要是双向晶闸管，或是两个晶闸管反向并联应用，通过控制晶闸管的导通角实现各种变换。

（1）交—交调压电路。交—交调压电路分为单相交—交调压电路与三相交—交调压电路。根据负载的不同性质，每种又分为阻性负载与阻感性负载两类，电路可进行调压的本质是通过改变双向晶闸管在电源正负半周的导通角度调节输出电压的大小。

电阻性负载：输出电流波形与输出电压波形相同，其电压可调范围内为 $0 \sim U$，控制角 α 的移相范围为 $0 \leqslant \alpha \leqslant \pi$。

阻感性负载：阻感性负载为交流调压电路最常用的负载。将闸管导通角 θ 的大小不仅与控制角 α 有关，而且与负载的阻抗角 φ 有关。当 $\alpha < \varphi$ 时，电路可控，输出电压可调，控制角 α 能起调压作用的移相范围为 $\varphi \sim \pi$。当 $\alpha = \varphi$ 或 $\alpha < \varphi$ 时，电路不可控。当 $\alpha > \varphi$ 时，输出电压波形滞后输出电压波形 φ 角且与输出电压波形不相同。

三相交—交调压电路。三相交—交调压电路基本可看成是单相交—交调压电路的组合，有多种接线形式。应用较多的是三相三线制接线形式。

（2）交流调功电路。交流调功电路的主电路与交流调压的相同，采用过零触发，通过控制交流电源导通与关断周期的比值可调节输出功率。交流调功电路负载上得到的是相对完整的正弦波，对电网的谐波污染小。

（3）交—交变频电路。单项交—交变频电路由两组反并联的晶闸管整流电路组成。通过在固定的电源周波数内，一半时间正组整流电路按特定的规律导通，反组整流电路关断另一半时间反组整流电路按特定的规律导通，正组整流电路关断，在负载端即可获得交变的输出电压。三相交—交变频电路是由 3 组输出电压相位彼此相差 120° 的单项输出交—交变频电路组成。

交—交变频电路的优点为：只有一次变换，且使用电网换相，提高了变换效率。电路可以很方便地实现四象限工作，且低频时输出波形接近正弦波。缺点为：接线复杂，使用的晶闸管数量多。受电网频率和交流电路各脉冲数的限制，输出频率较低，最高输出频率不高于电网频率的 $1/3 \sim 1/2$，功率因数较低。

（4）交流开关电路。交—交变换电路还可作为交流电力开关应用。交流电力开关是在电源电压或电流过零时触发双向晶闸管，晶闸管作为一个无触点应用。

习 题

1. 双向晶闸管的特性与普通晶闸管有什么不同？

2. 怎样鉴别一只晶闸管元件是双向晶闸管还是普通晶闸管？

3. 额定电流 100A 的普通晶闸管反并联可用额定电流多大的双向晶闸管替代？

4. 双向晶闸管的触发方式有几种？采用的是哪种方式？为什么？

5. 图 4-25 所示为一单相交流调压电路，试分析当开关 Q 置于位置 1、2、3 时，电路的工作情况；并画出开关置于不同位置时，负载上得到的电压波形。

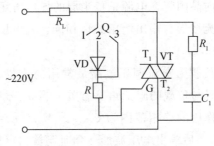

图 4-25　习题 5 附图

6. 什么是交流调压器？

第5章 全控型电力电子器件的认识

5.1 电力电子器件基本知识

电力电子器件是指可直接用于处理电能的主电路中，对电能进行变换或控制的电子器件。

5.1.1 电力电子器件的主要特征

电力电子器件与对电能进行控制的其他开关器件相比较，有以下一些主要的特征：

1. 电力电子器件一般是两极或三极器件

电力电子器件中的两个主电极是连接于主电路的；对三极器件来说，另一个极是控制极。两个主电极中有工作电流流过时，电位低的主电极为公共极，器件的开通与关断就是通过施加在控制极与公共极的信号来实现控制的。因此，主电极与控制极之间有电的联系，不是隔离的。

2. 电力电子器件处理电功率的能力强

具体地说，就是其额定电压与额定电流的大小是其最重要的参数。其处理电功率的能力小至瓦级，大至兆瓦级，一般都远大于处理信息的电子器件。电力电子器件的另一个比较重要的参数就是开关速度。

3. 电力电子器件一般都工作于开关状态

因为器件处理功率较大，所以工作于开关状态可降低本身的功率损耗，提高效率。电力电子器件的开关状态就像普通的三极管的饱和导通与截止状态一样。导通（通态）时器件阻抗很小，接近于短路，管压降接近于零，而电流由外电路决定；阻断（断态）时器件阻抗很大，接近于断路，电流几乎为零，而器件两端的电压由外电路决定。工作特性接近于普通电力开关，因此也常常将电力电子器件称为电力电子开关，或称电力半导体开关。电路分析时，为简单起见，也往往用理想开关来代替。

4. 电力电子器件使用中一般要进行保护

利用半导体材料制成的电力电子器件，承受过电压和过电流的能力比较弱。在实际应用中，除了选择电力电子器件时要留有足够的安全裕量外，还必须根据实际情况采取一定的过电压、过电流保护措施，确保运行安全。

5. 电力电子器件一般需要安装散热器

尽管电力电子器件工作在开关状态，但期间自身的功率损耗通常远大于信息电子器件及电磁开关，因为电力电子器件为了保护不至于因损耗发热而烧坏器件，不仅将器件在封装上比较讲究，而且工作中一般都安装散热器。导致器件发热的功率损耗主要由器件的通态损耗、断态损耗、开通过程中的损耗（即开通损耗）和关断过程中的损耗（即关断损耗）构成。当器件开关频率较高时，开通损耗和关断损耗随之增大。

6. 电力电子器件一般需要专门的驱动电路

电力电子器件往往需要信息电子电路来控制，但该控制信号功率较小，一般不能直接控制电力电子器件的开通和关断，需要一个中间电路将这些信号进行放大与整形，实现与电力电子器件所需要的驱动波形相匹配，这就是驱动电路。性能良好的驱动电路可使电力电子器件工作于最佳的开关状态。另外驱动电路还常具有对器件的保护功能和提供控制电路与主电路之间的电气隔离的功能。

5.1.2 电力电子器件的分类

电力电子器件常用的有三种分类方法。

1. 按照电力电子器件能够被控制电路信号所控制的程度

按照电力电子器件能够被控制电路信号所控制的程度，可分为三种类型：

（1）半控型器件

半控型器件是通过控制信号可控制其导通而不能将控制其关断的电力电子器件。器件的关断是由其他主电路中承受的电压和电流决定的。这类器件主要是晶闸管及大部分其派生器件。

（2）全控型器件

全控型器件是通过控制信号既可控制其导通、又可控制其关断的电力电子器件。与半控型器件相比，由于可通过控制信号关断，故又称为自关断器件。在 20 世纪 70 年代后期出现的电力电子器件一般都属于这种类型，如门极可关断晶闸管（GTO）、电力晶体管（GTR）、电力场效应晶体管、（MOSFET）、绝缘栅双极型晶体管（IGBT）等。

（3）不可控型器件

不可控型器件是不能用可控制信号来控制其通断的电力电子器件。这种器件即整流二极管。它对外引出只有阳极和阴极两个电极，其通断完全由其在主电路中承受的电压和电流决定。

2. 按照器件内部电子和空穴两种载流子参与导电的情况

按照器件内部电子和空穴两种载流子参与导电的情况，也可分为三类，这也是大多数电力电子书籍中常见的分类方法。

（1）单极型器件

单极型器件一般为电子导电型。属于单极性器件的有电力 MOSFET 和静电感应晶体管（SIT）。

（2）双极型器件

双极型器件一般为电子和空穴共同参与导电。属于双极型器件的有电力二极管、晶闸管、GTO、GTR、静电感应晶闸管（SITH）等。

（3）复合型器件

复合型器件是由单极型器件和双极型器件集成复合而成的混合型器件。属这类器件的有 IGBT。

3. 按照驱动电路加在电力电子器件控制端的驱动信号的性质

按照驱动电路加在电力电子器件控制端的驱动信号的性质，可将电力电子器件分为两类：

（1）电流驱动型

电流驱动型器件是通过从控制端注入或抽出电流来实现器件的导通或关断可控制的。属于电流驱动型的有晶闸管、GTR、GTO 等。这类器件的控制功率较大，控制电路复杂，工作频率较低，但容量较大。

（2）电压驱动型

电压驱动型器件是通过控制端与公共端之间施加一定的电压信号来实现器件的导通或关断的。由于电压信号是用于改变器件内部的电场从而实现器件的开通或关断的，所以，电压驱动型器件又被称为场控器件，或者场效应器件。常见的电压驱动型器件有功率 MOSFET、IGBT 等。这类器件驱动电路简单，控制功率小，工作效率高，性能稳定，因此，成为电力电子器件的重要发展方向。

5.1.3 电力电子器件的特点、性能及应用场合

电力电子器件的主要性能指标为电压、电流、开关速度、允许承受的最大通态临界电流上升率 di/dt、最高断态临界电压上升率 du/dt、通态压降、通态开关参数等。表 5-1 为常用电力电子器件的主要的特点、性能及应用情况的比较。

表 5-1 常用电力电子器件的比较

器件名称	普通晶闸管（SCR）	电力晶体管（GTR）	门极可关断晶闸管（GTO）	电力场效应晶体管（MOSFET）	绝缘栅双极型晶体管（IGBT）	静电感应晶体管（SIT）	静电感应晶闸管（SITH）
主要特征	正向可控制导通、不可控制关断，反向阻断，属于半控型器件	结构和特性类似于三极管，基极控制导通与关断。属于全控型器件	单向导电、反向阻断。门极可控制其导通与关断。属于全控型器件	场控型器件，正向由门极控制导通与关断，反向导电容量低、压降大，属于全控型器件	场控复合型器件，兼有 GTR 与 MOSFET 的优点，正向由门极控制开通和关断，反向阻断，属于全控型器件	结构类似于结型场效应晶体管，栅压与漏电压均可控制漏源电流，器件呈非饱和类晶体管特征	在 SIT 基础上发展来，器件通态时有很强的电导调制效应，类似整流二极管特性，门极控制开通与关断，压降较低，反向阻断
常态	阻断	阻断	阻断	阻断	阻断	导通/阻断	导通/阻断

（续表）

器件名称	普通晶闸管 （SCR）	电力晶体管 （GTR）	门极可关断 晶闸管 （GTO）	电力场效 应晶体管 （MOSFET）	绝缘栅双极 型晶体管 （IGBT）	静电感应 晶体管 （SIT）	静电感应 晶闸管 （SITH）
目前容量	4500A/ 12000V	1000A/ 1800V	6000A/ 6500V	150A/ 1000V	1000A/ 4500V	300A/ 2000V	2500A/ 4000V
最大开关 速度/kHz	0.4	5	10	20000	50	50000	100
$di/dt/$ $(\frac{\tau}{T}U)$	低	中	较高	高	高	高	中等
$di/dt/$ $(\frac{\tau}{T}U)$	低	中	较高	高	高	高	高
控制方式	电流	电流	电流	电压	电压	电压	电压
门极（栅极） 驱动功率	中等	高	高	低	低	低	中等
使用 难易程度	容易	较难	难	容易	中等	容易	容易
应用领域	大容量领域，如直流输电，传动装置，化学电源等	中容量领域，有逐渐被IGBT取代的趋势	大容量领域，如机车牵引、不间断电源	小容量、高频领域，如开关电源、电机控制等	中、小容量领域占绝对优势，如感应加热、超声波机械、高压电源等	中容量高频领域，如感应加热、超声波器械、高压电源等	大、中容量高频领域，如机车牵引、高频PWM变频器、逆变器等

5.2 门极可关断晶闸管

门极可关断晶闸管（gate turn-off thyristor）亦称门控晶闸管，简称GTO。其主要特点为，当门极加负向触发信号，时晶闸管能自行关断。

前已述及，普通晶闸管（SCR）靠门极正信号触发之后，撤掉信号亦能维持通态。欲使之关断，必须切断电源，使正向电流低于维持电流 I_H，或施以反向电压强近关断。这就需要增加换向电路，不仅使设备的体积重量增大，而且会降低效率，产生波形失真和噪声。可关断晶闸管克服了上述缺陷，它既保留了普通晶闸管耐压高、电流大等优点，还具有自关断能力，使用方便，是理想的高压、大电流开关器件。GTO的容量及使用寿命均超过巨型晶体管（GTR），只是工作频率比 GTR 低。目前，GTO 已达到 6000A、6000V 的容量。大功率可关断晶闸管已广泛用于斩波调速、变频调速、逆变电源等领域，显示出强大的生命力。

5.2.1 GTO 的结构与工作原理

GTO 的结构原理与普通晶闸管相似，也属于 PNPN 四层三端器件，其结构、等效电路及符号如图 5-1 所示。图中 A、G 和 K 分别表示 GTO 的阳极、门极和阴极。

GTO 的外部引出三个电极，但内部却包含数百个共阳极的小 GTO，这些小 GTO 称为 GTO 元。GTO 元的阳极是共有的，门极和阴极方便并联在一起。这是为实现门极控制关断所采取的特殊设计。

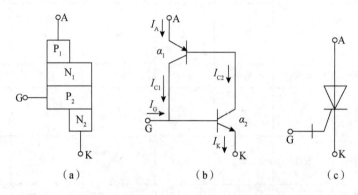

图 5-1 GTO 的结构、等效电路及符号

GTO 的开通原理与普通晶闸管的相同点：在图 5-1（b）所示的等效电路中，当阳极加上正向电压、门极同时加正向触发信号时，在等效晶体管 NPN 和 PNP 内形成如下正反馈过程：

$$I_G\uparrow \rightarrow I_{c2}\uparrow \rightarrow I_A\uparrow \rightarrow I_A\uparrow \rightarrow I_{c1}\uparrow$$

随着晶体管 $N_2P_2N_1$ 的发射极电流和 $P_1N_1P_2$ 发射极电流的增加，两个等效晶体管均饱和导通，GTO 则完成了导通过程。

GTO 的开通原理与普通晶闸管的相同点：尽管 GTO 与普通晶闸管的触发导通原理相同，但二者的关断原理及关断方式截然不同。由于普通晶闸管在导通之后即处于深度饱和状态，而 GTO 在导通后只能达到临界饱和，为用门极负信号去关断阳极电流提供了可能性。

GTO 的关断机理及关断方式说明如下：图 5-2 所示为 GTO 关断过程等效电路。关断 GTO 时，将开关 S 闭合，门极加上负偏置电压 E_G，晶体管 $P_1N_1P_2$ 的集电极电流 I_{c1} 被抽出，形成门极负电流 $-I_G$，由于 I_{c1} 的抽走，使 $N_1P_2N_2$ 晶体管的基极电流减小，进而使 I_{c2} 也减小，引起 I_{c1} 进一步下降。如此循环，最后导致 GTO 的阳极电流消失而关断。

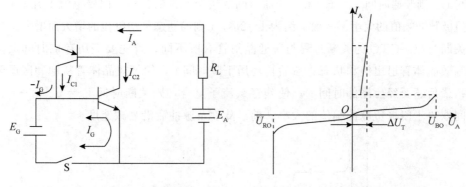

图 5-2 GTO 的关断等效电路　　　　图 5-3 GTO 的阳极伏安特性

由于结构不同，GTO 又分为多种类型，目前用得较多的是逆阻 GTO 和阳极短路 GTO 两种。逆阻 GTO 可承受正反向电压，但正向压降大，快速性能差；阳极短路 GTO 又称无反压 GTO，它不能承受反向电压，但正向压降小，快速性能好，热稳定性优良。

5.2.2　GTO 的主要特性

1. 阳极伏安特性

逆阻型 GTO 的阳极伏安特性如图 5-3 所示。由图可见，它与普通晶闸管的伏安特性极其相似，且 U_{DRM} 和 U_{RRM} 等术语的含义也相同。

2. 通态压降特性

GTO 的通态压降特性如图 5-4 所示。由图可见，随着阳极通态电流 I_A 的增加，其通态压降 U_T 也增加。一般希望通态压降越小越好，管压降小，GTO 的通态损耗就小。

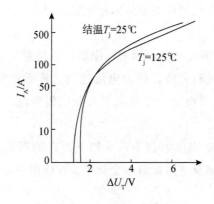

图 5-4 GTO 的通态压降特性

3. 动态特性

GTO 的动态特性包括开通特性和关断特性。图 5-5 给出了 GTO 开通和关断过程中门极电流 i_G 和阳极电流 i_A 的波形。

开通过程：GTO 的开通过程与普通晶闸管类似，开通过程需要经过延迟时间 t_d 和上

升时间 t_r，则开通时间 $t_{on} = t_d + t_r$。开通时间取决于元件的特性、门极电流上升率 di_G/dt 以及门极脉冲幅值的大小。一般 t_d 约为 $1\sim2\mu s$，t_r 则随通态平均电流的增大而增大。

关断过程：GTO 的关断过程与普通晶闸管有所不同，首先要经历存储时间 t_s，从而使等效晶体管退出饱和状态；然后再经历下降时间 t_f，使等效晶体管从饱和区退至放大区；最后还要经历尾部时间 t_t，使残存载流子复合，则关断时间 $t_{on} = t_s + t_f + t_t$。关断时间取决于门极负脉冲幅值的大小、前沿陡度及脉冲后沿衰减速度。

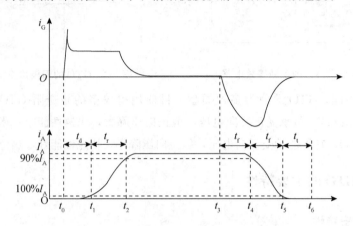

图 5-5　GTO 的开通和关断过程电流波形

5.2.3　GTO 的主要参数

GTO 的基本参数与普通晶闸管大多相同，不同的主要参数叙述如下。

1. 最大可关断阳极电流 I_{ATO}（GTO 额定电流）

在规定条件下，由门极控制可关断的阳极电流的最大值。它是用来标称 GTO 额定电流的参数。

GTO 的阳极电流允许值受两方面因素的限制：一是额定工作结温，其决定了 GTO 的平均电流额定值；二是关断失败，因为电流过大，使器件饱和程度加深，导致门极失败关断。所以，GTO 必须规定一个最大可关断阳极电流 I_{ATO} 作为其容量，I_{ATO} 即管子的铭牌电流。

在实际应用中，可关断阳极电流 I_{ATO} 受如下因素的影响：门极关断负电流波形、阳极电压上升率、工作频率及电路参数的变化等，在应用中应予特别注意。

2. 电流关断增益 β_{off}

电流关断增益 β_{off} 是指最大可关断电流 I_{ATO} 与门极负脉冲电流最大值 I_{GM} 之比。即：

$$\beta_{off} = \frac{\tau}{T}U$$

β_{off} 表示 GTO 的关断能力。当门极负电流上升率一定时，β_{off} 随可关断阳极电流的增加而增加；当可关断阳极电流一定时，β_{off} 随门极负电流上升率的增加而减小。

β_{off}很小，一般只有 5 左右，这是 GTO 的一个主要缺点。例如，流过 GTO 的阳极电流为 1000A 时，关断 GTO 所需的门极负脉冲电流峰值大约要 200A。

3. 阳极尖峰电压 U_P

阳极尖峰电压 U_P 是在 GTO 的关断过程中的下降时间 t_f 尾部出现的极值电压，U_P 的大小是 GTO 缓冲电路中的杂散电感与阳极电流在 t_f 内变化率的乘积。因此，当 GTO 的阳极电流增加时，尖峰电压几乎线性增加，当 U_P 增加到一定值时，GTO 因 P_{off} 过大而损坏。由于 U_P 限制可关断峰值电流的增加，故 GTO 的生产厂家一般把 U_P 值作为参数提供给用户。

为减小 U_P，必须尽量缩短缓冲电路的引线，减小杂散电感，并采用快恢复二极管及无感电容。

5.2.4 GTO 门极驱动电路

设计与选择性能良好的门极驱动电路对保证 GTO 的正常工作和性能优化是至关重要的，特别是门极关断技术应特别予以重视，它是正确使用 GTO 的关键。与其他电力电子器件相比，GTO 的生产及应用数量比较少，同时由于 GTO 所需的驱动功率较大，所以，形成正向门极电流的集成门极驱动电路也不多见，大多数为分立器件的驱动电路。

图 5-6 所示为电容储能式小容量 GTO 门极驱动电路。工作原理是：当 $u_i=0$ 时，复合管 V_1、V_2 饱和导通，向电容 C 充电并形成正向门极电流，触发 GTO 导通；当 u_i 为高电平时，复合管 V_3、V_4 饱和导通，电容 C 沿 VD、V_4 放电，形成门极反向电流，使 GTO 关断。放电电流在 VD 上的压降保证 V_1、V_2 截止。该电路可驱动 50A 的 GTO。

利用晶闸管来关断 GTO，可以取得较大的关断负电流，有利于大功率 GTO 的关断，但工作频率受到限制，目前已被功率 MOSFET 及 IGBT 等新器件所取代。

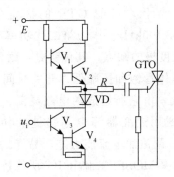

图 5-6 电容储能式小容量 GTO 门极驱动电路

5.2.5 GTO 的测量

下面分别介绍利用万用表判定 GTO 电极、检查 GTO 的触发能力和关断能力。

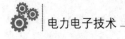

1. 判定 GTO 的电极

将万用表拨至 R×1 档，测量任意两脚间的电阻，仅当黑表笔接 G 极，红表笔接 K 极时，电阻呈低阻值，对其他情况电阻值均为无穷大。由此可迅速判定 G、K 极，剩下的就是 A 极。

2. 检查触发能力

首先将万用表的黑表笔接 A 极，红表笔接 K 极，电阻为无穷大；然后用黑表笔尖也同时接触 G 极，加上正向触发信号，表针向右偏转到低阻值即表明 GTO 已经导通；最后脱开 G 极，只要 GTO 维持通态，就说明被测管具有触发能力。

3. 检查关断能力

检测 GTO 的关断能力时，可先按检测触发能力的方法使 GTO 处于导通状态，即用万用表 R×1Ω 档，黑表笔接阳极 A，红表笔接阴极 K，测得电阻值为无穷大。再将 A 极与门极 G 短路，给 G 极加上正向触发信号时，GTO 被触发导通，其 A、K 极间电阻值由无穷大变为低阻状态。断开 A 极与 G 极的短路点后，GTO 维持低阻导通状态，说明其触发能力正常。再在 GTO 的门极 G 与阳极 A 之间加上反向触发信号，若此时 A 极与 K 极间电阻值由低阻值变为无穷大，则说明晶闸管的关断能力正常，

5.3　电力晶体管

电力晶体管（giant transistor）简称 GTR 或 BJT，是一种电流控制的双极双结大功率、高反压电力电子器件，一般将集电极功率 $P_{CM} > 1W$ 的晶体管称为电力晶体管。

GTR 产生于本世纪 70 年代，目前 GTR 的额定值已达 1800V/800A/2kHz、1400v/600A/5kHz、600V/3A/100kHz。作为第二代功率半导体器件的代表，它克服了晶闸管不能自关断与开关速度慢的缺点，其优势是：耐压高，电流大，开关特性好，具有自关断能力。它既具备晶体管饱和压降低、开关时间短和安全工作区宽等固有特性，又增大了功率容量，因此，由它所组成的电路灵活、成熟、开关损耗小、开关时间短，在电源、电机控制、通用逆变器等中等容量、中等频率的电路中应用广泛。GTR 的缺点是驱动电流较大，耐浪涌电流能力差，易受二次击穿而损坏。在开关电源和 UPS 内，GTR 正逐步被功率 MOSFET 和 IGBT 所代替。

5.3.1　GTR 的结构和工作原理

1. GTR 的结构

电力晶体管有与一般双极型晶体管相似的结构，它们都是三层半导体，两个 PN 结的三端器件。GTR 分为 PNP 型和 NPN 型两种，但大功率的 GTR 多采用 NPN 型。

GTR 的结构、电气符号，如图 5-7（a）、（b）所示。

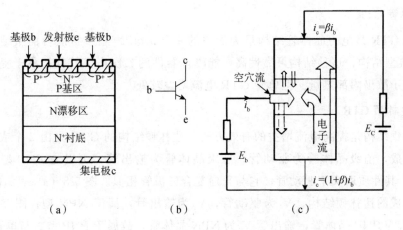

图 5-7　GTR 内部结构、符号和基本原理

（a）结构剖面示意图　　（b）电气符号　　（c）正向导通电路图

2. GTR 的工作原理

GTR 是用基极电流 I_B 来控制集电极电流 I_C 的电流控制型器件，其基本工作原理与电子学上小功率三极管基本相同，但工作状态不同。GTR 主要作为功率开关使用，工作于饱和导通与截止状态，不允许工作于放大状态。在电力电子技术中，GTR 要有足够的容量、适当的增益、较高的开关速度和较低的功率损耗等。

当工作在正偏（$I_b > 0$）时，GTR 大电流导通；当工作在反偏（$I_b \leqslant 0$）时，GTR 处于截止状态。因此，给 GTR 的基极施加幅度足够大的脉冲驱动信号，它将工作于导通和截止的开关状态。

在应用中，GTR 一般采用共发射极接法，如图 5-7（c）所示。集电极电流 i_c 与基极电流 i_b 的比值为：

$$\beta = i_c / i_b \tag{5-1}$$

式中，β 称为 GTR 的电流放大系数，它反映出基极电流对集电极电流的控制能力。单管 GTR 的电流放大系数很小，通常为 10 左右。

在考虑集电极和发射极之间的漏电流时：

$$i_c = \beta i_b + I_{ceo} \tag{5-2}$$

GTR 的大电流效应：由于 GTR 的工作电流和功耗大，会造成 GTR 的电流增益 β 下降，特征频率减小和电流局部集中而导致的局部过热，这将严重地影响 GTR 的品质，甚至使 GTR 损坏。为了削弱上述物理效应的影响，必须在结构和制造工艺上采取适当的措施，以满足大功率应用的需要。

5.3.2　GTR 的分类

GTR 的种类和型号繁多，目前常用的电力晶体管有单管、达林顿管和达林顿晶体

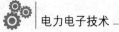

管模块这 3 种类型。

1. 单管 GTR

单管 GTR 是电力晶体管结构最为简单的一种，NPN 三重扩散台面型结构是单管 GTR 的典型结构，这种结构可靠性高，能改善器件的二次击穿特性，易于提高耐压能力，并易于散出内部热量。但单管 GTR 电流增益较低。

2. 达林顿 GTR

达林顿结构是提高电流增益的有效方式。达林顿结构的 GTR 是由 2 个或多个晶体管复合而成，前级晶体管为驱动管，后级晶体管为输出管，可以是 PNP 型也可以是 NPN 型，其性质取决于驱动管，它与普通复合三极管相似。图 5-8（a）表示两个 NPN 晶体管组成的达林顿结构，V_1 为驱动管，V_2 为输出管，属于 NPN 型；图 5-8（b）的驱动管 V_1 为 PNP 晶体管，输出管 V_2 为 NPN 晶体管，故属于 PNP 型。与单管 GTR 相比，达林顿结构的电力晶体管电流放大倍数很大，可以达到几十至几千倍。虽然达林顿结构大大提高了电流放大倍数，但其饱和管压降却增加了，增大了导通损耗，同时降低了管子的工作速度。

实用达林顿电路是将达林顿结构的 GTR，稳定电阻 R_1、R_2，加速二极管 VD_1 和续流二极管 VD_2 等制作在一起，如图 5-8（c）所示。R_1 和 R_2 提供反向电流通路，以提高复合管的温度稳定性；加速二极管 VD_1 的作用是在输入信号反向关断 GTR 时，反向驱动信号经 VD_1 迅速加到 V_2 基极，加速 GTR 的关断过程。

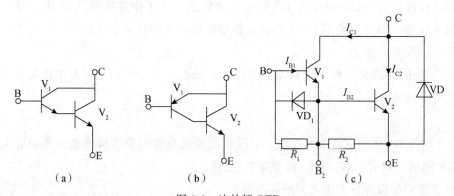

图 5-8　达林顿 GTR

3. GTR 模块

目前，作为大功率的开关应用最多的还是 GTR 模块，它首先是将一个 GTR 管芯及辅助元件（如稳定电阻、续流二极管等）组装成一个基本单元，然后根据不同的用途将几个单元电路构成模块，集成在同一硅片上。这样，大大提高了器件的集成度、工作的可靠性和性价比，同时也实现了小型轻量化。目前生产的 GTR 模块，可将多达 6 个相互绝缘的单元电路制在同一个模块内，便于组成三相桥电路。

GTR 模块多种多样。既有一单元、二单元模块的封装，又有四单元、六单元模块的封装；每个基本单元内使用的 GTR，既有单管 GTR，又有两级、三级甚至四级达林顿复合型 GTR；既有晶体管单独封装的单品种型模块，又有晶体管与快恢复续流二极管混合封装的混合型 GTR 模块。图 5-9 示出了几种典型的 GTR 模块内部电路结构图，图 5-10 示出了两种 GTR 模块实物。

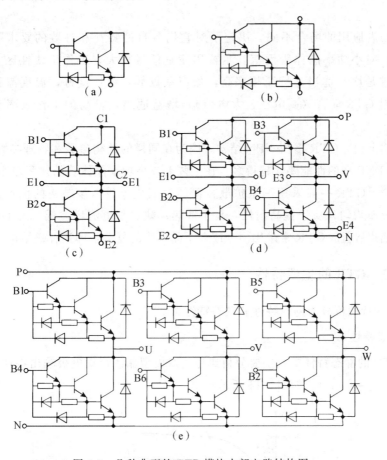

图 5-9 几种典型的 GTR 模块内部电路结构图

（a）两级达林顿 GTR 的一单元模块 （b）三级达林顿 GTR 的一单元模块

（c）两级达林顿 GTR 的二单元模块 （d）两级达林顿 GTR 的四单元模块

（e）三级达林顿 GTR 的六单元模块

图 5-10 GTR 模块

GTR 的基本结构和工作原理与小功率晶体管是一样的。二者都是三层半导体，由两个 PN 结构成的，都有 NPN 和 PNP 两种结构。集电极与基极电流都满足关系：$i_c = \beta i_b$。两者都可接成共射极电路，其输出特性相同，都有截止区、放大区、饱和区等。

但是两者应用的场合不同，决定了对它们各自的特性和参数的要求不同及结构上的差异。对小功率晶体管而言，主要用途是信号放大，工作于线性区，因此对它的基本要求是增益适当，特征频率高，噪声系数低，线性度好，温度漂移和时间漂移小等；对 GTR 而言（高电压、大电流），增益适当，较高的工作频率和较低的功率损耗等。

从结构上说，GTR 多用 NPN 结构，因为在同样的结构参数和物理参数的条件下，NPN 型比 PNP 型的性能要优越得多。在工艺上，小功率晶体管的体积较小，PN 结的面积也较小。GTR 一般采用三重扩散台面结构制成单管，该结构的优点是结面积较大，电流分布均匀，易于提高耐压，易于散热；缺点是电流增益低。为了提高电流增益和扩大输出容量，GTR 常采用两个或多个晶体管的复合，即达林顿结构。

5.3.3　GTR 的主要特性

GTR 的特性可分为静态特性和动态特性。

1. 静态特性

在 GTR 的静态特性中，主要分析典型的双极型晶体管集电极输出特性，即集电极伏安特性 $U_{CE} = f(I_C)$，如图 5-11 所示。

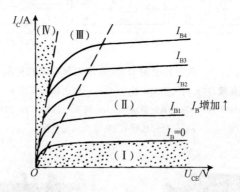

图 5-11　GTR 共射极电路的输出特性曲线

GTR 的输出特性可分四个区：

截止区 I ：$U_{BE} \leqslant 0$，$U_{BC} < 0$，发射结、集电结均反偏。此时 $I_B = 0$，GTR 承受高电压，仅有微小的漏电流。

放大区 II ：$U_{BE} > 0$，$U_{BC} < 0$，发射结正偏、集电结反偏。在该区内，I_C 与 I_B 呈线性关系。

临界饱和区 III ：$U_{BE} > 0$，$U_{BC} < 0$，发射结正偏、集电结反偏。在该区内，I_C 与 I_B

呈非线性关系。

深饱和区Ⅳ：$U_{BE}>0$，$U_{BC}\geqslant0$，发射结、集电结均正偏。此时，I_B变化，I_C不再变化，电流增益与通态电压降均为最小，集射极电压称饱和压降，用U_{CES}表示，它的大小决定器件开关时功耗大小。GTR作为开关应用时，其工作只稳定在截止和饱和两个状态。

2. 动态特性

GTR是电流驱动型器件，即用基极电流来控制集电极电流，图5-12示出了GTR开通与关断过程中基极电流和集电极电流的波形。

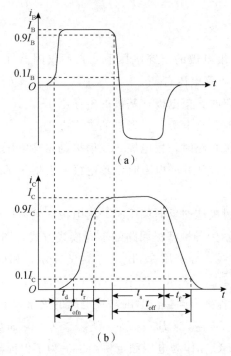

图5-12　GTR的开关特性

（1）开通特性

由于结电容和过剩载流子的存在，其集电极电流的变化总是滞后于基极电流的变化，如图5-12所示。GTR由关断状态过渡到导通状态所需要的时间称为开通时间t_{on}，它由延迟时间t_d和上升时间t_r两部分组成，即：

$$t_{on}=t_d+t_r$$

式中：t_d是因结电容充电引起的；t_r是因基区电荷储存需要一定时间造成的。增大基极驱动电流i_b的幅值及上升率di_b/dt，可以缩短延迟时间t_d及上升时间t_r，从而缩短开通时间。

（2）关断特性

GTR由导通状态过渡到关断状态所需要的时间称为关断时间t_{off}，它由储存时间t_s

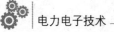

和下降时间 t_f 两部分组成，即：

$$t_{off} = t_s + t_f$$

式中：t_s 是抽走基区过剩载流子的过程引起的；t_f 为结电容放电的时间。减小 GTR 饱和深度，或者在 GTR 反向安全工作区允许的条件下增加基极抽取电流和负偏压，可以缩短储存时间，从而加快关断速度。

GTR 的开、关时间在几微秒～十几微秒以内。容量越大，开关时间也越长，但仍比快速晶闸管短。可用于频率较高的场合。

5.3.4 GTR 的参数

1. 最高电压额定值

最高电压额定值是指集电极的击穿电压值。它不仅因器件不同而不同，而且会因外电路接法不同而不同。击穿电压有：

①BU_{CBO} 为发射极开路时，集电极－基极的击穿电压。

②BU_{CEO} 为基极开路时，集电极－发射极的击穿电压。

③BU_{CES} 为基极－射极短路时，集电极－发射极的击穿电压。

④BU_{CER} 为基极－发射极间并联电阻时，集电极－发射极的击穿电压。并联电阻越小，其值越高。

⑤BU_{CEX} 为基极－发射极施加反向偏压时，集电极－发射极的击穿电压。

图 5-13 中的 a～e 所示为各种基极回路的不同接线方式，图 f 画出了上述五种接线方式下相应的伏安特性曲线，分别用 a、b、c、d、e 表示，相应的击穿电压用 BU_{CBO}、BU_{CEO}、BU_{CES}、BU_{CER} 和 BU_{CEX} 表示，图中 U_a 和 U_b 则表示 $I_B = 0$ 和 $I_E = 0$ 情况下电流骤增时的集射极电压值。各种不同接法时的击穿电压的关系如下：

$$U_b > BU_{CEX} > BU_{CES} > BU_{CER} > U_a > BU_{CEO}$$

在 GTR 产品目录中 BU_{CEO} 作为电压额定值给出，为了保证器件工作安全，GTR 的最高工作电压 U_{CEM} 应比最小击穿电压 BU_{CEO} 低。一般取：

$$U_{CEM} = (1/3 \sim 1/2) BU_{CEO}$$

比较图 5-13 中各曲线可知，各种接线方式当晶体管击穿时皆会出现负阻特性。在这些曲线中以基－射结加一定的反向电压的接线方式所能允许的反向击穿电压较大，故目前流行的驱动线路中多采用这种方式，即用一定的基－射反压来提供足够的反向基极电流，当 GTR 关断后利用反向偏置电压来提高晶体管截止后的耐压能力和抗干扰性能。

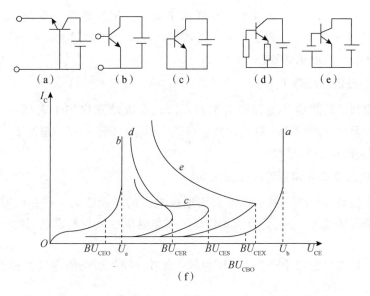

图 5-13 GTR 在不同基极条件下的伏安特性及电压极限值

2. 最大电流额定值

最大电流额定值是指集电极最大允许电流 I_{CM}，即集电极最大允许电流 I_{CM} 是指在最高允许结温下，不造成器件损坏的最大电流。超过该额定值必将导致 GTR 内部结构的烧毁。在实际使用中，可以利用热容量效应，根据占空比来增大连续电流，但不能超过峰值额定电流。

在实际应用中，一般用如下方法来确定 I_{CM} 值：

（1）在大电流条件下使用 GTR 时，大电流效应会使 GTR 的电性能变差，甚至使管子损坏。因此，I_{CM} 标定应当不引起大电流效应，通常规定 β 值下降到额定值的 1/2 ～1/3 时对应的 I_C 为 I_{CM} 值。

（2）在低电压范围内使用 GTR 时，必须考虑饱和压降对功率损耗的影响。在这种情况下，以集电极最大耗散功率 P_M 的大小来确定 I_{CM} 值。

GTR 工作时，通常 I_C 只能用到 I_{CM} 的一半左右。

3. 最大额定功耗 P_{CM}

最大额定功耗是指电力晶体管在最高允许结温时所对应的耗散功率。它受结温限制，其大小主要由集电结工作电压和集电极电流的乘积决定。一般是在环境温度为 25℃ 时测定，如果环境温度高于 25℃，允许的 P_{CM} 值应当减小。由于这部分功耗全部变成热量使器件结温升高，因此，散热条件对电力晶体管的安全可靠十分重要，如果散热条件不好，器件就会因温度过高而烧毁；相反，如果散热条件越好，在给定的范围内允许的功耗也越高。

4. 最高结温 T_{JM}

最高结温是指出正常工作时不损坏器件所允许的最高温度。它由器件所用的半导体材料、制造工艺、封装方式及可靠性要求来决定。塑封器件一般为 120℃～150℃，金属封装为 150℃～170℃。为了充分利用器件功率而又不超过允许结温，电力晶体管使用时必须选配合适的散热器。

5. 集—射极饱和压降 U$_{CES}$

处于深饱和区的集电极电压称为饱和压降，在大功率应用中它是一项重要指标，因为它关系到器件导通的功率损耗。单个 GTR 的饱和压降一般不超过 1～1.5V，它随集电极电流 I$_{CM}$ 的增加而增大。

6. 电流放大倍数 β 和直流电流增益 h$_{FE}$

电流放大倍数 β 反映了基极电流对集电极电流的控制能力。产品说明书中通常给出的是直流电流增益 h$_{FE}$，它是直流工作情况下集电极电流与基极电流之比，一般认为 β＝h$_{FE}$。

以日本三菱电气公司生产的 GTR 为例，给出 GTR 模块的电气性能参数如表 5-2 所示。

表 5-2　GTR 模块的电气性能参数表

型　号	晶体管部分									二极管部分	
	U$_{CEX}$	I$_C$	I$_B$	P$_C$	T$_J$	h$_{FE}$	U$_{CE(sat)}$	t$_{on}$	t$_{off}$	－ I$_C$	－ U$_{CEO}$
	V	A	A	W	℃		V	μs	μs	A	V
QM30HA－H	600	30	1.8	250	150	75	2.0	1.5	15	30	1.85
QM150HY－H	600	150	9	690	150	75	2.0	2.5	15	150	1.8
QM50HY－2H	1000	50	3	400	150	75	2.5	2.5	18	50	1.8
QM600HA－2HK	1000	600	30	3500	150	75	2.5	3.0	18	600	1.8
QMJ800HA－24B	1200	800	40	5300	150	750	4.0	2.5	25	800	1.8
QM75E3Y－H	1000	75	4	500	150	75	2.5	2.5	18	75	1.5
QM200DY－HB	600	200	12	1240	150	750	2.5	2.5	12	200	1.8
QM100DY－24BK	1200	100	5	800	150	750	4.0	2.5	18	100	1.8
QM50TX－H	600	50	3	310	150	75	2.5	1.5	15	50	1.75
QM30TB－24	1200	30	2	310	150	75	3.0	2.5	18	30	1.8
QM20TD－HB	600	20	1	83	150	250	2.0	1.5	14	20	1.5
QM50TB－2HB	1000	50	3	400	150	750	4.0	2.5	18	50	1.8

5.3.5　GTR 的二次击穿与安全工作区

1. 二次击穿现象

二次击穿是电力晶体管突然损坏的主要原因之一，成为影响其是否安全可靠使用的一个重要因素。前述的集电极—发射极击穿电压值 BU_{CEO} 是一次击穿电压值，一次击穿时集电极电流急剧增加，如果有外加电阻限制电流的增长时，则一般不会引起电力晶体管特性变坏。但不加以限制，就会导致破坏性的二次击穿。二次击穿是指器件发生一次击穿后，集电极电流急剧增加，在某电压电流点将产生向低阻抗高速移动的负阻现象。一旦发生二次击穿就会使器件受到永久性损坏。

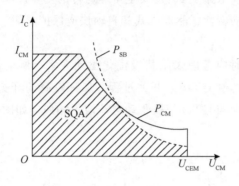

图 5-14 GTR 的安全工作区

2. 安全工作区（SOA）

一般认为，GTR 损坏的主要原因之一是 GTR 退出了饱和区，进入了放大区，使得开关损耗太大，其实电力晶体管在运行中还会受电压、电流、功率损耗和二次击穿等额定值的限制。为了使电力晶体管安全可靠地运行，必须使其工作在安全工作区范围内。安全工作区是由电力晶体管的二次击穿功率 PSB、集射极最高电压 U_{CEM}、集电极最大电流 I_{CM} 和集电极最大耗散功率 P_{CM} 等参数限制的区域，如图 5-14 的阴影部分所示。

安全工作区是在一定的温度下得出的，例如环境温度 25℃ 或管子壳温 75℃ 等。使用时，如果超出上述指定的温度值，则允许功耗和二次击穿耐量都必须降低额定使用。

5.3.6 驱动电路与保护

GTR 基极驱动电路的作用是使 GTR 可靠地开通与关断，GTR 基极驱动方式直接影响其工作状态，可使某些特性参数得到改善或变坏。例如，过驱动加速开通，减少开通损耗，但对关断不利，增加了关断损耗。驱动电路有无快速保护功能，则是 GTR 在过压、过流后是否损坏的重要条件。GTR 的热容量小，过载能力差，采用快速熔断器和过电流继电器是根本无法保护 GTR 的。因此，不再用切断主电路的方法，而是采用快速切断基极控制信号的方法进行保护。这就将保护措施转化成如何及时、准确地测到故障状态和如何快速、可靠地封锁基极驱动信号这 2 个方面的问题。

GTR 是大容量半导体器件，它的通流功率大而热容量小、过载能力低，并且存在 GTR 的二次击穿问题，由于过载和短路产生的功耗可在若干微秒的较短时间内使结温超过最大允许值导致器件损坏，利用平均动作时间为毫秒级的快速熔断器、过电流继电器等切断主电路过流的方法是根本无法保护 GTR 的。

1. 设计基极驱动电路考虑的因素

GTR 应用的关键技术是如何成功地对 GTR 进行保护，它直接决定着变频器和逆变器质量的优劣。鉴于在主电路中通过设置霍尔元件检测故障电流来实现短路保护，比在驱动电路中设置自保护响应慢些，一般是在驱动电路中实现对 GTR 的自保护。因此，设计性能良好的驱动电路是 GTR 安全可靠运行的重要保障。基极驱动电路必须考虑的 3 个方面：优化驱动特性、驱动方式和自动快速保护功能。

（1）优化驱动特性

设计基极驱动电路时应考虑采用基极优化驱动方案。所谓优化驱动，就是以理想的基极驱动电流波形去控制 GTR 的开关过程。保证较高的开关速度，减少开关损耗。优化的基极驱动电流波形与 GTO 门极驱动电流波形相似，如图 5-15 所示。

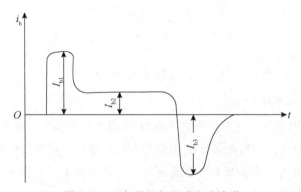

图 5-15　理想的基极驱动电流波形

从图 5-15 可以看出，优化驱动特性具有以下几点品质：

①正向驱动电流的上升沿要陡，要有一定时间的过驱动电流 I_{b1}，I_{b1} 的数值选为准饱和基极驱动电流值 I_{b2} 的 2 倍左右，过驱动时间为几个 μs，以使 GTR 迅速开通，减小 t_{on}。

②GTR 被驱动后，其基极驱动电流应能自适应负载参数的变化，只要 GTR 处于正常工作状态下，基极驱动电路提供的基极电流都能保障 GTR 处于临界饱和状态，以减小基极损耗，缩短存储时间 t_s。

③关断时，驱动电路能为 GTR 基极—射极间提供一反向电流，以迅速抽取基区存储电荷，减小 t_{off}。关断初始电流 I_{b3} 一般为 I_{b1} 的 2～3 倍，I_{b3} 太大则会产生基极电流的尾部效应，反而增加关断损耗，不利于 GTR 的关断，使其反向安全工作区减小，一般为正向驱动电流的 2 倍值或相等。由外施偏置形成此反向抽取电流时，其供电电压必须限制在 GTR 的 U_{EBO} 以下，但要加足以防止 GTR 的反向导电。

（2）驱动方式

驱动方式按不同情况有不同的分类方法。在此处，驱动方式是指驱动电路与主电路之间的连接方式，它有直接和隔离 2 种驱动方式：直接驱动方式分为简单驱动、推挽驱动和抗饱驱动等形式；隔离驱动方式分为光电隔离和电磁隔离形式。

（3）自动快速保护功能。在故障情况下，为了实现快速自动切断基极驱动信号，以免GTR遭到损坏，必须采用快速保护措施。保护的类型一般有抗饱和、退抗饱和、过流、过压、过热和脉冲限制等。

另外，作为关键又敏感的电子电路，驱动电路还应具有较强的抗干扰能力、体积小、效率高等。

2. 基极驱动电路

GTR的基极驱动电路有恒流驱动电路、抗饱和驱动电路、固定反偏互补驱动电路、比例驱动电路、集成化驱动电路等多种形式。恒流驱动电路是指其使GTR的基极电流保持恒定，不随集电极电流变化而变化。抗饱和驱动电路也称为贝克箝位电路，其作用是让GTR开通时处于准饱和状态，使其不进入放大区和深饱和区，关断时，施加一定的负基极电流有利于减小关断时间和关断损耗。固定反偏互补驱动电路是由具有正、负双电源供电的互补输出电路构成的，当电路输出为正时，GTR导通；当电路输出为负时，发射结反偏，基区中的过剩载流子被迅速抽出，管子迅速关断。比例驱动电路是使GTR的基极电流正比于集电极电流的变化，保证在不同负载情况下，器件的饱和深度基本相同。集成化驱动电路克服了上述电路元件多、电路复杂、稳定性差、使用不方便等缺点。

（1）GTR分立基极驱动电路应用实例

分立元件GTR的驱动电路如图5-16所示。电路由电气隔离和晶体管放大电路两部分构成。电路中的二极管VD_2和电位补偿二极管VD_3组成贝克箝位抗饱和电路，可使GTR导通时处于临界饱和状态。当负载轻时，如果V_5的发射极电流全部注入V，会使V过饱和，关断时退饱和时间延长。有了贝克电路后，当V过饱和使得集电极电位低于基极电位时，VD_2就会自动导通，使得多余的驱动电流流入集电极，维持$U_{bc} \approx 0$。这样，就使得V导通时始终处于临界饱和。图中的C_2为加速开通过程的电容，开通时，R_5被C_2短路。这样就可以实现驱动电流的过冲，同时增加前沿的陡度，加快开通。另外，在V_5导通时C_2充电，充电的极性为左正右负，为GTR的关断做准备。当V_5截止V_6导通时，C_2上的充电电压为V管的发射结施加反电压，从而GTR迅速关断。这个电路的优点是简单使用，但没有GTR保护功能。

（2）GTR集成驱动电路应用实例

芯片UAA4002是THOMSON公司专为GTR设计的集成式驱动电路。它不仅简化了基极驱动电路，提高了基极驱动电路的集成度、可靠性、快速性，而且它把对GTR的保护和驱动结合起来，使GTR运行在自身可保护的临界饱和状态下。图5-17是采用UAA4002集成驱动电路组成8A、400V开关电源的原理图。驱动电路为电平控制方式，最小导通时间为$2.8\mu s$。该电路具有以下功能与特点：

①输入输出5脚为控制信号的输入端，输入信号可以是电平或正、负脉冲，通过输入接口可将信号放大为0.5A的正向驱动电流或3A的反向关断电流，分别由16脚和1脚输出。驱动电流可自动调节，使GTR工作在临界饱和状态。

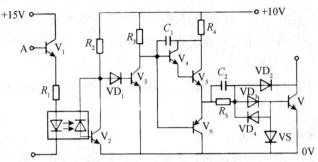

图 5-16　分立基极驱动电路

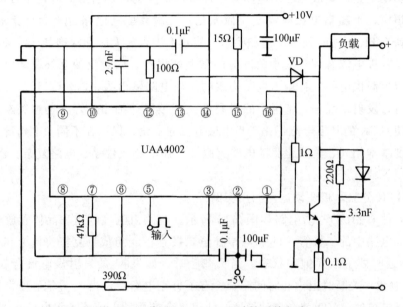

图 5-17　采用 UAA4002 驱动的开关电路

②限流。在电源负载回路中串 0.1Ω 的取样电阻，用来检测 GTR 的集电极电流，并将该信号引入芯片 I_C 端（12 脚）。一旦发生过流，该信号使比较器状态发生变化，逻辑处理器检测并发出封锁信号，封锁输出脉冲，使 GTR 关断。

③防止退饱和。用二极管 VD 检测 GTR 的集电极电压，VD 正极接芯片 V_{CE} 端（13 脚），负极接 GTR 集电极，在 GTR 导通时比较器检测 V_{CE} 端的电压，若高于 R_{SD} 端（11 脚）上的设定电压，比较器则向逻辑处理器发出信号，处理器发出封锁信号，关断 GTR，从而防止 GTR 因基极电流不足或集电极电流过载一起退出饱和，图中的 R_{SO} 端开路，动作阈值被自动限制在 5.5V。

④导通时间间隔控制。通过 R_T 端（7 脚）外接电阻来确定 GTR 的最小导通时间，通过 C_T 端（8 脚）外接电容来确定 GTR 的最大导通时间。

⑤电源电压监测。用 V_{CC} 端（14 脚）检测正电源电压的大小。当电源电压小于 7V 时，使 GTR 截止，以免 GTR 在过低的驱动电压下退饱和而造成损坏。负电压的检测可在 V^- 端（2 脚）与 R^- 端（6 脚）之间的外接电阻来实现。

⑥热保护。当芯片在温度超过 150℃时，能自动切断输出脉冲。当芯片温度降至极

限值以下时恢复输出。

⑦延时功能。通过 R_D 端（10 脚）接电阻来进行调整，使 UAA4002 的输入与输出信号前沿保持 $1\sim20\mu s$ 的延时，防止发生直通、短路或误动作。若不需延时，将此端接正电源。

⑧输出封锁。INH 端（3 脚）加高电平时输出封锁，加低电平时解除封锁。

3. GTR 损坏原因分析

GTR 能通过的最大电流比额定电流高不了多少，虽然在驱动电路中设计了对 GTR 的保护。但 GTR 还是容易损坏。一般认为 GTR 损坏的主要原因有：

①瞬态过压。由于感性负载或布线电感的影响，GTR 关断时会产生瞬态电压尖峰。瞬态过压是 GTR 二次击穿的主要原因，它的防护一般是给 GTR 并一 RC 支路，消除峰值电压，改善 GTR 开关工作条件。

②过流。流过 GTR 的电流超过最大允许电流 I_{CM} 时，可能会使电极引线过热而烧断，或使结温过高而损坏。检测过流信号是技术难点，检测到过流信号后，通常是关闭 GTR 的基极电流，利用 GTR 的自关断能力切断电路。

③退饱和。GTR 的电路中工作在准饱和状态，但也可因外部电路条件的变化，使它退出了饱和区，进入了放大区，使得集电极耗散功率增大。

5.4　功率场效应晶体管

功率场效应管（power MOSFET）也叫电力场效应晶体管，是一种单极型的电压控制器件。它不但有自关断能力，而且还具有驱动功率小、开关速度高、无二次击穿、安全工作区宽等特点。由于其易于驱动和开关频率可高达 1MHz，热稳定性优于 GTR，特别适于高频化电力电子装置，如应用于 DC/DC 变换、开关电源、便携式电子设备、航空航天以及汽车等电子电器设备中。但因为其电流、热容量小，耐压低，一般只适用于功率不超过 10kW 的电力电子装置。

5.4.1　功率场效应管的结构和工作原理

功率场效应管种类和结构有许多种，按导电沟道可分为 P 沟道和 N 沟道，同时又有耗尽型和增强型之分。在电力电子装置中，主要应用 N 沟道增强型。

功率场效应管导电机理与小功率绝缘栅 MOS 管相同，但结构有很大区别。小功率绝缘栅 MOS 管是一次扩散形成的器件，导电沟道平行于芯片表面，横向导电。功率场效应管大多采用垂直导电结构，提高了器件的耐电压和耐电流的能力。按垂直导电结构的不同，又可分为 2 种：V 形槽 VVMOSFET 和双扩散 VDMOSFET。

功率场效应管采用多单元集成结构，一个器件由成千上万个小的 MOSFET 组成。N 沟道增强型双扩散功率场效应管一个单元的部面图，如图 5-18（a）所示，电气符号如图 5-18（b）所示。

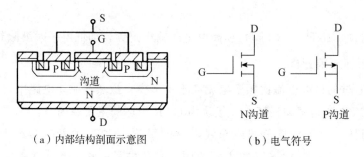

（a）内部结构剖面示意图　　　　（b）电气符号

图 5-18　功率场效应管的结构和电气符号

功率场效应管有 3 个端子：漏极 D、源极 S 和栅极 G。当栅源极之间加一正向电压（$U_{GS}>0$）时，MOSFET 内沟道出现，则管子开通，在漏、源极间流过电流 I_D。反之，当栅源极之间加一反向电压（$U_{GS}<0$）时，MOSFET 内沟道消失，则管子关断。

5.4.2　功率场效应管的静态特性和主要参数

功率场效应管的静态特性主要指输出特性和转移特性，与静态特性对应的主要参数有漏极击穿电压、漏极额定电压、漏极额定电流和栅极开启电压等。

1. 静态特性

（1）输出特性

输出特性即是漏极的伏安特性。特性曲线如图 5-19（b）所示。由图所见，输出特性分为截止、饱和与非饱和 3 个区域。这里饱和、非饱和的概念与 GTR 不同。饱和是指漏极电流 I_D 不随漏源电压 U_{GS} 的增加而增加，也就是基本保持不变；非饱和是指漏极电流 I_D 随 U_{GS} 增加呈线性关系变化。

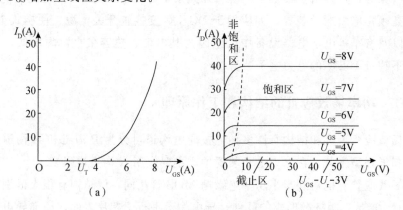

（a）　　　　　　　　　　　（b）

图 5-19　功率场效应管静态特性曲线

（a）转移特性曲线　（b）输出特性曲线

（2）转移特性

转移特性表示漏极电流 I_D 与栅源之间电压 U_{GS} 的转移特性关系曲线，如图 5-19（a）所示。转移特性可表示出器件的放大能力，并且是与 GTR 中的电流增益 β 相似。由于功率场效应管是压控器件，因此用跨导 g_m 这一参数来表示。图中 U_T 为开启电压，只有当 $U_{GS}＝U_T$ 时才会出现导电沟道，产生漏极电流 I_D。

主要参数包括以下几项：

①漏极击穿电压 BU_D。BU_D 是不使器件击穿的极限参数，它大于漏极电压额定值。BU_D 随结温的升高而升高，这点正好与 GTR 和 GTO 相反。

②漏极额定电压 U_D。U_D 是器件的标称额定值。

③漏极电流 I_D 和 I_{DM}。I_D 是漏极直流电流的额定参数；I_{DM} 是漏极脉冲电流幅值。

④栅极开启电压 U_T。U_T 又称阀值电压，是开通功率场效应管的栅－源电压，它为转移特性的特性曲线与横轴的交点。施加的栅源电压不能太大，否则将击穿器件。

⑤通态电阻 R_{on}。通常规定：在确定的栅源电压 U_{GS} 下，功率场效应管又可调电阻区进入饱和区时的漏源极间直流电阻为通态电阻 R_{on}。它是影响最大输出功率的重要参数。在开关电路中，它决定了输出电压幅度和自身损耗大小。

2. 动态特性

动态特性主要描述输入量与输出量之间的时间关系，它影响器件的开关过程。由于该器件为单极型，靠多数载流子导电，因此开关速度快、时间短，一般在纳秒数量级。功率场效应管的动态特性。如图 5-20 所示。

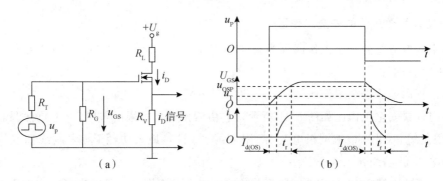

图 5-20　功率场效应管的动态特性

（a）测试电路　（b）开关过程波形

功率场效应管的动态特性用图 5-20（a）电路测试。图中，u_p 为矩形脉冲电压信号源；R_S 为信号源内阻；R_G 为栅极电阻；R_L 为漏极负载电阻；R_F 用以检测漏极电流。功率场效应管的开关过程波形，如图 5-20（b）所示。

功率场效应管的开通过程：由于功率场效应管有输入电容，因此，当脉冲电压 u_p 的上升沿到来时，输入电容有一个充电过程，栅极电压 u_{GS} 按指数曲线上升。当 u_{GS} 上升到开启电压 U_T 时，开始形成导电沟道并出现漏极电流 i_D。从 u_p 前沿时刻到 $u_{GS}＝U_T$，且开始出现 i_D 的时刻，这段时间称为开通延时时间 $t_{d(on)}$。此后，i_D 随 u_{GS} 的上升而上升，u_{GS}从开启电压 U_T 上升到功率场效应管临近饱和区的栅极电压 u_{GSP} 这段时间，称为上升时间 t_r。这样功率场效应管的开通时间为 $t_{on}=t_{d(on)}+t_r$。

功率场效应管的关断过程：当 u_p 信号电压下降到 0 时，栅极输入电容上储存的电荷通过电阻 R_S 和 R_G 放电，使栅极电压按指数曲线下降，当下降到 u_{GSP} 继续下降，i_D 才开始减小，这段时间称为关断延时时间 $t_{d(off)}$。此后，输入电容继续放电，u_{GS} 继续下降，i_D 也继续下降，直到导电沟道消失，$i_D=0$，这段时间称为下降时间 t_f。这样功率场效应管的关断时间 $t_{off}=t_{d(off)}+t_f$。

从上述分析可知，要提高器件的开关速度，则必须减小开关时间。在输入电容一定的情况下，可以通过降低驱动电路的内阻 R_S 来加快开关速度。

功率场效应管是压控器件，在静态时几乎不输入电流。但在开关过程中，需要对输入电容进行充放电，故仍需要一定的驱动功率。工作速度越快，需要的驱动功率越大。

3. 动态参数

（1）极间电容

功率场效应管的 3 个极之间分别存在极间电容 C_{GS}、C_{GD}、C_{DS}。通常生产厂家提供的是漏源极断路时的输入电容 C_{iSS}、共源极输出电容 C_{oSS}、反向转移电容 C_{rSS}。

（2）漏源电压上升率

器件的动态特性还受漏源电压上升率的限制，过高的 du/dt 可能导致电路性能变差，甚至引起器件损坏。

4. 功率场效应管的安全工作区

功率场效应管的安全工作区分为正向偏置安全工作区（FBSOA）和开关安全工作区（SSOA）两种。

（1）正向偏置安全工作区

正向偏置安全工作区如图 5-21 所示，它由四条边界极限所包围：（Ⅰ）漏源通态电阻 R_{on} 限制线、（Ⅱ）最大漏极电流 I_{DM} 限制线、（Ⅲ）最大功耗 P_{DM} 限制线和（Ⅳ）最大漏源电压 U_{DSM} 线。

功率场效应管和 GTR 安全工作区相比有两点明显不同：一是功率场效应管无二次击穿问题，故不存在二次击穿功率的限制，安全工作区较宽；二是功率场效应管的安全工作区在低压区受通态电阻的限制，而不像 GTR 最大电流限制一直延伸到纵坐标处。这是因为在这一区段内，由于电压较低，沟道电阻增加，导致器件允许的工作电流下降。

图 5-21 还示出了直流（DC）和脉宽分别为 10ms 及 1ms 三种情况的安全工作区。

（2）开关安全工作区

开关安全工作区表示功率场效应管在关断过程中的参数极限范围。见图 5-22，它由最大漏极峰值电流 I_{DM}、最小漏源击穿电压 BU_{DS} 和最高结温确定。SSOA 曲线的应用条件是：结温小于 150℃，器件的开通与关断时间均小于 $1\mu s$。

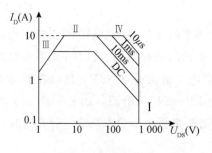

图 5-21　正向偏置安全工作区

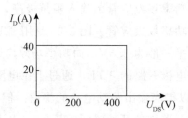

图 5-22　开关安全工作区

5. 功率场效应管的栅极驱动电路

栅极驱动的特点及其要求：因为功率场效应管的门极是绝缘的，输入阻抗很高，器件在稳定工作状态时门极无电流流过，只有在开关过程中才有门极电流，因此，器件所需驱动功率小，门极驱动电路简单，可用集电极开路的 TTL 电路或 CMOS 电路直接驱动。这是驱动电路的一个特点。

功率场效应管的门极输入端相当于一个容性网络，因而器件的开关驱动过程就是器件输入电容的充放电过程，所需的驱动电流就是输入电容的充放电电流，所以，输入电容和门极电压的大小（即输入电容的储能）决定了驱动电路的输出功率，输入电容的充放电速度决定了器件的开关速度。这是驱动电路的另一个特点。

功率场效应管对门极驱动电路的要求主要有：

（1）触发脉冲要具有足够快的上升和下降速度，即脉冲前后沿要求陡峭。

（2）开通时以低电阻对栅极电容充电，关断时为栅极电荷提供电阻放电回路，以提高功率场效应管的开关速度。

（3）为了使功率场效应管可靠触发导通，触发脉冲电压应高于管子的开启电压；为了防止误导通，在其截止时应提供负的栅源电压。

（4）功率场效应管开关时所需要的驱动电流为栅极电容的充放电电流。功率场效应管的极间电容越大，在开关驱动中所需的驱动电流也越大。

（5）驱动电路应具备良好的电气隔离性能，以实现主电路与控制电路之间的隔离，使之具有良好的抗干扰能力。

（6）驱动电路应具有适当的保护功能，如过电流保护、欠电压保护、过热保护等。

（7）驱动电路应简单可靠，体积小，成本低。

通常功率场效应管的栅极电压最大额定值为±20V，若超出此值，栅极会被击穿。另外，由于器件工作于高频开关状态，栅极输入容抗小，为使开关波形具有足够的上升和下降陡度且提高开关速度，仍需足够大的驱动电流，这一点要特别注意。

6. 驱动电路实例

功率场效应管的栅极驱动电路有多种形式，按驱动电路与栅极的连接方式不同可分为直接驱动和隔离驱动。

（1）直接驱动电路

功率场效应管的输入阻抗极高，一般小功率的 TTL 集成电路和 CMOS 电路就足以驱动功率场效应管。图 5-23 是用 TTL 器件驱动的栅控电路。因 TTL 集成电路的输出高电平一般为 3.5V，而功率场效应管的开启电压通常是 2～6V，所以在驱动电路中采用集电极开路的 TTL，通过上拉电阻接到＋10～＋15V 电源，如图 5-23（a）中的电阻 R，以提高输出驱动电平的幅值。但这种驱动电路在驱动功率场效应管开通时，因 R 值较大，器件的开通时间较长。

图 5-23（b）为改进的快速开通驱动电路。它不但能降低 TTL 器件的功耗，还能保证较高的开关速度。当 TTL 输出为低电平时，功率场效应管的输入电容经二极管 VD 接地，器件处于关断状态。当 TTL 输出为高电平时，功率场效应管的栅极经驱动管 V 向输入电容充电。由于 V 具有放大作用，所以充电能力提高，使开通速度加快。

图 4-25（c）是推挽式驱动电路，由于 V_1 和 V_2 为互补工作方式，所以开通和关断信号均得以放大，增加了驱动功率，提高了开关速度。这种工作方式更适合大功率场效应管的驱动。

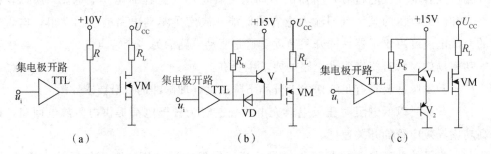

图 5-23　TTL 驱动电路

（2）隔离驱动电路

隔离驱动电路根据隔离元件的不同可分为电磁隔离和光电隔离两种。

图 5-24 是采用光电隔离的驱动电路。当光耦合器 B 导通时，V_3 随之导通并向 V_1 通过基极电流，于是 V_1 导通使 V_2 截止，功率场效应管的栅极由 U_{CC1} 经电阻 R_5 充电使其开通。当光耦合器截止时，V_3 随之截止并使 V_1 基极电流切断，于是 V_1 截止。电源 U_{CC1} 经电阻 R_3、二极管 VD_3 和电容 C 加速网络向 V_2 提供基极电流，使 V_2 导通并由此将功率场效应管的栅极接地，迫使功率场效应管关断。

由于该电路采用了光耦合器射极输出、V_1 的贝克箝位和 V_2 基极的加速网络这三项措施，从而弥补了光电管响应速度慢的缺点，大大提高了开关速度。

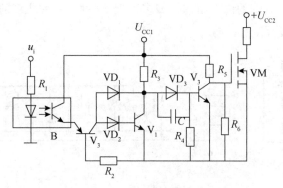

图 5-24 光电隔离式驱动电路

（3）集成式驱动电路

性能良好的驱动电路是功率场效应管能安全有效工作的关键。为此，许多国际著名的半导体器件制造公司都在开发生产与本公司功率场效应管配套的集成驱动电路，各自形成了自己的系列产品，为电力电子设备的开发带来了很大的方便。其中以美国国际整流器（IR）公司最为突出。自 1990 年以来，国际整流器公司依靠自身在高频MOS 器件及驱动电路方面雄厚的技术实力和精湛的生产工艺，已批量推出了 IR21 系列几十种功率场效应管的驱动电路。目前，用于驱动功率场效应管的专用集成电路较常用的是 IR2110、IR2115、IR2130 芯片，图 5-25 为 IR2110 芯片内部原理框图。值得一提的是，由于功率场效应管所需要的驱动功率比电力 GTR 要小得多，其集成驱动电路几乎没有采用厚膜集成这一结构形式的，都是采用单片集成结构，封装形式采用标准双列直插式、双列扁平表面贴装式、四面引线扁平表面贴装式等；并且许多单片集成电路可以驱动两只甚至 6 只功率场效应管。

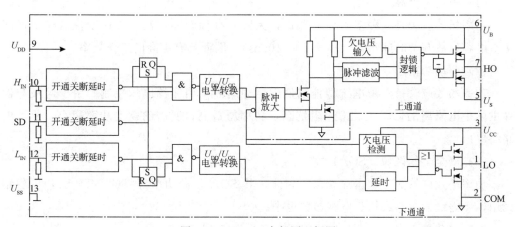

图 5-25 IR2110 内部原理框图

7. 功率场效应管模块

与其他电力电子模块相似，功率场效应管模块也是将 MOSFET 管芯及辅助元件（如续流二极管等）组装成的一个基本单元或 2～6 个基本单元封装在一起，再加上传热效应效果好、与内部电路绝缘的金属固定底座，以及相应的接线端子，构成 MOS-

FET 模块。功率场效应管的内部结构类型多达近 20 种，几种典型的功率场效应管模块内部电路如图 5-26 所示。

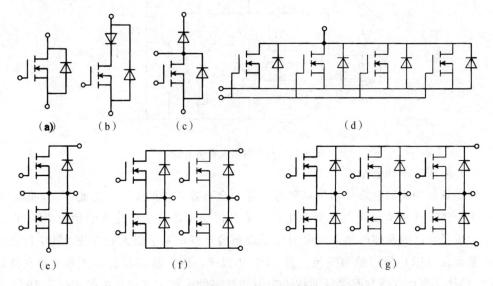

图 5-26　几种典型的功率场效应管模块内部电路

(a) 一单元封装　　(b) 带阻塞二极管的一单元封装　　(c) 斩波器专用一单元封装

(d) 四单元并联封装　　(e) 两单元桥臂封装　　(f) 四单元桥式封装　　(g) 六单元桥式封装

8. 功率场效应管主要特点

功率场效应管是新型的功率开关器件，它继承了传统 MOSFET 的特点又吸收了 GTR 的特点。作为一种电力开关元件、它具体有以下特点：

（1）开关速度高

功率场效应管是一种多子导电器件，无固有存储时间，其开关速度仅取决于极间寄生电容，故开关时间很短（小于 50～100ns），因而具有更高的工作频率。

（2）驱动功率小

功率场效应管是一种电压型控制器件，即通断均由栅源电压控制。由于门极与器件主体是电隔离的，因此，输入阻抗高，功率增益高，所需的驱动功率很小，驱动电路简单。

（3）安全工作区域（SOA）宽

功率场效应管无二次击穿现象，因此，其 SOA 较同功率等级的 GTR 大，更稳定耐用，所需缓冲电路或钳位电路参数也小。

（4）过载能力强

功率场效应管短时过载电流一般为额定值的 4 倍。

（5）抗干扰能力强

功率场效应管开启电压（阈值电压）一般为 2～6V，因此，具有很高的噪声容限和抗干扰能力，这给电路设计提供了很大方便。

（6）并联容易

功率场效应管的通态电阻具有正温度系数（即通态电阻值随结温升高而增加），热稳定性优良，因而在多管并联时易于均流，对扩大整机容量有利。

（7）通态电阻比较大

通态电阻大是功率场效应管的一个主要缺点。通态电阻较大，通态损耗也相应较大，尤其是随着器件耐压的提高，通态电阻也相应提高。由于受这种限制，功率场效应管一般耐压较低和功率较小，一般在几十千瓦以下的开关电源中应用比较广泛。

9. 功率场效应管在使用中的静电保护措施

功率场效应管和下一节中的 IGBT 等其他栅控型器件由于具有极高的输入阻抗，因此，在静电较强的场合难以泄放电荷，容易引起静电击穿。静电击穿有两种形式：一是电压型，即栅极的薄氧化层发生击穿形成针孔，使栅极和源极短路，或者使栅极和漏极短路；二是功率型，即金属化薄膜铝条被溶化，造成栅极开路或者是源极开路。

防止静电击穿应注意：

①器件应存放在抗静电包装袋、导电材料袋或金属容器中，不能存放在塑料袋中。

②取用功率场效应管时，工作人员必须通过腕带良好接地，且应拿在管壳部分而不是引线部分。

③接入电路时，工作台应接地，焊接的烙铁也必须良好地接地或断电焊接。

④测试器件时，测量仪器和工作台都要良好地接地。器件三个电极没有全部接入测试仪器前，不得施加电压。改换测试范围时，电压和电流要先恢复到零。

5.5 绝缘栅双极晶体管

功率场效应管是单极电压控制型开关器件，其通、断驱动控制功率很小，开关速度快，但通态降压大，难于制成高压大电流开关器件。电力晶体管是双极电流控制型开关器件，其通—断控制驱动功率大，开关速度不够快，但通态压降低，可制成较高电压和较大电流的开关器件。为了兼有这两种器件的优点，弃其缺点，20 世纪 80 年代中期，出现了将它们的通、断机制相结合的新一代半导体电力开关器件——绝缘栅极双极型晶体管（insulated gate bipolar transistor），简称 IGBT。它是一种复合器件，其输入控制部分为 MOSFET，输出级为双极型三极晶体管，因此，兼有 MOSFET 和电力晶体管的优点，即高输入阻抗，电压控制，驱动功率小，开关速度快，工作频率可达到 $10 \sim 40 \text{kHz}$（比电力三极管高），饱和压降低（比 MOSFET 小得多，与电力三极管相当），电压、电流容量较大，安全工作区域宽。目前，$2500 \sim 3000 \text{V}$、$800 \sim 1800 \text{A}$ 的 IGBT 器件已有产品，可供几千千伏安以下的高频电力电子装置选用。

5.5.1 IGBT 的结构和工作原理

IGBT 的结构剖面图如图 5-27 所示。IGBT 是在功率场效应管（power MOSFET）的基础上增加了一个 P^+ 层发射极，形成 PN 结 J_1，并由此引出集电极 C，栅极 G 和发射极 E。

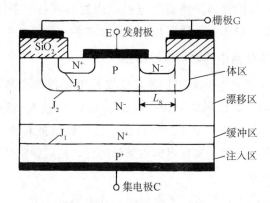

图 5-27 IGBT 结构剖面图

由结构图可以看出，IGBT 相当于一个由 MOSFET 驱动的厚基区 GTR，其简化等效电路如图 5-28（a）所示。图中电阻 R_{dr} 是厚基区 GTR 基区内的扩展电阻。由此可见，IGBT 是以 GTR 为主导元件、以 MOSFET 为驱动元件的达林顿结构器件。图 5-28（a）所示为 N 沟道 IGBT，其等效的 MOSFET 为 N 沟道型，GTR 为 PNP 型。N 沟道 IGBT 的图形符号如图 5-28（b）所示。P 沟道 IGBT 的图形符号中的箭头方向恰好相反。

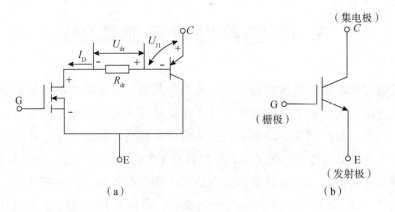

图 5-28 N-IGBT 的等效电路及图形符号

（a）简化等效电路 （b）图形符号

IGBT 的开通和关断是由栅极电压来控制的。当栅极 G 与发射极 E 之间的外加电压 $U_{GE}=0$ 时，MOSFET 管内无导电沟道，电阻 R_{dr} 可视为无穷大，IGBT 管的集电极电流 $I_C=0$，MOSFET 处于断态。在栅极 G 与发射极 E 之间的外加控制电压 U_{GE}，可以改变 MOSFET 管导电沟道的宽度，从而改变电阻 R_{dr}，这就改变了输出晶体管

（PNP 管）的基极电流，控制了 IGBT 管的集电极电流 I_C。当 U_{GE} 足够大时（例如 15V），则输出晶体管饱和导通，IGBT 进入通态。一旦撤除 U_{GE}，即 $U_{GE}=0$，则 MOSFET 从通态转入断态，输出晶体管截止，IGBT 器件从通态转入断态。

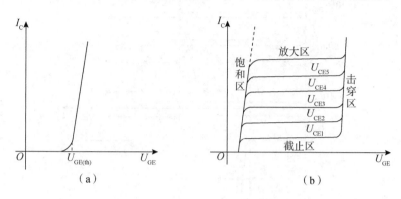

図 5-29　IGBT 的静态特性曲线

5.5.2　IGBT 的主要特性

IGBT 的特性主要包括静态特性和动态特性。

1. 静态特性

IGBT 的静态特性主要包括转移特性和输出特性。

（1）转移特性

IGBT 的转移特性是描述集电极电流 I_C 与栅射电压 U_{GE} 之间关系的曲线，如图 5-29（a）所示。它与 MOSFET 的转移特性相同，当栅射电压 U_{GE} 小于开启电压 $U_{GE(th)}$ 时，IGBT 处于关断状态。在 IGBT 导通后的大部分范围内，I_C 与 U_{GE} 呈线性关系。最高栅射电压 U_{GE} 受集电极电流 I_C 限制，其最佳值一般取 15V 左右。

（2）输出特性

IGBT 的输出特性也称伏安特性。它是指以栅射电压 U_{GE} 为参变量时，集电极电流 I_C 与栅射电压 U_{GE} 之间的关系曲线，如图 5-29（b）所示。图中 $U_{GE5}>U_{GE4}>U_{GE3}>U_{GE2}>U_{GE1}$，它与 GTR 的输出特性相同，也分为饱和区、放大区、击穿区和截止区。当 $U_{GE}<U_{GE(th)}$ 时，IGBT 处于截止区，仅有极小的漏电流存在。当 $U_{GE}>U_{GE(th)}$ 时，IGBT 处于放大区，在该区中，I_C 与 U_{GE} 几乎呈线性关系，而与 U_{CE} 无关，故又称线性区。饱和区是指输出特性比较明显弯曲的部分，此时 I_C 与 U_{GE} 不再呈线性关系。

2. 动态特性

IGBT 的动态特性包括开通过程和关断过程两个方面。IGBT 开通和关断时的瞬态过程如图 5-30 所示。

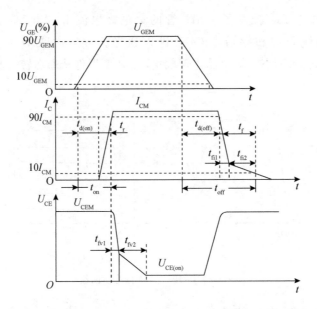

图 5-30 IGBT 的开通和关断过程

IGBT 在开通运行时，其电流、电压波形与功率 MOSFET 开通时的波形相似。这是因为 IGBT 在开用过程中大部分时间是作为 MOSFET 来运行的。图中 $t_{d(on)}$ 为开通延迟时间，t_r 为电流上升时间，U_{GEM} 为门射电压。集射电压的下降时间分为 t_{fv1} 和 t_{fv2} 两段：t_{fv1} 段曲线为 IGBT 中 MOSFET 单独工作时的电压下降时间；t_{fv2} 段曲线为 MOSFET 和 PNP 型晶体管两个器件同时工作时的电压下降时间。由上可知，只有 t_{fv2} 曲线的末尾集射电压才进入饱和阶段。IGBT 的开通时间 ton 为开通延迟时间与电流上升时间之和，即：

$$t_{on} = t_{d(on)} + t_r$$

在 IGBT 关断运行时，由图可知，在最初阶段里，$t_{d(off)}$ 为关断的延迟时间，由 IGBT 中的 MOSFET 决定。关断时 IGBT 和电力 MOSFET 的主要差别是集电极电流下降波形，它分为 t_{fi1} 和 t_{fi2} 两部分，其中 t_{fi1} 由器件内部的 MOSFET 的关断过程决定，这段时间内集电极电流下降较快；t_{fi2} 由器件内部的 PNP 型晶体管管中存储电荷所决定，因为在 t_{fi1} 末尾 MOSFET 已关断，IGBT 又不像 GTR 那样从基极反向抽出 PN 结电荷，体内的 PN 存储电荷难以被迅速消除，所以集电极电流有较长的下降时间。IGBT 的关断时间 $t_{d(off)}$ 为关断延迟时间与电流下降时间之和，即：

$$t_{off} = t_{d(off)} + t_{fi1} + t_{fi2}$$

5.5.3 IGBT 的锁定效应

IGBT 实际结构的等效电路如图 5-31 所示。图中所示 IGBT 内还存在一个寄生的 NPN 晶体管，它与作为主开关的 PNP 晶体管一起组成一个寄生的晶闸管。内部体区电阻 R_{br} 上的电压降为一个正向偏压加在寄生三极管 NPN 的基极和发射极之间。当 IGBT

处于截止状态和处于正常稳定通态时（i_C不超过允许值时），R_{br}上的压降都很小，不足以产生三极管 NPN 的基极电流，三极管 NPN 不起作用。但如果 i_C 瞬时过大，R_{br} 上压降过大，则可能使三极管 NPN 导通；而一旦三极管 NPN 导通，即使撤除栅极控制电压 U_{GE}，IGBT 仍然会像晶闸管一样处于通态，使栅极 G 失去控制作用，这种现象称为锁定效应。在 IGBT 的设计制造时已尽可能地降低体区电阻 R_{br}，使 IGBT 的集电极电流在最大允许值 I_{CM} 时，R_{br} 上的压降仍小于三极管 NPN 管的起始导电所必需的正偏压。但在实际工作中 i_C 一旦过大，则可能出现锁定效应。如果外电路不能限制 i_C 的增长，则可能损坏器件。

除过大的 i_C 可能产生锁定效应外，当 IGBT 处于截止状态时，如果集电极电源电压过高，使三极管 PNP 漏电流过大，也可能在 R_{br} 上产生过高的压降，使三极管 NPN 导通而出现锁定效应。

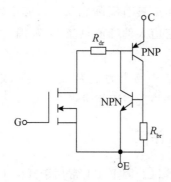

图 5-31　IGBT 实际结构的等效电路

可能出现锁定效应的第三个情况是：在关断过程中，因重加 du_{CE}/dt 过大而产生较大正偏压，使寄生晶闸管导通，这种现象在感性负载时容易发生。

为了避免 IGBT 发生锁定现象，必须规定集电极电流的最大值 I_{CM}，并且设计电路时应保证 IGBT 中的电流不超过 I_{CM}。此外，在 IGBT 关断时，栅极施加一定反压以减小重加 du_{CE}/dt。

5.5.4　IGBT 的主要参数

1. 集射极击穿电压 BU_{CES}

集射极击穿电压 BU_{CES} 决定了 IGBT 的最高工作电压，它是由器件内部的 PNP 晶体管所能承受的击穿电压确定的，具有正温度系数，其值大约为 $0.63V/℃$，即 25℃ 时，具有 600V 击穿电压的器件，在 −55℃ 时，具有 550V 的击穿电压。

2. 开启电压 $U_{GE(th)}$

开启电压为转移特性与横坐标交点处的电压值，是 IGBT 导通的最低栅射极电压。$U_{GE(th)}$ 随温度升高而下降，温度每升高 1℃，$U_{GE(th)}$ 值下降 5mV 左右。在 25℃ 时，IGBT 的开启电压一般为 2～6V。

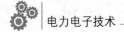

3. 通态压降 $U_{CE(on)}$

通态压降 $U_{CE(on)}$ 决定了通态损耗，通常 IGBT 的 $U_{CE(on)}$ 为 $2\sim3V$。

4. 最大栅射极电压 U_{GES}

栅极电压是由栅氧化层的厚度和特性所限制的。虽然栅氧化层介电击穿电压的典型值大约为 80V，但为了限制故障情况下的电流和确保长期使用的可靠性，应将栅极电压限制在 20V 之内，其最佳值一般取 15V 左右。

5. 集电极连续电流 I_C 和峰值电流 I_{CM}

集电极流过的最大连续电流 I_C 即为 IGBT 的额定电流，其表征 IGBT 的电流容量，I_C 主要受结温的限制。

为了避免锁定效应的发生，规定了 IGBT 的最大集电极电流峰值 I_{CM}。由于 IGBT 大多工作在开关状态，因而 I_{CM} 更具有实际意义，只要不超过额定结温（150℃），IGBT 可以工作在比连续电流额定值大的峰值电流 I_{CM} 范围内，通常峰值电流为额定电流的 2 倍左右。

与 MOSFET 相同，参数表中给出的 I_C 为 $T_C=25℃$ 或 $T_C=100℃$ 时的值，在选择 IGBT 的型号时应根据实际工作情况考虑裕量。

5.5.5 IGBT 的安全工作区

IGBT 具有较宽的安全工作区。因 IGBT 常用于开关工作状态，开通时 IGBT 处于正向偏置；而关断时 IGBT 处于反向偏置，故其安全工作区分为正向偏置安全工作区（FBSOA）和反向偏置安全工作区（RBSOA）。

IGBT 的正向偏置安全工作区（FBSOA）是其在开通工作状态的参数极限范围。FBSOA 由最大集电极电流 I_{CM}、最高集射极电压 U_{CEM} 和最大功耗 P_{CM} 三条极限边界线所围成。图 5-32（a）示出了直流（DC）和脉宽分别为 $100\mu s$、$10\mu s$ 三种情况下的 FBSOA，其中在直流工作条件下，发热严重，因而 FBSOA 最小；在脉冲电流下，脉宽越窄，其 FBSOA 越宽。

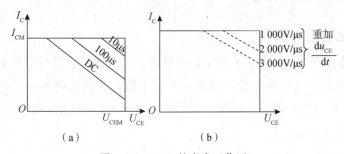

图 5-32 IGBT 的安全工作区

(a) FBSOA　(b) RBSOA

反向偏置安全工作区（RBSOA）是 IGBT 在关断工作状态下的参数极限范围，如

图 5-32（b）所示。RBSOA 由最大集电极电流 I_{CM}，最大集射间电压 U_{CES} 和关断时重加 du_{CE}/dt 三条极限边界线所围成。因为过高的 du_{CE}/dt 会使 IGBT 产生动态锁定效应，故重加 du_{CE}/dt 越大，RBSOA 越小。

5.5.6　IGBT 的栅极驱动电路

因为 IGBT 的输入特性几乎与 MOSFET 相同，所以用于 MOSFET 的驱动电路同样可以用于 IGBT。大多数 IGBT 生产厂家为了解决 IBGT 的可靠性问题，都生产与其配套的集成驱动电路。这些专用驱动电路抗干扰能力强，集成化程度高，速度快，保护功能完善，可实现 IGBT 的最优驱动。常用的有三菱公司的 M579 系列（M57962L 和 M57959L）和富士公司的 EXB 系列（如 EXB840、EXB841、EXB850 和 EXB851）。

图 5-33 所示为由 M57962L 组成的 IGBT 驱动电路。该电路能驱动电压为 600V 和 1200V 系列，电流容量不大于 400A 的 IGBT。输入信号 u_i 与输出信号 u_g 彼此隔离，当 u_i 为高电平时，输出 u_g 也为高电平，此时 IGBT 导通；当 u_i 为低电平时，输出 u_g 为－10V，IGBT 截止。该驱动模块通过实时检测集电极电位来判断 IGBT 是否发生过流故障。当 IGBT 导通时，如果驱动模块的 1 脚电位高于其内部基准值，则其 8 脚输出为低电平，通过光耦发出过流信号，与此同时使输出信号 u_g 变为－10V，关断 IGBT。

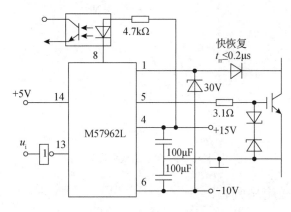

图 5-33　IGBT 驱动电路

5.6　其他新型电力电子器件

5.6.1　静电感应晶体管

静电感应晶体管（static induction transistor，SIT）是一种结型场效应晶体管。多子导电的器件，其工作频率与电力 MOSFET 相当，甚至超过电力 MOSFET，而功率容量也比电力 MOSFET 大，因而适用于高频大功率场合。门源电压为零时，器件处于导通状态；门源电压加负偏压时关断。

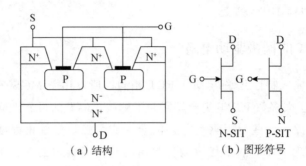

（a）结构　　　（b）图形符号

图 5-34　SIT 的原理结构及图形符号

漏极电流不仅受门极电压的控制，同时受漏极电压的控制。

SIT 优点：工作频率高、输出功率大、线性度好、失真小、输入阻抗高、开关特性好、热稳定性好和抗辐射能力强等。

应用：雷达通信设备、超声波功率放大、开关电流、脉冲功率放大和高频感应加热等领域。

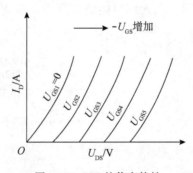

图 5-35　SIT 的伏安特性

5.6.2　静电感应晶闸管

静电感应晶闸管（SITH）可以看作是 SIT 与 GTO 复合而成，本质上是两种载流子导电的双极型器件，具有电导调制效应，通态压降低、通流能力强。通过改变门极偏压、调节导电沟道中空间电荷区的宽度来控制导电沟道的关断与开通的，从而实现其开关作用。

阳极阻断电压 U_{AK} 和阳极可关断电流由门极负电压 $-U_{GK}$ 控制。$-U_{GK}$ 越高，阻断阳极电压的能力越强。SITH 的正向压降小，开关速度快。对电压变化率和电流变化率的承受能力很高，从而对缓冲电路的要求低。

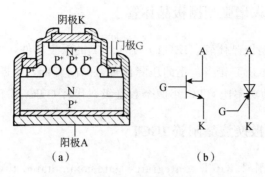

图 5-36 SITH 单胞结构及图形符号

（a）结构 （b）图形符号

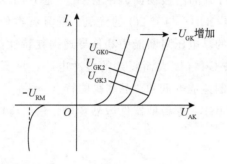

图 5-37 SITH 的伏安特性

5.6.3 MOS 控制晶闸管（MCT）

MCT（MOS controlled thyristor）是 MOSFET 与晶闸管组合而成的复合型器件。结合了 MOSFET 的高输入阻抗、快开关速度和晶闸管的高电压大电流特性。由数以万计的 MCT 元组成，每个元的组成为：一个 PNPN 晶闸管、一个控制该晶闸管开通的 MOSFET 和一个控制该晶闸管关断的 MOSFET。控制信号以阳极为基准。加负脉冲电压时，MCT 导通；加正脉冲电压时，MCT 关断。门极负脉冲幅度 $-5V \sim -15V$，正脉冲电压 $+10V$。

MCT 优点：

（1）电压、电流容量大。

（2）通态压降小，约为 1.1V。

（3）di/dt 和 du/dt 承受能力强。

（4）开关速度快，开通时间为 200ns。

（5）工作温度高。

（6）即使关断失败，也不会损坏，驱动电路简单。

5.6.4　电子注入增强型栅极晶体管

电子注入增强型栅极晶体管（IEGT）为 IGBT 的派生器件，融合了 IGBT 和 GTO 的优点，开关特性和 IGBT 相当，正向压降比普通晶闸管低，关断时尾部电流比 IGBT 小。IEGT 的栅极驱动功率比 GTO 小两个数量级，代替 GTO 用于高压大容量的领域。

5.6.5　集成门极换流晶闸管 IGCT

集成门极换流晶闸管 IGCT（integrated gate-commutated thyristor），也称 GCT，它是 20 世纪 90 年代后期出现的新型电力电子器件，最先由瑞士 ABB 公司开发并投放市场。IGCT 将类似于 GTO 的门极换向晶闸管 GCT 芯片与反并联二极管和门极驱动电路集成在一起，结合了 IGBT 与 GTO 的优点，既具有类似于 IGBT 的高速开关特性，又具有类似于 GTO 的高电压阻断能力和低导通损耗特性。容量与 GTO 相当，开关速度快十倍，且可省去 GTO 庞大而复杂的缓冲电路，只不过所需的驱动功率仍很大。此外，IGCT 也具有制造成本低和成品率高的特点。

目前，IGCT 正在与 IGBT 等新型器件激烈竞争，最终将取代 GTO 在大功率场合的位置。

图 5-38　带门极驱动器的 IGCT

本章小结

介绍了典型全控型器件——门极可关断晶闸管（GTO）、电力晶体管（GTR）、电力场效应晶体管（P－MOSFET）、绝缘栅双极晶体管（IGBT）等器件的结构、工作原理、基本特征、主要参数和典型现象。再次，介绍了其他新型的电力电子器件，包括 MOS 控制晶闸管（MCT）、静电感应晶体管（SIT）、静电感应晶闸管（SITH）、集成门极换流晶闸管（IGCT）、功率模块与功率集成电路等。最后简单介绍了电力电子器件的驱动和串、并联技术等在器件应用时的共性问题和基础性问题。

要掌握常见全控型电力电子器件的特点和正确的使用方法，掌握全控型电力电子器件典型现象（如 GTR 的二次击穿、P－MOSFET 的静电击穿和 IGBT 的擎住效应）及防止措施。

当前，电力 MOSFET 在中小功率领域特别是低压场合占据牢固的地位，而在兆瓦以上的大功率场所，GTO 仍然占据主导地位，在功率更大的场合，光控晶闸管的地位依然无法取代，构成目前容量最大的电力电子装置。同时，经历多年的技术创新、市场竞争和应用实践，电力电子技术器件已逐步形成了以 IBGT 为主体的格局。IBGT 已发展到第四代产品，成为兆瓦功率以下电力电子器件的首选。

全控型电力电子器件的特点及性能

类别	名称	主要特点及性能
双极型	门极可关断晶闸管（GTO）	三极（阳极、阴极、门极）结构，电流控制器件，正脉冲触发导通，负脉冲控制关断，对门极电路性能要求较严
	电力晶体管（GTR）	电流控制器件，最高工作频率 50kHz 以下，工业应用中常用达林顿结构，开关频率 2kHz 以下，存在二次击穿现象
	静电感应晶闸管（SITH）	正、反向具有阻断能力及电导调制效应，通态压降低、通流能力强。其很多特性与 GTO 类似，但开关速度比 GTO 高的多，是大容量的电压控制型快速器件。SITH 的突出优点是开关速率快，工作频率高，在高频应用领域占有绝对优势
单极型	电力场效应晶体管（P-MOSFET）	高速开关型电压控制三端（栅极 G、源极 S、漏极 D）器件，驱动功率较小，工作频率高，同时难于控制大电流和高电压，存在导通压降较大、栅极击穿等问题
	静电感应晶体管（SIT）	属结型场效应晶体管，是一种多数载流子导电的器件，其工作频率、功率容量与电力 MOSFET 相比有过之而无不及
复合型	绝缘栅双极晶体管（IGBT）	为三极（栅极 G、发射极 E、集电极 C）器件，电压控制器件，兼有 GTR 及 MOSFET 的优点，具有控制功率小、开关速度快，电流处理能力强和饱和压降低等特点
	MOS 控制晶闸管（MCT）	MCT 是电压控制器件，它将 MOS 门极易控和晶闸管的高压大电流、导通压降低的优点组合，高输入阻抗、低驱动功率、开关速度，di/dt、du/dt 耐量高，通态压降低
	集成门极换流晶闸管（IGCT）	IGCT 是将 IGBT 与 GTO 的优点结合起来，其容量与 GTO 相当，开关速度比 GTO 快 10 倍，而且缓冲电路简单，但驱动功率仍然很大

习　题

1. 电力电子器件的特征是什么？它是如何分类的？

2. 电力晶体管 GTR 和小信号晶体管有何区别？

3. 电力晶体管 GTR 的种类有哪几种？它们有何区别？

4. 电力晶体管 GTR 对驱动电路有何要求？

5. 说明 GTO 晶闸管的开通和关断原理。

6. 门极可关断晶闸管 GTO 与普通晶闸管有何区别？

7. GTO 有哪些主要参数？其中哪些参数与普通晶闸管相同？哪些不同？

8. 怎样用万用表检查 GTO 的触发和关断能力？

9. 功率场效应管 power MOSFET 与小信号 MOSFET 有何区别？

10. 功率场效应管作为一种电力开关元件，它具哪些特点？

11. 什么是 IGBT？说明其内部结构。

12. IGBT 的锁定效应对其在主电路中有何影响？

13. 试说明 GTR、GTO、功率场效应管和 IGBT 各自的优缺点，它们的应用场合有何不同？

14. 简述全控型电力电子器件的产生过程及发展趋势。

第6章 直流斩波器

教学目标

(1) 了解直流斩波器的工作原理；

(2) 掌握直流斩波器的基本电路；

(3) 了解直流斩波器在电力传动中的应用；

(4) 了解直流变换器的脉宽调制（PWM）控制技术及应用。

能力目标

(1) 能够区分直流斩波器的种类，会分析其工作原理；

(2) 能够简单分析脉宽调制（PWM）控制技术及应用。

6.1 直流斩波器的工作原理

6.1.1 直流斩波器概述

直流斩波器又称直流调压器或直流－直流变换器，如图 6-1 所示。它是利用开关器件来实现通、断控制，将直流电源电压断续加到负载上，通过通、断时间的变化来改变负载上的直流电压平均值，将固定电压的直流电源变成平均值可调的直流电源。它具有效率高、体积小、重量轻、成本低等优点，现广泛应用于地铁、电力机车、城市无轨电车以及电瓶搬运车等电力牵引设备的变速拖动中。

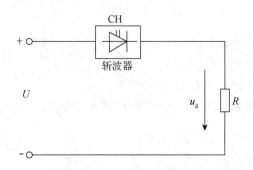

图 6-1　直流斩波电路原理

构成直流斩波器的开关器件过去用得较多的是普通晶闸管，它们本身没有自关断的能力，必须有附加的关断电路，增加了装置的体积和复杂性，增加了损耗，而且由它们组成的斩波器开关频率低，输出电流脉动较大，调速范围有限。自 20 世纪 70 年代以来，电力电子器件迅速发展，研制并生产了多种既能控制其导通又能控制其关断的全控型器件，如门极可关断晶闸管（GTO）、电力电子晶体管（GTR）、电力场效应管（P-MOSFET）、绝缘栅双极型晶体管（IGBT）等，由于采用了全控型器件，既省去了换流关断电路，提高了斩波器的频率，又减少了体积和重量。

直流斩波器主要有以下两种控制方式：

1. 时间比控制方式

输出平均电压的调制方法有以下三种：

（1）脉冲宽度调制（pulse width modulation，简称 PWM）

开关器件的通断周期 T 保持不变，只改变器件每次导通的时间，也就是脉冲周期不变，只改变脉冲的宽度，即定频调宽。如图 6-2（a）所示，在通断频率（通断周期 T）一定时，调节脉冲宽度 τ，τ 值在 0～T 之间变化，负载电压在 0～U 之间变化。

（2）脉冲频率调制（pulse frequency modulation，简称 PFW）

开关器件每次导通的时间不变，只改变通断周期 T 或开关频率，也就是只改变开关的关断时间，即定宽调频。如图 6-2（b）所示，在脉冲宽度 τ 一定时，改变电力电子器件通断频率 f。当 f 增加则周期 T 减小，使 $T = \tau$ 时电路全导通，$u_d = U$；当 f 下降则周期 T 增大时，u_d 减少。

（3）两点式控制

开关器件的通断周期 T 和导通时间均可变，即调宽调频，亦可称为混合调制。当负载电流或电压低于某一最小值时，使开关器件导通；当电流或电压高于某一最大值时，使开关器件关断。导通和关断的时间以及通断周期都是不确定的。

以上三种控制方法都是改变通断比，实现改变斩波器的输出电压。较常用是改变脉宽。

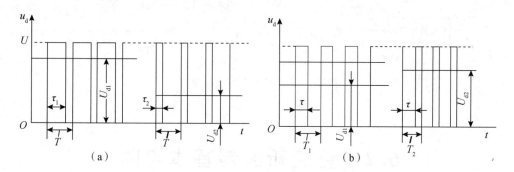

图 6-2 时间比控制方式的负载电压波形

2. 瞬时值和平均值控制

对于采用直流斩波器进行调速的车辆或其他电力电子装置在加速时，为使其加速度恒定，需要进行恒流控制。在进行恒流控制时，可采用瞬时值和平均值控制。

（1）瞬时值控制

电流瞬时值与预先设定的直流电流的上限值 I_{max} 和下限值 I_{min} 相比较，如电流的瞬时值小于电流的下限值，控制斩波器开通，如电流的瞬时值大于电流的上限值，控制斩波器关断。这种控制方式称为瞬时值控制，如图 6-3 所示。这种控制方式具有瞬时响应快，需采用开关频率高的控制器件来作为斩波器的主电路元件。

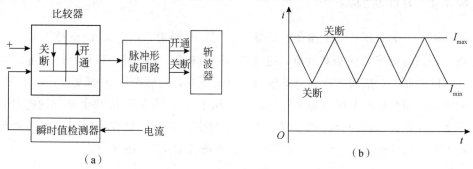

图 6-3 瞬时值控制方式原理图

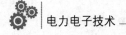

（2）平均值控制

用负载电流的平均值与电流给定值比较，用其偏差值去控制斩波器的开通与关断，称为平均值控制，如图 6-4 所示。图中设置给定斩波器工作频率的振荡器和控制导通比的移相器。对于恒流控制，一般采用平均值控制方式，因为这种控制方式工作频率稳定，但瞬时响应稍差。

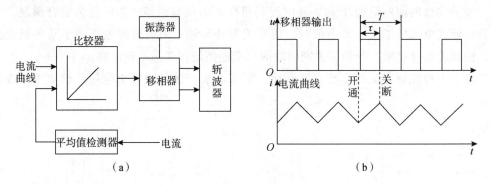

图 6-4　平均值控制方式原理图

6.2　直流斩波器基本电路

直流斩波器的种类很多，现介绍常用的几种基本电路及工作原理。

6.2.1　降压斩波器

图 6-5（a）为降压斩波电路，VD 为续流管，CH 为斩波器件。由前面分析知，$u_d = \frac{\tau}{T}U$，由于 $\tau < T$，所以 $u_d < U$，即负载上得到的直流平均电压小于直流输入电压。故称为降压斩波器，它的电压、电流波形如图 6-5（b）所示。

6.2.2　升压斩波器

图 6-6（a）为升压斩波电路。当斩波器件 CH 导通后，电源 U 向电感 L 储能，电流 i_L 增大，同时电容 C 向负载放电，电压 U_d 是衰减的，二级管 VD 受反压截止。当斩波器件 CH 关断，二极管 VD 导通，电流 i_L 方向不变，自感电压 u_L 改变极性，如图 6-6（a）中所示。因此负载上得到的电压是电源电压 U 和自感电压 u_L 两个电压的叠加，其值比电源电压高，称之为升压斩波器，在此过程中，电感 L 储存的能量全部释放给负载和电容 C，故 i_L 衰减，u_d 增大。它的电压、电流波形见图 6-6（b）。

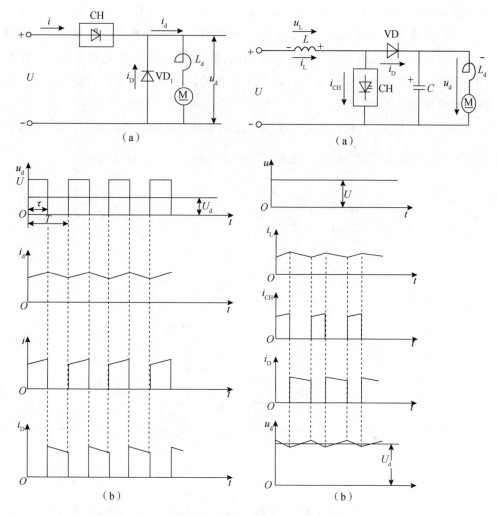

图 6-5　降压斩波电路及电压、电流波形　　　图 6-6　升压斩波电路及电压、电流波形

6.2.3　双象限斩波器

1. A 型双象限斩波器

A 型双象限斩波器指输出平均电流极性可变，但输出电压平均值极性始终为正，即电路工作在第一和第二象限，电路如图 6-7（a）所示。此电路可看作是降压型斩波电路和升压型斩波电路的结合，如图 6-7（b）和图 6-7（c）所示，C 为滤波电容。在图 6-7（b）中，斩波器件 CH_1 和二极管 VD_1 轮流工作（斩波器件 CH_2 和二极管 VD_2 关断），$i_d > 0$，电路工作在第一象限，能量从电源流向负载电机，电机工作于电动运行状态。

在图 6-7（c）中，斩波器件 CH_2 和二极管 VD_2 轮流工作（斩波器件 CH_1 和二极管 VD_1 关断），$i_d < 0$，电路工作在第二象限。当斩波器件 CH_2 导通，电机的反电动势 E 经

L_d短路，i_d的幅值增大，负载电机能量传给L_d。当斩波器件CH_2关断，二极管VD_2导通。此时负载电机上得到的是电源电压 U 和电感L_d上的自感电压u_L的叠加，宛如一个升压电路，从而把负载电机的能量反馈给电源，电机工作于发电制动状态。控制CH_1的导通比可以调节电机的转速，控制CH_2的导通比可以调节电机的制动功率。它的电压、电流波形见图 6-8。

由图 6-8 看出，任何时间，输出电压波形u_d始终在时间轴的上方，即$u_d > 0$，而电流i_d可正可负，若$\frac{\tau}{T}U > E$时，电流$i_d > 0$；若$\frac{\tau}{T}U < E$时，电流$i_d < 0$。

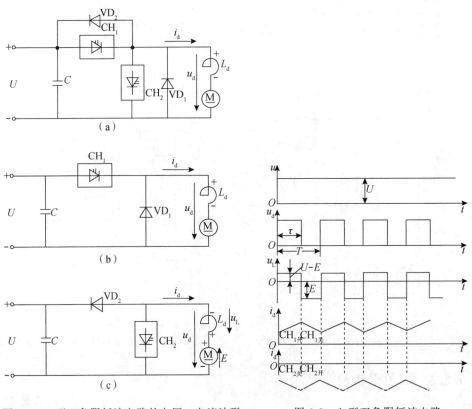

图 6-7　A 型双象限斩波电路的电压、电流波形　　　图 6-8　A 型双象限斩波电路

2. B 型双象限斩波器

B 型双象限斩波器是指输出电压极性可变，但输出电流平均值始终为正，电路工作在第一和第四象限。电路如图 6-9 所示。

（1）工作在第一象限

斩波器件CH_1和斩波器件CH_2同时导通，输出电压$u_d = U$，$i_d > 0$，负载从电源吸收能量，电机工作于电动状态。当斩波器件CH_2关断，为维持电流i_d连续，相应二极管VD_2导通，此时输出电压短路，即$u_d = 0$。由此可见，斩波器件CH_2和二极管VD_2轮流导通，输出电压时有时无，故输出平均电压受导通比τ/T的控制。电压、电流波形见图 6-10（a）。

（2）工作在第四象限

斩波器件 CH_1 和斩波器件 CH_2 同时关断，为维持正向输出电流 i_d，二极管 VD_1 和 VD_2 同时导通，输出电压 $u_d=-U$，$i_d>0$，负载向电源反馈能量，电机工作于反接制动状态。当斩波器件 CH_2 导通，二极管 VD_2 由导通转为截止，此时输出电压将斩波器件 CH_2 和二极管 VD_1 短路，即 $u_d=0$。由此可见，斩波器件 CH_2 和二极管 VD_2 轮流导通，负载向电源反馈能量也有时无。电压、电流波形见图 6-10（b）。

由此分析知，电路工作有三种方式：

①两斩波器件 CH_1 和 CH_2 同时导通，且 $\sqrt{\dfrac{1}{2\pi}sin2\alpha+\dfrac{\pi-\alpha}{\pi}}>E$，电机吸收能量。

②其中一个斩波器件和一个二极管同时导通，$u_d=0$，i_d 经这二个导通管续流。

③两个二极管 VD_1 和 VD_2 同时导通，两斩波器件 CH_1 和 CH_2 同时关断，且 $U<E$，电机放出能量。

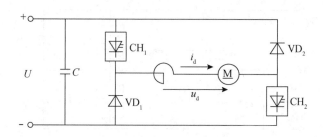

图 6-9 B 型双象限斩波电路

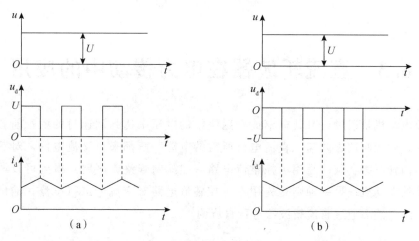

图 6-10 B 型双象限斩波电路的电压、电流波形

6.2.4 四象限斩波器

四象限斩波器电路如图 6-11 所示。其输出电压幅值和极性可变。

斩波器件 CH_4 始终导通，斩波器件 CH_3 始终关断，这时该电路同图 6-7（a）等效。

控制斩波器件 CH_1 和 CH_2 导通，电路工作在第一和第二象限。

斩波器件 CH_2 始终导通，斩波器件 CH_1 始终关断，电路等效成 6.12 所示。输出电压 u_d 的极性始终为左负右正，控制斩波器件 CH_3 和 CH_4 的导通，电路工作在第三和第四象限。

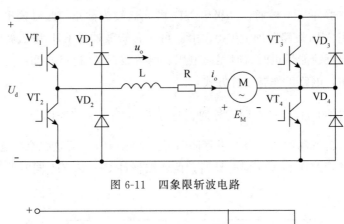

图 6-11　四象限斩波电路

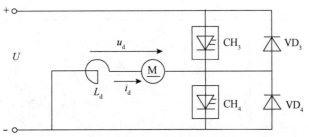

图 6-12　四象限斩波电路的等效电路

6.3　直流斩波器在电力传动中的应用

直流电动机是通过调节其电枢或励磁绕组的电压来达到调速目的的，前者一般叫调压调速，后者叫调磁调速。直流电机所需的电能一般都来自交流电网，对其进行调速大致有两种方案：其一是用可控整流电路（如晶闸管整流电路）得到可以调节的直流电压供给电动机；另一种则是先用不可控整流电路对交流电进行整流，输出不可调的直流电压，然后通过直流斩波器进行直流调压。

6.3.1　由降压型斩波器供电的直流电力拖动

降压型斩波器的电源端接不可调的直流电源，负载端接直流电动机，构成简单的直流调速系统，如图 6-13 所示。

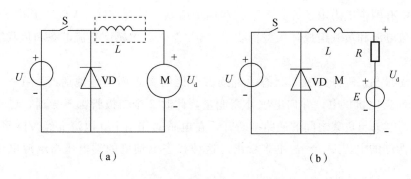

图 6-13　降压型斩波器组成的电力传动系统

图 6-13（a）中电子开关 S、续流二极管 VD、电感 L 组成降压型斩波器，电感周围的虚线框的意思是电动机的转子本身就有很大的电感，实际电路中是不是再外接电感要根据具体需要而定。电动机的转子电路相当于一个电感、一个电阻和一个旋转电动势的串联，因此图 6-13（a）的等效电路如图 6-13（b）所示。如果 D 为占空比，斩波器的输出电压 U_d 应满足 $U_d = DU$。

电动机稳定运行时，电子开关在一定的占空比下工作，U_d、E 和 I_d 均保持不变，转子电流产生的转矩恰好抵消负载的阻力矩。在加速过程中，占空比增大，使得 U_d 增大，转子电流也随之增大，电动力矩大于阻力矩，电机加速运行，随着速度的上升，旋转电动势 E 也在增大，转子电流和电动力矩减小，当电动力矩减小到又与负载的阻力矩相等时，电动机停止加速。但是，这种电路不能控制电动机的减速。如果欲使电动机减速，只能做以下处理。减小占空比，使 U_d 减小，转子电流 I_d 也随之减小，电动力矩小于负载的阻力矩产生负的加速度；或者 U_d 小于 E，电机在负载力矩的作用下减速。由此可见，要想快速地制动，只能采取能耗制动或摩擦制动等措施，使电机在较短的时间减速或停机。并且，电机的制动能量也不可能回馈到电网。

6.3.2　由降压型和升压型斩波器组合供电的直流电力拖动

用一个降压型斩波器和一个升压型斩波器组合起来，共同驱动一台直流电动机，可以作到既能在电动状态为电动机调速又能为电动机施加制动力矩，并且可以将制动能量回馈到电源，电路的原理图如图 6-14。

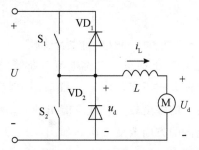

图 6-14　两象限运行的斩波器控制电力拖动系统

电路中有两个电力电子开关 S_1、S_2 和两个续流二极管 VD_1、VD_2。其中 S_1、VD_2、电感、直流电源和负载组成降压型斩波器；S_2、VD_1、电感、直流电源和负载组成升压型斩波器。

在电动状态，S_2 保持关断状态，S_1 按占空比的要求周期性地通断。在 S_1 接通时，电源通过 S_1 向电机供电，并向电感补充能量，此时 2 个二极管都不导通，$U_d = U$。在 S_1 关断后，电源与负载之间的通路被断开，在电感的作用下，电流 i_L 经 VD_2 形成回路。此时 VD_2 两端的电压 $U_d = 0$。不难看出，这种状态电动机的端电压与电源电压之间的关系为：

$$U_d = DU$$

再生制动状态电子开关 S_1 保持关断，S_2 周期性地通断。这时的电路为一个升压型斩波器，电动机的反电势相当于直流电源（图中的 U_d 近似等于旋转电动势 E），直流电源相当于升压斩波器的负载。能量由电动机供出，被直流电源吸收，所以电感电流 i_L 为负值。S_2 导通时，电机、电感和 S_2 形成回路，电流逆时针方向流动，电机输出电能被电感储存。当 S_2 关断时，由于电感中的电流不能突变，电流只能通过二极管 VD_2 流向电源，此时电流的途径为（实际方向）：电动机上端→电感→VD_2→直流电源正极→直流电源负极→电动机下端。电感储存的电能被电源吸收。

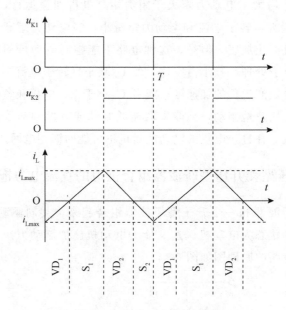

图 6-15　电感、电流的波形

无论是在降压状态还是在升压状态，电感电流 i_L 都是波动的。在 i_L 的平均值较大时，电流尽管波动但可以保证方向不变，即 i_{Lmax} 和 i_{Lmin} 同时大于 0 或小于 0。但在电流平均值较小时，如果电流波动的幅度较大，就可能出现 i_{Lmax} 和 i_{Lmin} 符号不同的现象，此时在一个工作周期中电感电流的方向改变 2 次，如图 6-15 所示。

在这种状态下的一个周期中，S_1、S_2、VD_1、VD_2 这 4 个开关器件是交替配合工作的，其控制规律如下：在电感电流 i_L 的上升阶段，为电子开关 S_1 加导通控制信号 u_{K1}；在电感电流 i_L 的下降阶段，为电子开关 S_2 加导通控制信号 u_{K2}。由于电子开关实际上都是单向导电的全控型电力电子器件，对其施加开通驱动信号时，它未必就能够导通，还必须要求电感电流的实际方向与电子开关的导通方向一致。因此可能出现两个电子开关都不导通的现象，在这种情况下电感电流就要通过两个二极管中的一个形成回路。下面分析一个开关周期中各阶段电路的工作情况。

当负载电流增大到最大值后，为 S_2 发开通驱动信号，但此时电感电流的方向为正，与 S_2 的导通方向相反，S_2 不能导通。电流只有通过二极管 VD_2 形成回路，其导电路径为：电感→电动机→VD_2→电感。此阶段电源与负载没有能量交换。电感电流从最大值逐渐下降，下降到 0 后继续向负的方向增长，但此时电感电流的方向与 S_2 导通方向一致，S_2 导通，形成以下回路：电动机→电感→S_2→电动机。电动机发出的电能被电感吸收储存。当电流下降到最小值时，一个工作周期结束。

由前面的分析可以看出，图 6-14 所示的调速系统负载电流的平均值可以为正，也可以为负。但是负载端的电压平均值的方向不能变化，即只能 $U_d \geqslant 0$。因为对于直流电动机，电枢电流 I_d 与力矩 M 成正比，电枢旋转电动势 E 与转速 n 成正比，而一般情况下旋转电动势近似等于电枢两端的电压 U_d。这说明，这种电力拖动系统电动机的转速不能反向，但其力矩可以反向，可以是电动力矩，也可以是制动力矩。在描述机械特性的 M－n 平面上，本系统可以工作在第一和第四象限。在第一象限，电动机处于电动状态，电源通过由 S_1、VD_2 组成的降压型斩波器向电机供给电能，转换成机械能。工作在第 4 象限时，电机处于发电状态，把由机械能转换成的电能输出给由 S_2、VD_1 组成的升压型斩波器，斩波其又将其传递给直流电源，形成再生制动。在不同象限系统的等效电路如图 6-16。

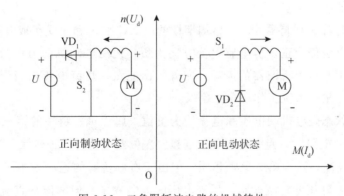

图 6-16 二象限斩波电路的机械特性

6.3.3 可以四象限运行的斩波器供电直流电力拖动

所谓四象限运行是指电动机既可以正转控制也可以反转控制，在正转和反转两种情况下，电动机既可以运行在电动状态也可以运行在制动状态。这种系统的主电路接线如图 6-17 所示。由 4 个控制电力电子开关和 4 个二极管组成,在不同的控制信号作用下,可以组合成 2 种降压型斩波器和 2 种升压型斩波器,共 4 种电路形式。对于正向电动、正向制动、反向电动、反向制动这四种工况,各对应 4 种电路形式中的一种。从图中可以看出,电路的拓扑结构为一"H"型,所以这种电路又叫 H 桥型电路。

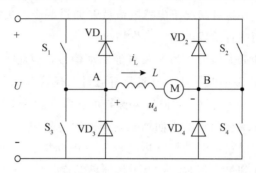

图 6-17　四象限运行的斩波器电力拖动系统原理图

　　从图 6-17 中看,H 型结构的电路是对称的,但对于 4 个桥臂,控制信号是不对称的。通常通过 S_2、S_4 所在的桥臂控制电动机的正转和反转,因此这两个桥臂又称为方向臂。设负载端电压 u_d 的参考方向如图,A 点为正、B 点为负。在电动机的正转状态(无论电动还是制动),S_4 始终保持导通状态,S_2 始终保持截止状态。电路中 B 点与电源负极连接。不难看出,此时的等效电路与二象限斩波电路相同。

　　如果欲使电机反转,则 S_2 始终保持导通状态,S_4 始终保持截止状态,电路中 B 点与电源正极连接。此时电路也是一种二象限斩波电路,只是电源的极性反接。

　　在电机正转时,如果 S_3 保持截止,S_1 做周期性的通断,则 S_1 和 VD_3 组成降压型斩波器,负载电压始终为正,电感电流也始终保持正值。电源向负载输送能量。系统工作在机械特性的第一象限。

　　电机正转时若 S_1 保持截止,S_3 做周期性的通断,则 S_3 和 VD_1 组成升压型斩波电路,电动机两端的电压仍为正,但电感电流方向为负,说明电动机的力矩为负。此时电动机的电枢相当于升压型斩波器的电源,向外供出能量,直流电源相当于升压型斩波器的负载,吸收能量。系统工作在第二象限。

　　反向电动状态是电机端电压和电流均为负值,属于机械特性的第三象限。此时 S_2 导通而 S_4 截止,电路中 B 点与电源正极连接。左侧两个桥臂的工作状态为 S_1 保持截止,S_3 做周期性的通断,这与第二象限相同,但由于右侧桥臂的通断发生了变化,此时 S_3 和 VD_1 组成的是降压型斩波电路。尽管电压的方向变了,但电流从直流电源的正极流出而流入负载的正极,能量传递路径仍然是由电源到负载,为反向电动状态。

　　第四象限为反向制动状态,反向必须是电机两端的电压为负,而制动则必须是电流与电压反向,电动机向外输出能量。四个电子开关的控制规则是 S_2 导通 S_4 截止,保证电路中 B 点与电源正极连接,S_3 保持截止,S_1 做周期性的通断。此时 S_1 和 VD_3 组成的是升压型斩波电路。

各工作状态对应的象限如图 6-18 所示。

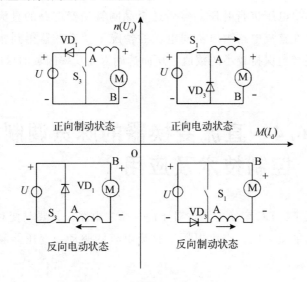

图 6-18 四象限运行的等效电路

6.3.4 升压型斩波器在串级调速中的应用

串级调速是将绕线式交流异步电动机的三相转子电流通过汇流环引出，作为电源进入三相不可控整流电路进行整流，整流器的输出端与晶闸管有源逆变电路的直流侧相连接，作为有源逆变的直流电源。逆变后得到的交流电经变压器耦合又回送到电网，既达到了调速的目的，又充分利用了电能。但是，在电动机转速较低时，由于转子电压降低，整流器输出直流电压也降低。这个电压就是逆变器的直流电源电压，因为它的降低，要想不影响逆变电路的工作，就必须增大逆变角 β。逆变角越大，逆变电路交流侧的功率因数就越低。如果在整流器的输出和逆变器的直流输入端之间加入一个升压型斩波器，可以提高功率因数，电路如图 6-19 所示。

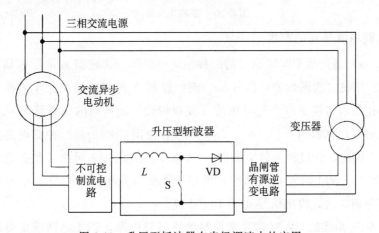

图 6-19 升压型斩波器在串级调速中的应用

从图 6-19 中可看出，升压型斩波器由电子开关 S、二极管 VD 和电感 L 构成，将不可控整流器的输出电压进行升压，然后送至晶闸管逆变电路的直流侧。调节电子开关的占空比，可以在整流电路输出不同电压的情况下使逆变器得到相对稳定的直流电压，使逆变器的逆变角保持较小的数值，从而达到提高功率因数的目的。

6.4 直流变换器的脉宽调制控制技术及应用

上述介绍的是 DC/DC 变换主路，对于同一个主电路，只要改变对其开关元件的控制方式，电路的功能就不同。它可以用于直流电机的驱动，变压器隔离式直流开关电源等。

6.4.1 直流脉宽调判控制的基本原理及控制电路

1. 直流脉宽调制控制

直流脉宽调制控制方式就是一系列如图 5-20 所示的等幅矩形脉冲 u_g 对 DC/DC 变换电路的开关器件的通断进行控制，使主电路的输出端得到一系列幅值相等的脉冲，保持这系列脉冲的频率不变而宽度变化就能得到大小可调的直流电压。图 6-12 所示的等幅矩形脉冲 u_g 即称为脉宽调制（PWM）信号。

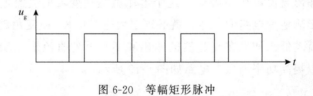

图 6-20 等幅矩形脉冲

2. 脉宽调制信号 u_g 的产生

图 6-21（a）是产生 PWM 信号的一种原理电路图。比较器 A 的反相端加频率和幅值都固定的三角波（或锯齿波）信号 u_c，而比较器 A 的同相端加上作为控制信号的直流电压 u_r，比较器将输出一个与三角波（或锯齿波）同频率的脉冲信号 u_g。u_g 的脉冲能随 u_r 变化而变化，如图 6-21（b）、（c）所示。输出信号 u_g 的脉冲宽度是控制信号经三角波调制而成的，此过程为脉宽调制（PWM）。由图 6-21 可见，改变直流控制信号 u_r 的大小只改变 PWM 信号 u_g 的脉冲宽度而不改变其频率。三角波信号 u_c 称载波，控制信号 u_r 称为调制波，输出信号 u_g 为 PWM 波。

若用图 6-21 阐述的 PWM 信号来控制单管斩波电路，则主电路输出电压的波形与 PWM 信号的波形一致。

图 6-22 所示是 PWM 控制电路的基本组成和工作波形。PWM 控制电路由以下几部分组成：

①基准电压稳压器。提供一个输出电压进行比较的稳定电压和一个内部 IC 电路的电源。

②振荡器。为 PWM 比较器提供一个锯齿波和该锯齿波同步的驱动脉冲控制电路的输出。

③误差放大器。使电源输出电压与基准电压进行比较。

④脉冲倒相电路。以正确的时序使输出开关导通的脉冲倒相电路。

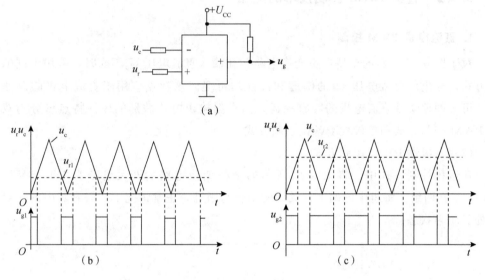

（a）

图 6-21　PWM 波形图

（a）产生 PWM 信号的电路原理图　（b）BWM 波形图　（c）PWM 波形图

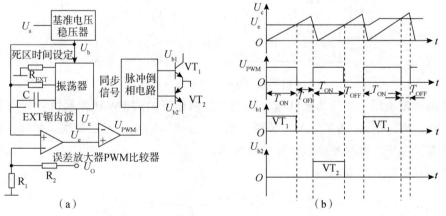

图 6-22　PWM 控制电路

（a）电路组成　（b）工作波形

其基本工作过程是：输出开关管在锯齿波的起始点被导通。由于锯齿波电压比误差放大器的输出电压低，所以 PWM 比较器的输出较高，因为同步信号已在斜坡电压的起始点使倒相电路工作，所以脉冲倒相电路将这个高电位输出使 VT$_1$ 导通，当斜坡电压比误差放大器的输出高时，PWM 比较器的输出电压下降，通过脉冲倒相电路使 VT$_1$ 截止，下一个斜坡周期则重复这个过程。目前，PWM 控制器集成芯片应用广泛，如 SG1524/2524/3524 系列 PWM 控制器，它们主要由基准电源、锯齿波振荡器、电压比较器、逻辑输出、误差放大以及检测和保护环节等部分组成。

6.4.2　直流 PWM 控制技术的应用

1. 直流电机 PWM 控制

对于图 6-23 所示的全桥可逆变换电路，在输入直流电压 U$_d$ 不变时，采用不同的控制方式，输出的直流电压 U$_o$ 的幅度和极性均可变。该特点应用于直流电机的调速器时，可方便地实现直流电机的四象限运行。根据输出电压波形的极性特点可分为双极性 PWM 控制方式和单极性 PWM 控制方式。

（1）双极性 PWM 控制方式

在这种控制方式中，将图 6-23 所示的全桥变换电路的开关管分为 VT$_1$、VT$_4$ 和 VT$_2$、VT$_3$ 两组，每组中的两个开关同时闭合与断开，正常情况下，只有其中的一对开关处于闭合状态。

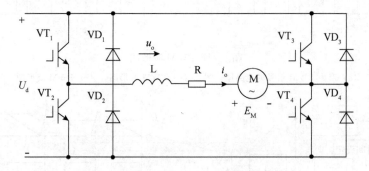

图 6-23　全桥可逆变换电路

直流控制电压 u$_r$ 与三角波电压 u$_c$ 比较产生两组开关的 PWM 控制信号。当 u$_r$＞u$_c$ 时，VT$_1$、VT$_4$ 导通，VT$_2$、VT$_3$ 关断；当 u$_r$＜u$_c$ 时，VT$_2$、VT$_3$ 导通，VT$_1$、VT$_4$ 关断，负载上电压、电流的波形如图 6-24 所示。

输出的电压平均值 U$_o$ 为：

$$U_o = \frac{t_{on}}{T_s}U_d - \frac{T_s - t_{on}}{T_s}U_d = \frac{U_{2l}}{E_{20}}\cos\beta = \frac{s_{\max}E_{20}}{\cos\beta\min}$$

式中，k$_1$＝t$_{on}$/T$_s$，是第一组开关的占空比（第二组开关的占空比为 k$_2$＝1－k$_1$）。当 t$_{on}$＝T$_s$/2 时，变换器的输出电压 U$_o$ 为零；当 t$_{on}$＜T$_s$/2 时，U$_o$ 为负；当 t$_{on}$＞T$_s$/2 时，U$_o$ 为正。可见这种变换器的输出电压可在－U$_d$ 到＋U$_d$ 之间变化，故该控制方式被称为双极性 PWM 控制方式。

在理想情况下，U_o 的大小和极性只受占空比 k_1 控制，而与输出电流无关。输出电流平均值 I_o 可正可负。

$$U_o = \frac{U_d}{U_{cm}} u_r = c u_r$$

式中，U_{cm} 是三角波的峰值；

　　　$c = U_d / U_{cm}$ 为常数。

当该变换器电路输入电源不变时，其平均输出电压 U_o 随输入控制信号 u_r 作线性变化。

可见在这种控制方式下，桥式电路的输出电压和输出电流都是双极性的，应用于直流电机的调速时，可方便地实现直流电机的四象限运行。

在实际中，为避免开关通断转换中直流电源短路，同一桥臂对的两个开关管应有很短时间内的同时关断期，这段时间成为空隙时间。但在理论上，假设开关都是理想的，具有瞬时开断能力，认为同一桥臂对的两个开关管互补导通，即不存在两个开关管同时断开、同时导通的现象。这时输出电流将是连续的。

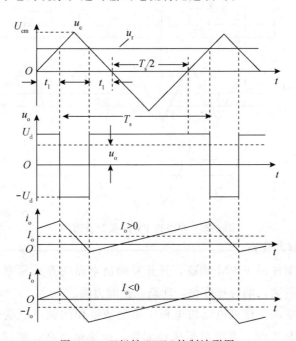

图 6-24　双极性 PWM 控制波形图

（2）单极性 PWM 控制方式

对于图 6-23 所示的全桥变换电路，若改变控制方式，使开关管 VT_1 和 VT_3 同时接通，或者 VT_2 和 VT_4 同时接通，则不管输出电流 i_o 的方向如何，输出电压 $U=0$。针对该特点，可由三角波电压 u_c 与控制电压 u_r 和 $-u_r$ 作比较，以确定 VT_1、VT_2 和 VT_3、VT_4 的驱动信号。如图 6-25 所示。

如电路在工作过程中，保持 VT_4 导通，VT_3 关断。若 $|-u_r|>u_r$，则 VT_1 触发导通，VT_2 关断，$U_o=U_d$；若 $|-u_r|<u_r$，则 VT_2 触发导通，VT_1 关断，$U_o=0$。如图 6-25 所示，在这种 PWM 控制方案中，变换器平输出电压 U_o 与上述双极性 PWM 方案中完全相同，上述表达式在这里同样均使用。从图 6-25 可见，输出电压 U_o 的波形在 ＋U_d 与 0 之间跳跃，故该控制方式被称为单极性 PWM 控制方式。

在单、双极型 PWM 电压开关控制的两个方式中，若开关频率相同，则单极性控制方式中输出电压的谐波频率是开关频率的两倍，因此其输出电压与频率响应更好，纹波幅度小。

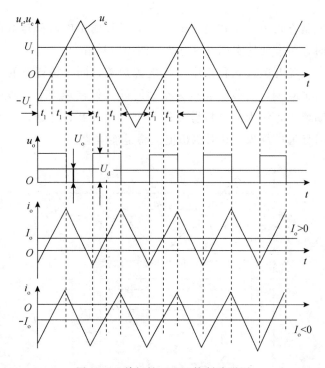

图 6-25　单极性 PWM 控制波形图

（3）PWM 控制的优点

①采用全控型器件的 PWM 调速，其脉宽调制电路的开关频率高，一般在几千赫兹，因此系统的频带宽，响应速度快，动态抗扰能力强。

②由于开关频率高，仅靠电动机电枢电感的滤波作用就可以获得脉动很小的直流电流，电枢电流容易连续，系统的低速性能好，稳速精度高，调速范围宽，同时电动机的损耗和发热都较小。

③PWM 系统中，主回路的电力电子器件工作在开关状态，损耗小，装置效率高，而且对交流电网的影响小，没有晶闸管整流器对电网的"污染"，功率因数高，效率高。

④主电路所需的功率元件少，线路简单，控制方便。目前，受到器件容量的限制，PWM 直流调速系统只用于中、小功率的系统。

2. 直流开关电源

传统的直流稳压器电源（如串式线性稳定电源）效率低，损耗大，温升高，且难以解决多路不同等级电压输出的问题。随着电力电子技术的发展，开关电源因其具有高效率、高可靠性、小型化、轻型化的特点而成为电子、电器、自动化设备的主流电源。图 6-26 为 IBM PC/XT 系列 PC 主机开关电源的原理框图，输入电压为 220V、50Hz 的交流电，经滤波、整流后变为 300V 左右的高压直流电，然后通过功率开关管的导通与截止将直流电压变成连续的脉冲，再经变压器隔离降压及输出滤波后变为低电压的直流电。开关管的导通与截止由 PWM 控制电路发出的驱动信号控制。PWM 驱动电路再提供开关驱动信号的同时，还要实现输出电压稳定的调节，并对电源负载提供保护，为此设有检测放大电路、过电流保护及过电压保护等环节，通过自动调节开关管的占空比来实现。

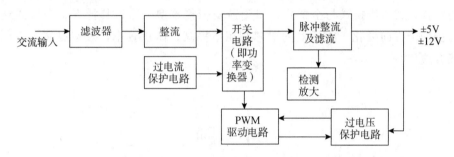

图 6-26　开关电源原理框图

本章小结

本章主要介绍直流变换电路的电路原理及其应用，直流变换电路可分为两种形式，一种是斩波型电路；另一种是逆变－整流型电路。

直流变换电路主要以全控型电力电子器件作为开关器件，通过控制主电路的接通与断开，将恒定的直流斩成断续的方波，经滤波后变为电压可调的直流电压输出。

（1）降压变换电路。降压变换电路输出电压低于输入电压。输出电压的平均值与输入电压之比，等于斩波开关的导通时间与斩波周期之比，即 $U_0 = DU_d$，改变导通比 D，就可以控制斩波电路的输出电压平均值的大小。

（2）升压变换电路。升压变换电路输出电压高于输入电压。输出电压与输入电压的关系为 $U_0 = \dfrac{U_d}{1-D}$。

（3）升降压变换电路。升降压变换电路输出电压与输入电压反相，输出电压可低于或高于输入电压。输出电压与输入电压的关系为 $U_0 = -\dfrac{D}{1-D}U_d$。

（4）库克变换电路。库克变换电路输入、输出关系式与升降压式变换完全相同，但电路的工作性质有区别。库克电路的输入、输出电流都是连续、平滑的，有效地降低了纹波，降低了对滤波电容的要求，应用广泛。库克变换电路输出电压与输入电压的关系为 $U_0 = -\dfrac{D}{1-D}U$。

（5）隔离型直流变换电路。隔离型直流变换电路的输出与输入端用变压器隔离。隔离型变换电路可实现隔离，同时选择变压器的变比还可实现输出与输入的匹配。引入变压器还可设置多个二次侧绕组输出，实现输出多个不同值的电压。隔离型直流变换电路可分为单端变换器与双端变换器，单端变换器包括反激型与正激型两种。其特点是变压器的磁通在单方向变化，容易磁饱和，仅用于小功率电源变换电路。双端变换器包括推挽式、半桥式与全桥式，属于逆变－整流型电路，其特点是变压器磁通可在正、反两个方向变化，变压器的磁芯利用率提高，体积减小，效率提高，适合于大功率场合应用。

习　题

1. 什么是直流斩波器？它应用于哪些方面？
2. 直流斩波器主要有几种控制方式？
3. 直流斩波器的种类有哪些？常用的有几种基本电路？
4. 试比较降压斩波电路和升压斩波电路，说明它们的异同点。
5. 试以降压式直流斩波器为例，简要说明直流斩波器如何具有直流变压器效果。
6. 试说明直流斩波器在电力传动中的应用。
7. 用全控型电力电子器件组成的斩波器比普通晶闸管组成的斩波器有哪些优点？

第 7 章　无源逆变电路

///////////

💡 **教学目标**

(1) 理解无源逆变电路的基本工作原理；

(2) 掌握电路的换流方式；

(3) 掌握电压型逆变电路的工作原理；

(4) 单相桥式电压型逆变电路的单极性调制方式；

(5) 单相桥式电压型逆变电路的双极性调制方式。

📃 **能力目标**

(1) 能够对基本的逆变电路的工作过程进行简要分析；

(2) 掌握单相电流型逆变电路工作原理；

(3) 了解电流型逆变电路的特点；

(4) 掌握脉宽调制技术的理论基础；

(5) 掌握调制法生成 SPWM 波。

7.1 无源逆变电路

与整流相对应，把直流电变成交流电称为逆变。当交流侧接在电网上，即交流侧接有电源时，称为有源逆变；当交流侧直接和负载连接时，称为无源逆变。前述的整流电路工作在逆变状态时的情况属有源逆变。在不加说明时，逆变电路一般多指无源逆变电路，本节讲述的就是无源逆变电路。

逆变电路经常和变频的概念联系在一起。交—直—交变频电路的核心部分就是逆变电路，正因为如此，发达国家常常把交—直—交变频器称为逆变器。逆变电路的应用非常广泛。在已有的各种电源中，蓄电池、干电池、太阳能电池等都是直流电源，当需要这些电源向交流负载供电时，就需要逆变电路。另外，交流电动机调速用变频器、不间断电源、感应加热电源等电力电子装置使用非常广泛，其电路的核心部分都是逆变电路。有人甚至说，电力电子技术早期曾处在整流器时代，后来则进入逆变器时代。

7.1.1 无源逆变电路的工作原理

以单相桥式逆变电路为例说明最基本的工作原理（图 7-1）。$S_1 \sim S_4$ 是桥式电路的 4 个臂，由电力电子器件及辅助电路组成。

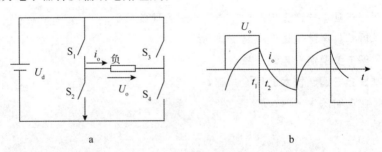

图 7-1 逆变电路及其波形举例

S_1、S_4 闭合，S_2、S_3 断开时，负载电压 u_o 为正。

S_1、S_4 断开，S_2、S_3 闭合时，负载电压 u_o 为负，见图 7-2 所示。

逆变电路最基本的工作原理——改变两组开关切换频率，可改变输出交流电频率。电阻负载时，负载电流 i_o 和 u_o 的波形相同，相位也相同。阻感负载时，i_o 相位滞后于 u_o，波形也不同。

换流指的是电流从一个支路向另一个支路转移的过程，也称为换相。

S₁、S₄闭合，S₂、S₃断开时的电路和波形图

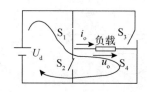 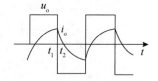

S₂、S₃闭合，S₁、S₄断开时的电路和波形图

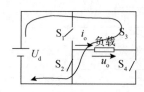 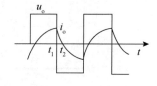

图 7-2　开关切换的电路和波形图

通常研究换流方式主要是研究如何使器件关断。换流方式分为以下几种：

（1）器件换流（device commutation）。利用全控型器件的自关断能力进行换流。在采用 IGBT、电力 MOSFET、GTO、GTR 等全控型器件的电路中的换流方式是器件换流。

（2）电网换流（line commutation）。电网提供换流电压的换流方式。将负的电网电压施加在欲关断的晶闸管上即可使其关断。不需要器件具有门极可关断能力，但不适用于没有交流电网的无源逆变电路。

（3）负载换流（load commutation）。由负载提供换流电压的换流方式。负载电流的相位超前于负载电压的场合，都可实现负载换流，如电容性负载和同步电动机。

图 7-3（a）是基本的负载换流逆变电路，整个负载工作在接近并联谐振状态而略呈容性，直流侧串大电感，工作过程可认为 i_d 基本没有脉动。负载对基波的阻抗大而对谐波的阻抗小，所以 u_o 接近正弦波 7-3（b）。注意触发 VT_2、VT_3 的时刻 t_1 必须在 u_o 过零前并留有足够的裕量，才能使换流顺利完成。

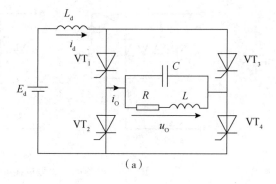

（a）

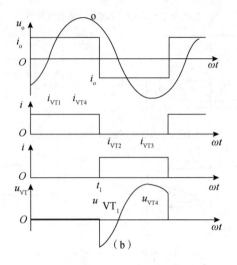

图 7-3　负载换流电路及其工作波形

（4）强迫换流（forced commutation）。设置附加的换流电路，给欲关断的晶闸管强迫施加反压或反电流的换流方式称为强迫换流。通常利用附加电容上所储存的能量来实现，因此也称为电容换流。

强迫换流分为直接耦合式强迫换流和电感耦合式强迫换流。

直接耦合式强迫换流：由换流电路内电容直接提供换流电压。如图 7-4，当晶闸管 VT 处于通态时，预先给电容充电。当 S 合上，就可使 VT 被施加反压而关断，也叫电压换流。

电感耦合式强迫换流：通过换流电路内的电容和电感的耦合来提供换流电压或换流电流。图 7-5（a）中晶闸管在 LC 振荡第一个半周期内关断，图 7-5（b）中晶闸管在 LC 振荡第二个半周期内关断，注意两图中电容所充的电压极性不同。在这两种情况下，晶闸管都是在正向电流减至零且二极管开始流过电流时关断，二极管上的管压降就是加在晶闸管上的反向电压，也叫电流换流。

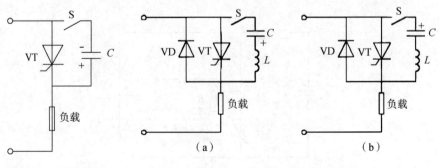

图 7-4　直接耦合式　　　　图 7-5　电感耦合式强迫换流原理图
　　强迫换流原理图

7.1.2 单相电压型逆变电路

根据直流侧电源性质的不同，可以分为两类：电压型逆变电路和电流型逆变电路。电压型逆变电路，直流侧是电压源；电流型逆变电路，直流侧是电流源。

电压型逆变电路的特点：

（1）直流侧为电压源或并联大电容，直流侧电压基本无脉动。

（2）由于直流电压源的钳位作用，输出电压为矩形波，输出电流因负载阻抗不同而不同。

（3）阻感负载时需提供无功功率，为了给交流侧向直流侧反馈的无功能量提供通道，逆变桥各臂并联反馈二极管。

1. 单相电压型半桥逆变电路

工作原理：V_1 和 V_2 栅极信号在一周期内各半周正偏、半周反偏，两者互补，输出电压 u_o 为矩形波，幅值为 $U_m = U_d/2$。V_1 或 V_2 通时，i_o 和 u_o 同方向，直流侧向负载提供能量；VD_1 或 VD_2 通时，i_o 和 u_o 反向，电感中贮能向直流侧反馈。VD_1、VD_2 称为反馈二极管，它又起着使负载电流连续的作用，又称续流二极管，如图 7-6 所示。

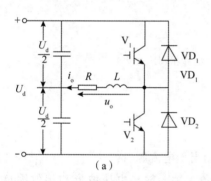 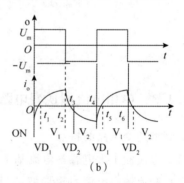

图 7-6　单相半桥电压型逆变电路及其工作波形

优点：电路简单，使用器件少。缺点：输出交流电压幅值为 $U_d/2$，且直流侧需两电容器串联，要控制两者电压均衡。应用：用于几千瓦以下的小功率逆变电源。单相全桥、三相桥式都可看成若干个半桥逆变电路的组合。

2. 单相电压型全桥逆变电路

共四个桥臂，可看成两个半桥电路组合而成。两对桥臂交替导通 $180°$。输出电压合电流波形与半桥电路形状相同，幅值高出一倍。改变输出交流电压的有效值只能通过改变直流电压 U_d 来实现，如图 7-7 所示。

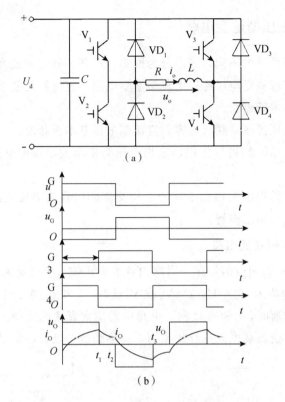

图 7-7 单相全桥逆变电路的移相调压方式

7.1.3 单相电流型逆变电路

电流型逆变电路的特点:

(1) 直流侧串大电感,电流基本无脉动,相当于电流源。

(2) 交流输出电流为矩形波,与负载阻抗角无关,输出电压波形和相位因负载不同而不同。

(3) 直流侧电感起缓冲无功能量的作用,不必给开关器件反并联二极管。

(4) 电流型逆变电路中,采用半控型器件的电路仍应用较多,换流方式有负载换流、强迫换流。

1. 电路原理

由四个桥臂构成,每个桥臂的晶闸管各串联一个电抗器,用来限制晶闸管开通时的 di/dt。工作方式为负载换相。电容 C 和 L、R 构成并联谐振电路。输出电流波形接近矩形波,含基波和各奇次谐波,且谐波幅值远小于基波,如图 7-8 所示。

2. 工作分析

一个周期内有两个导通阶段和两个换流阶段。$t_1 \sim t_2$:VT_1 和 VT_4 稳定导通阶段,i_o $= I_d$,t_2 时刻前在 C 上建立了左正右负的电压。$t_2 \sim t_4$:t_2 时触发 VT_2 和 VT_3 开通,进入换流阶段。LT 使 VT$_1$、VT$_4$ 不能立刻关断，电流有一个减小过程。VT$_2$、VT$_3$ 电流有一个增大过程。4 个晶闸管全部导通，负载电容电压经两个并联的放电回路同时放电。LT$_1$、VT$_1$、VT$_3$、LT$_3$ 到 C；另一个经 LT$_2$、VT$_2$、VT$_4$、LT$_4$ 到 C，如图 7-9 所示。

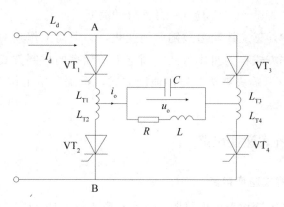

图 7-8　单相桥式电流型（并联谐振式）逆变电路

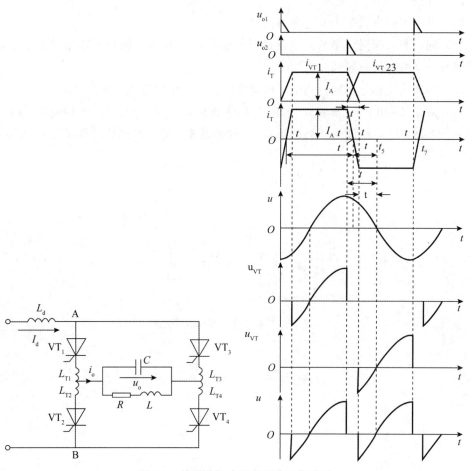

图 7-9　并联谐振式逆变电路工作波形

i_o在 t_3 时刻，即 $i_{VT1} = i_{VT2}$ 时刻过零，t_3 时刻大体位于 t_2 和 t_4 的中点。$t = t_4$ 时，VT_1、VT_4 电流减至零而关断，换流阶段结束。$t_4 - t_2 = t_g$ 称为换流时间。保证晶闸管的可靠关断晶闸管需一段时间才能恢复正向阻断能力，换流结束后还要使 VT_1、VT_4 承受一段反压时间 t_b。$t_b = t_5 - t_4$ 应大于晶闸管的关断时间 t_q。

实际工作过程中，感应线圈参数随时间变化，必须使工作频率适应负载的变化而自动调整，这种控制方式称为自励方式。固定工作频率的控制方式称为他励方式。自励方式存在起动问题，解决方法：先用他励方式，系统开始工作后再转入自励方式。附加预充电起动电路。

7.1.4　三相桥式逆变电路

1. 三相电压型桥式逆变电路

三相电压型桥式逆变电路的电路图和工作波形如图 7-10 和图 7-11 所示。工作特点包括以下几点：

（1）基本工作方式是 180°导电方式。

（2）同一相（即同一半桥）上下两臂交替导电，各相开始导电的角度差 120°，任一瞬间有三个桥臂同时导通。

（3）每次换流都是在同一相上下两臂之间进行，也称为纵向换流。

（4）对于 U 相输出来说，当桥臂 1 导通时，$U_{UN'} = U_d/2$，当桥臂 4 导通时，$u_{UN'} = -U_d/2$，$U_{UN'}$ 的波形是幅值为 $U_d/2$ 的矩形波，V、W 两相的情况和 U 相类似。

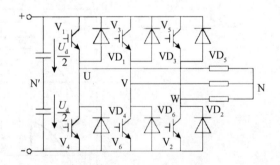

图 7-10　三相电压型桥式逆变电路

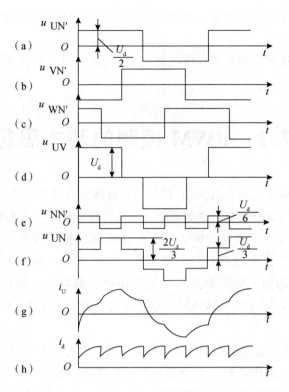

图 7-11　三相电压型桥式逆变电路的工作波形

2. 三相电流型桥式逆变电路

三相电流型桥式逆变电路的电路图和工作波形如图 7-12 和图 7-13 所示。工作特点，包括以下几点：

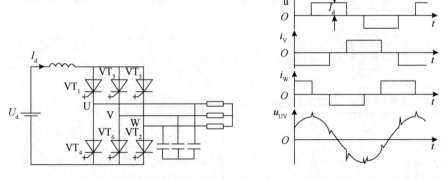

图 7-12　三相电流型桥式逆变电路　　　图 7-13　三相电流型桥式逆变电路工作波形

（1）基本工作方式。120°导电方式，每个臂一周期内导电120°，每个时刻上下桥臂组各有一个臂导通。

（2）换流方式为横向换流。

（3）输出电流波形和负载性质无关，正负脉冲各120°的矩形波。

（4）输出电流和三相桥整流带大电感负载时的交流电流波形相同，谐波分析表达式也相同。

（5）输出线电压波形和负载性质有关，大体为正弦波，但叠加了一些脉冲。

7.2　PWM 控制的基本思想

PWM（pulse width modulation）控制就是对脉冲的宽度进行调制的技术。即通过对一系列脉冲的宽度进行调制，来等效地获得所需要的波形（含形状和幅值）。

直流斩波电路采用的就是 PWM 技术。这种电路把直流电压"斩"成一系列脉冲，改变脉冲的占空比来获得所需的输出电压。改变脉冲的占空比就是对脉冲宽度进行调制，只是因为输入电压和所需要的输出电压都是直流电压，因此脉冲既是等幅的，也是等宽的，仅仅是对脉冲的占空比进行控制，这是 PWM 控制中最为简单的一种情况。

PWM 控制技术在逆变电路中的应用最为广泛，对逆变电路的影响也最为深刻。现在大量应用的逆变电路中，绝大部分都是 PWM 型逆变电路。可以说 PWM 控制技术正是有赖于在逆变电路中的应用才发展得比较成熟，从而确定了它在电力电子技术中的重要地位。近年来，PWM 技术在整流电路中也开始应用，并显示了突出的优越性，因此，PWM 控制技术是变频器技术的关键技术。

7.2.1　重要理论基础——面积等效原理

冲量相等而形状不同的窄脉冲加在具有惯性的环节上时，其效果基本相同，如图 7-14 所示。

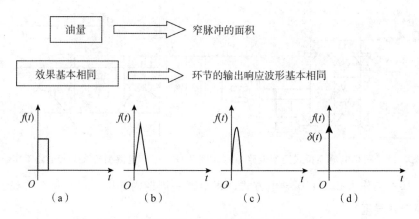

图 7-14　形状不同而冲量相同的各种窄脉冲

（a）矩形脉冲　（b）三角形脉冲　（c）正弦半波脉冲　（d）单位脉冲函数

具体的实例说明"面积等效原理",如图 7-15 所示。

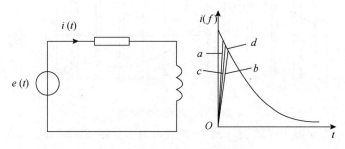

图 7-15　面积等效原理说明图

图中,u(t)为电压窄脉冲,是电路的输入。

i(t)为输出电流,是电路的响应。

用一系列等幅不等宽的脉冲来代替一个正弦半波,如图 7-16 所示。

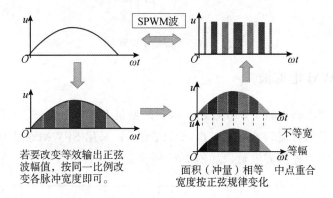

图 7-16　等幅不等宽脉冲代替正弦半波

对于正弦波的负半周,采取同样的方法,得到 PWM 波形,正弦波一个完整周期的等效 PWM 波如图 7-17 所示。

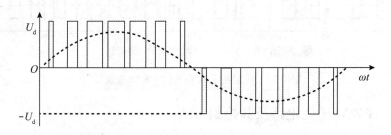

图 7-17　脉冲等效 PWM 波形

根据面积等效原理,正弦波还可等效为下图中的 PWM 波,而且这种方式在实际应用中更为广泛,如图 7-18 所示。

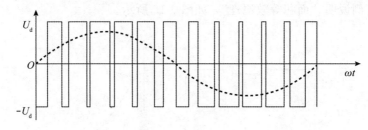

图 7-18   等幅 PWM 波

图 7-18 所示为等幅 PWM 波，图 7-19 所示为不等幅 PWM 波。

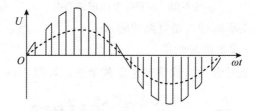

图 7-19   不等幅 PWM 波

7.2.2　PWM 电流波

对电流型逆变电路进行 PWM 控制，得到的就是 PWM 电流波。PWM 电流波可等效的各种波形，采用直流斩波电路，得到直流波形；采用 SPWM 波方法，得到正弦波形。还可以等效成其他所需波形，如图 7-20 所示。

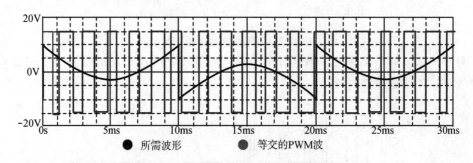

● 所需波形　　　　　　● 等效的PWM波

图 7-20　所需波形和等效的 PWM 电流波

7.2.3　PWM 逆变电路及其控制方法

目前，中小功率的逆变电路几乎都采用 PWM 技术。逆变电路是 PWM 控制技术最为重要的应用场合。PWM 逆变电路也可分为电压型和电流型两种，目前实用的 PWM 逆变电路几乎都是电压型电路。

1. 计算法和调制法

（1）计算法

根据正弦波频率、幅值和半周期脉冲数，准确计算 PWM 电流波各脉冲宽度和间隔，据此控制逆变电路开关器件的通断，就可得到所需 PWM 波形。本法较繁琐，当输出正弦波的频率、幅值或相位变化时，结果都要变化。

（2）调制法

结合 IGBT 单相桥式电压型逆变电路对调制法进行说明，如图 7-21 所示。工作时 V_1 和 V_2 通断互补，V_3 和 V_4 通断也互补。以 u_o 正半周为例，V_1 通，V_2 断，V_3 和 V_4 交替通断。负载电流比电压滞后，在电压正半周，电流有一段区间为正，一段区间为负。负载电流为正的区间，V_1 和 V_4 导通时，u_o 等于 U_d。

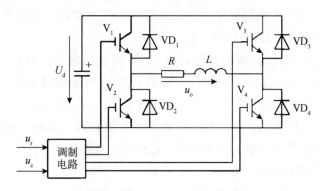

图 7-21　单相桥式 PWM 逆变电路

V_4 关断时，负载电流通过 V_1 和 VD_3 续流，$u_o=0$。负载电流为负的区间，V_1 和 V_4 仍导通，i_o 为负，实际上 i_o 从 VD_1 和 VD_4 流过，仍有 $u_o=U_d$。V_4 关断 V_3 开通后，i_o 从 V_3 和 VD_1 续流，$u_o=0$。u_o 总可得到 U_d 和零两种电平。u_o 负半周，让 V_2 保持通，V_1 保持断，V_3 和 V_4 交替通断，u_o 可得 U_d 和零两种电平。

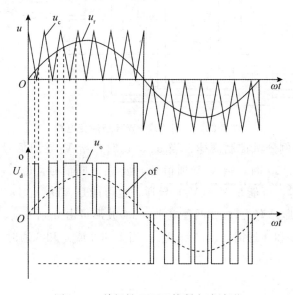

图 7-22　单极性 PWM 控制方式波形

（3）单极性 PWM 控制方式（单相桥逆变）

在 u_r 和 u_c 的交点时刻控制 IGBT 的通断。u_r 正半周，V_1 保持通，V_2 保持断。当 $u_r > u_c$ 时使 V_4 通，V_3 断，$u_o = U_d$。当 $u_r < u_c$ 时使 V_4 断，V_3 通，$u_o = 0$。在 u_r 和 u_c 的交点时刻控制 IGBT 的通断。

（4）双极性 PWM 控制方式（单相桥逆变）

在 u_r 和 u_c 的交点时刻控制 IGBT 的通断。

在 u_r 的半个周期内，三角波载波有正有负，所得 PWM 波也有正有负，其幅值只有 $\pm U_d$ 两种电平。同样在调制信号 u_r 和载波信号 u_c 的交点时刻控制器件的通断。u_r 正负半周，对各开关器件的控制规律相同。

当 $u_r > u_c$ 时，给 V_1 和 V_4 导通信号，给 V_2 和 V_3 关断信号。如 $i_o > 0$，V_1 和 V_4 通；如 $i_o < 0$，VD_1 和 VD_4 通，$u_o = U_d$。当 $u_r < u_c$ 时，给 V_2 和 V_3 导通信号，给 V_1 和 V_4 关断信号。如 $i_o < 0$，V_2 和 V_3 通；如 $i_o > 0$，VD_2 和 VD_3 通，$u_o = -U_d$。

对照上述两图可以看出，单相桥式电路既可采取单极性调制，也可采用双极性调制，由于对开关器件通断控制的规律不同，它们的输出波形也有较大的差别。

（5）双极性 PWM 控制方式（三相桥逆变）

三相的 PWM 控制公用三角波载波 u_c，三相的调制信号 u_{rU}、u_{rV} 和 u_{rW} 依次相差 $120°$，如图 7-23 所示。

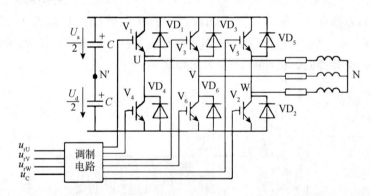

图 7-23　三相桥式 PWM 型逆变电路

下面以 U 相为例分析控制规律：当 $u_{rU} > u_c$ 时，给 V_1 导通信号，给 V_4 关断信号，$u_{UN}' = U_d/2$。当 $u_{rU} < u_c$ 时，给 V_4 导通信号，给 V_1 关断信号，$u_{UN}' = -U_d/2$。当给 V_1（V_4）加导通信号时，可能是 V_1（V_4）导通，也可能是 VD_1（VD_4）导通。u_{UN}'、u_{VN}' 和 u_{WN}' 的 PWM 波形只有 $\pm U_d/2$ 两种电平。u_{UV} 波形可由 $u_{UN}' - u_{VN}'$ 得出，当 1 和 6 通时，$u_{UV} = U_d$；当 3 和 4 通时，$u_{UV} = -U_d$；当 1 和 3 或 4 和 6 通时，$u_{UV} = 0$。

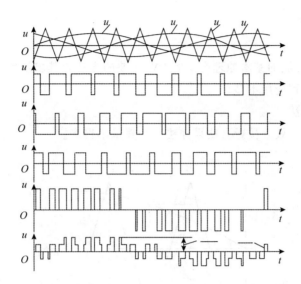

图 7-24 三相桥式 PWM 逆变电路波形

输出线电压 PWM 波由 ±U_d 和 0 三种电平构成，负载相电压 PWM 波由 （±2/3）U_d、（±1/3）U_d 和 0 共 5 种电平组成。防直通的死区时间，同一相上下两臂的驱动信号互补，为防止上下臂直通而造成短路，留一小段上下臂都施加关断信号的死区时间。死区时间的长短主要由开关器件的关断时间决定。死区时间会给输出的 PWM 波带来影响，使其稍稍偏离正弦波。

（6）特定谐波消去法（selected harmonic elimination PWM，SHEPWM）

这是计算法中一种较有代表性的方法。输出电压半周期内，器件通、断各 3 次（不包括 0 和 π），共 6 个开关时刻可控。为减少谐波并简化控制，要尽量使波形对称。

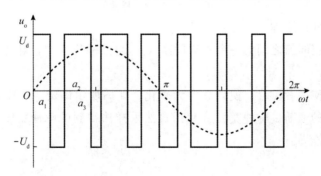

图 7-25 特定谐波消去法的输出 PWM 波形

一般在输出电压半周期内，器件通、断各 k 次，考虑到 PWM 波四分之一周期对称，k 个开关时刻可控，除用一个自由度控制基波幅值外，可消去 k−1 个频率的特定谐波。k 的取值越大，开关时刻的计算越复杂。除计算法和调制法外，还有跟踪控制方法。

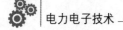

2. 规则采样法

（1）自然采样法

按照 SPWM 控制的基本原理产生的 PWM 波的方法，其求解复杂，难以在实时控制中在线计算，工程应用不多。

（2）规则采样法

工程实用方法，效果接近自然采样法，计算量小得多。

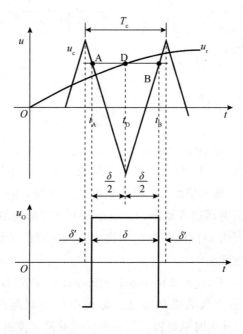

图 7-26　规则采样法

（3）规则采样法原理

三角波两个正峰值之间为一个采样周期 T_c。自然采样法中，脉冲中点不和三角波（负峰点）重合。

规则采样法使两者重合，使计算大为减化。如图所示确定 A、B 点，在 t_A 和 t_B 时刻控制开关器件的通断。脉冲宽度 d 和用自然采样法得到的脉冲宽度非常接近。规则采样法计算公式推导。

本章小结

本章主要介绍了电压型变换器、电流型变换器和脉宽调制（SPWM）变换器。电压型变换器的特点是直流电源接有很大的滤波电容，从逆变器向直流电源看过去，表现为电源内阻很小的电压源，保证直流电压稳定。电流型变换器的中间直流环节有很大的电感作为滤波环节，从逆变器向直流电源看去，为一具有很大阻抗的恒电流。本章对电压型变换器和电流型变换器做了比较。

交—直—交变频原理为频率不变的交流电源经整流电路变为直流电，在经逆变器，其开关元件有规律地导通和关断，改变原件导通和关断频率的快和慢，就能改变输出交流电压幅值的高与低；改变直流环节电压的高和低，就能调节交流输出电压幅值的大与小。本章系统地分析了其电压波形和电流波形。

SPWM 变换器从正弦脉宽调制（SPWM）原理出发，介绍了单极性和双极性脉宽调制；阐述了 SPWM 变换器的优点及其开关频率；最后介绍了几种常用的 SPWM 波形生成的方法。

习　题

1. 概念解释：逆变、无源逆变、有源逆变、器件换流、负载换流。

2. 无源逆变的换流方式有几种？各有什么特点？

3. 什么是电压型和电流型逆变器？各有何特点？

4. 串联二极管式电流型逆变电路中，二极管的作用是什么？试分析其换相过程。

5. 什么是 PWM？

6. 什么叫异步调制？什么叫同步调制？两者各有什么特点？

7. SPWM 的控制方式有几种？各有何特点？

8. 什么是 SPWM 波形的规则取样法？与自然取样法相比，规则取样法有什么优、缺点？

9. PWM 逆变器消除谐波的一般方法是什么？

第 8 章　电力电子实验

实验一　单相半控桥式整流电路与单结晶体管触发电路的研究

一、实验目的

1. 熟悉单结晶体管触发电路的工作原理，测量相关各点的电压波形。

2. 熟悉单相半波可控整流电路与单相半控桥式整流电路在电阻负载和电阻—电感负载时的工作情况。分析、研究负载和元件上的电压、电流波形。

3. 掌握由分列元件组成电力电子电路的测试和分析方法。

二、实验电路与工作原理

实验电路如图 1-1 所示。

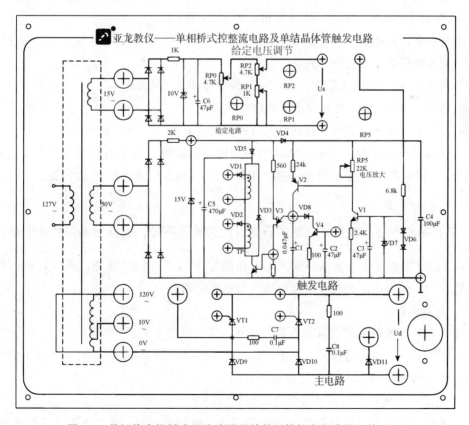

图 1-1　晶闸管半控桥式整流路图及单晶闸管触发电路图（单元 1）

三、实验设备

1. 亚龙 YL-209 型电力电子实验装置单元 1。
2. 万用表。
3. 双踪示波器。
4. 变阻器。

四、实验内容与实验步骤

(一) 单结晶体管触发电路的测试

1. 将实验电路的电源进线端接到相应的电源上（虚线部分在交流电源单元上，下同）。

2. 用双综示波器 Y_1 测量 50V 的电压 U_T 的数值与波形，用 Y_2 测量 15V 稳压管上的电压 U_v（同步电压）的波形，并进行比较（注意：以 0 点为两探头的公共端）。

3. 整定 RP_1 与 RP_0，使 RP_2 输出电压在 0.5V～2.5V 之间变化。

4. 调节给定电位器 RP_2，使控制角 α 为 60°左右。

①测量单结晶体管 V_3（BT 管）发射极电压（即电容 C_1 上的电压 U_{C1}）的电压波形（以同步电压为参考波形）。

②测量 V_3 输出电压波形 U_0（即 100Ω 输出电阻上的电压）。

③测量脉冲变压器 TP 两端输出的电压波形 U_{G1} 或 U_{G2}。

④调节 RP_2 观察触发脉冲移动情况（即控制角 α 调节范围；能否由 0°→180°）。

注：由于此电路的同步电压为近似梯形波，因此前、后均有死区，α 调节范围一般为 10°→170°左右，甚至更小一些。RP_0 整定最高速，RP_1 整定最低速，RP_2 调节速度。

(二) 单相半波可控整流电路的研究（此实验可不做，直接做半控桥式电路）

以 120V 交流电接入主电路输入端，晶闸管 VT_1 接入触发脉冲，而 VT_2 则不接入触发脉冲（此时主电路相当于单相半波可控整流电路）。

1. 电阻负载。

①将电阻负载接入主电路输出端（此处已接白炽灯）。

②调节 RP_2，使控制角 α 分别为：$\alpha=60°$、$\alpha=90°$ 和 $\alpha=120°$，测量负载上的电压波形，及 U_d 数值（电流波形与电压波形相同）。

2. 电阻—电感负载（不并接续流二极管）。

①将电感负载 L_d 与电阻负载 R_d 串联后接入主电路输出端。此处电阻负载为变阻器，调至 100Ω 左右，电感负载可借用 380V/50V 整流变压器的二次侧（即 50V）绕组。

②用示波器探头 Y_1 测 U_d 波形，同时用探头 Y_2 测 R_d 上的波形〔注意 Y_1 和 Y_2 的接地端为公共端（可以主电路底线为公共端），R_d 上的波形相当电流波形〕。

③调节 RP_0，使 $\alpha=60°$、$\alpha=90°$ 和 $\alpha=120°$，记下相应的 U_d 值、电压与电流波形。

3. 电阻—电感负载（并接续流二极管）。

重复 2 中实验。比较 2、3 实验中 U_d 及波形的差别。

（三）单相半控桥式整流电路的研究

1. 电阻负载。

①以电阻负载接入半控桥主电路，为便于观察，已在输出端并联一只白炽灯，若不需要，则可把灯泡拧去。

②将两组触发脉冲分别加在两个晶闸管 VT_1 和 VT_2 上。

③调节 RP_0，使控制角 α 分别为：$\alpha=60°$、$\alpha=90°$ 和 $\alpha=120°$，测量负载上的电压 U_d 的数值和波形（电阻上的电流波形与电压波形相同）。

④测量晶闸管 VT_1 两端的电压波形。

2. 电阻—电感负载（先不并接续流二极管）。

①将电抗器与电阻串联后接入主电路；将主电路进线接在交流 10V 上。将变阻器与电抗器串联，调节变阻器使电流 $I=0.5A$。

②调节 RP_0，使控制角 α 分别为：$\alpha=0°$、$\alpha=30°$、$\alpha=90°$、$\alpha=120°$ 和 $\alpha=170°$（最大）时，负载的电压与电流波形，负载电压波形为 U_d 波形，负载电流波形（即电阻 R_d 上的电压波形，因电阻上电压、电流波形是相同的）。注意：以主电路底线为两探头的公共端。

③在电路已进入稳定工作时，突然将控制角 α 增大到接近 $180°$，或突然拔去一个触发脉冲，半控桥有可能发生：正在导通的晶闸管一直导通（波形成为半波整流），从而失去调节作用（产生"失控现象"），试观察失控现象。

④并接续流二极管后，再观察有无失控现象。

五、实验注意事项

1. 由于电力电子实验中的数值和波形都比较复杂，涉及因数也较多，因此要理解与掌握电路工作原理，并对实验中要进行测量的数值和波形做到心中有数，以避免实验中盲目性。

2. 使用双综示波器的两个探头同时进行测量时，必须使两个探头的地线端为同一电位的端点（因示波器的两个探头的地线端是联在一起的），否则测量时会造成短路事故。

3. 由于示波器探头公共端接外壳，而外壳又通过插头与大地相联，而三相电力线路的中线是接大地的，这样探头地线便与电力中线相通了。在进行电力电子实验，若用探头去测晶闸管元件时，（若不用整流变压器时）便会烧坏元件或造成短路。因此，通常要将示波器接地线拆去，或通过隔离变压器对示波器供电（如本实验装置的插座均经过隔离变压器）。

六、实验报告

1. 记录交流电压、同步电压、电容 C_1 两端电压、V_3（BT 管）、输出电压的波形。

2. 记录单相半波可控整流电路和单相半控桥式整流电路负载及 VT_1 管的数据与波形（参见下表）。

负载性质	控制角 α	主电路交流电压 U_2	负载电压 U_d	U_d 波形	I_d 波形（即 R_d 波形）	VT_1 波形
电阻						
电阻电感（不并续流二极管）						
电阻电感（并续流二极管）						

3. 对不同性质负载，U_d 与 U_2 间的关系式是怎样的？测量值与计算值是否相符？

4. 分析波形是否有异常情况，若有，分析其原因，并提出改进办法。

实验二　晶闸管直流调速系统

一、实验目的

1. 分析晶闸管半控桥式整流电路电机负载（反电势负载）时的电压、电流波形。

2. 熟悉典型小功率晶闸管直流调速系统的工作原理，掌握直流调速系统的整定与调试。

3. 测定直流调速系统开环和闭环时的机械特性。

4. 掌握直流调速系统的过电流保护和零压保护等环节的应用。

二、实验电路与工作原理

1. 实验电路由两部分组成，它们是亚龙 YL-209 型电力电子实验装置的第 1 单元（如图 1-1 所示）和第 2 单元（如图 2-1 所示）。组合后的电路如图 2-2 所示，此为一典型产品的电路图，组成此系统的各单元如图 2-3 所示。图 2-3 中各元件的文字符号与图 2-1、图 2-2 有所不同，请注意。

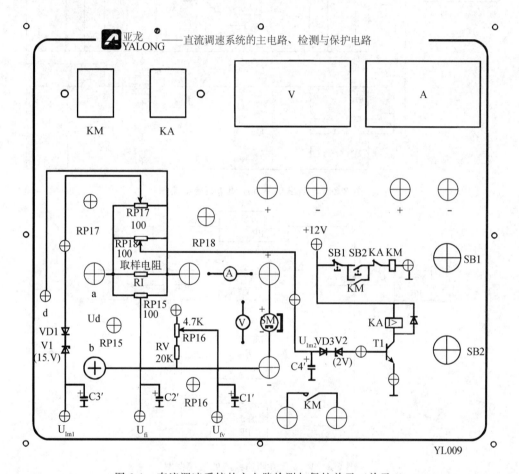

图 2-1　直流调速系统的主电路检测与保护单元（单元 2）

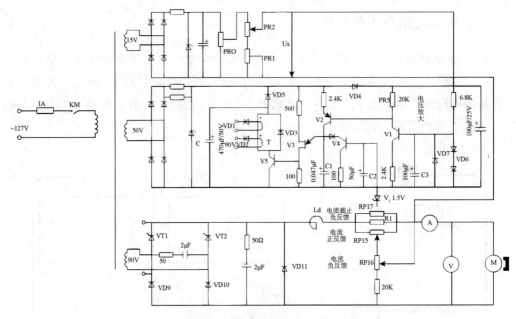

图 2-2 典型小功率直流调速系统电路图

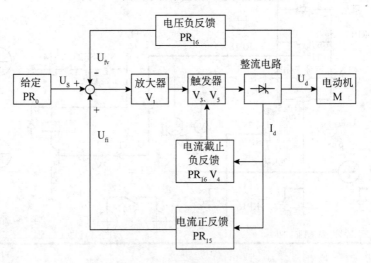

图 2-3 典型直流调速系统的组成框图

2. 此电路的工作原理可见《自动控制原理与系统》（第 3 版）（孔凡才编著）或《自动控制系统》（孔凡才主编）（机械工业出版社）。现再作一些补充说明：

①此实验中的单元 1 为主电路和触发电路，单元 2 为反馈电路和保护电路。在单元 2 中，R_I 为串联在电路中的取样电阻，它两端的电压与通过的电流 I_d 成正比，此电压经分压后，作为电流反馈信号输出。其中经电位器 RP_{15} 分压输出的 U_{fi} 为电流正反馈信号，它与电压负反馈电压 U_{fv} 反向串联后，再与给定电压 U_s 叠加，作为控制信号 ΔU $=U_s-U_{fv}+U_{fi}$，（注意它们的极性），加到放大器的输入端。

②由于直流电动机起动时，转速 $n=0$，导致反电势 $E=0$，这样电机电枢电流 $I_a=$

$(U-E)/R_a=U/R_a$，而 R_a 一般很小，会造成直流电动机起动时电流过大（十几倍～几十倍额定电流）而烧坏电机和元件，因此必须设置限流环节。

在图 2-2 中，由电位器 RP_{17} 分压输出的为电流截止负反馈电压（U_{Im1}），它与由稳压管 V_1 给出阈值电压（U_{v1}）进行比较，当主电路电流过大，$U_{Im1}>U_{v1}$ 时，稳压管击穿导通，它将使图 1-1 中的 V_4 导通，而 V_4 的导通将对电容 C_1 构成分流旁路，使电容（充电）电压 U_{C1} 上升减缓，从而延长 U_{C1} 到达 BT 管峰值的时间，即延迟触发脉冲产生的时刻，亦即增大控制角 α，减小导通角 θ，使整流输出电压减小，输出电流减小，从而起到限制电流过大的作用。调节电位器 RP_{17}，通常整定使 $I_{m1}=(1.2\sim1.5)I_N$（I_N 为额定电流）。

③在工业上，有时为更可靠地防止电流过大，还增设其他过电流保护环节，如在图 2-2 中，经电位器 RP_{18} 分压输出的 U_{Im2}，当电流过大，$U_{Im2}>U_{V2}$（稳压管 V_2 阈值电压），它将使图 2-2 中的三极管 T_1 导通，使继电器 KA 吸合。而 KA 吸合，将使接触器 KM 失电，使串联在主电路中的 KM 常开触电断开，从而切断主电路的供电电源，起到可靠的过电流保护作用。

在整定时，通常使过电流动作电流 I_{m2} 大于截止电流 I_{m1}（如整定使 $I_{m2}=1.5I_N$，$I_{m1}=1.2I_N$）。

④由图 2-2 还可见，要使直流调速系统得电运行，首先要按启动按钮 SB_2，使 KM 吸合、并自锁。SB_1 为停车按钮。由 KM 构成的电路除作过电流保护外，还兼作零压保护（即断电后必须重新启动）。

⑤调试时一般首先对控制回路各单元进行分部调试，如检查电源、元件电压的波形与幅值、触发电路各点电压波形与幅值、脉冲的波形和移相以及放大器等单元是否正常。

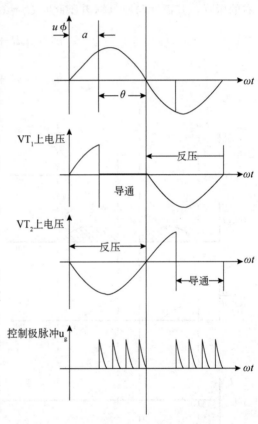

图 2-4 晶闸管元件上的电压波形

启动后，用示波器观察晶闸管元件上的电压波形、电动机电枢电压和电枢电流波形。

元件上的波形见图 2-4。电枢电压和电流的波形在电流断续和连续时是不同的。电流断续时的波形参见图 2-5。

在未触发时，由于电动机已在运转，电枢电压即为电枢感生电动势 E。当触发导通后，这时电动机电枢电压即为电源正弦电压波形。从电枢内部可以分析，即为电源正弦电压波形。从电枢内部可以分析，它由电阻压降 i_dR 克服漏磁感生电势的电压 $L\dfrac{di_d}{dt}$ 及主磁通产生的感生电势 E 三部分组成，即：$u_d = i_dR + L\dfrac{di_d}{dt} + E$，其中 i_dR 波形与 i_d 同，$L\dfrac{di_d}{dt}$ 波形与 i_d 的斜率成正比，E 基本为恒量（有些小波动）。三者的叠加即为电枢电压波形。

当电枢电流连续时，同理，当触发导通后，电枢电压即为电源正弦电压波形。当电压达到零点后，由于平波电抗器和电枢漏磁电感产生的感生电势（$L\dfrac{di_d}{dt}$）较大，它将克服反电势 E，使电流继续流通。此电流通过续流二极管（VD11）产生 $-0.7V$ 左右的压降，其极性与原电枢电压此时 $U_d = 0.7V$。电压波形和电流波形见图 2-6。

$$u_d = i_dR + L\frac{di_d}{dt} + E$$

$$u_d = i_dR + L\frac{di_d}{dt} + E$$

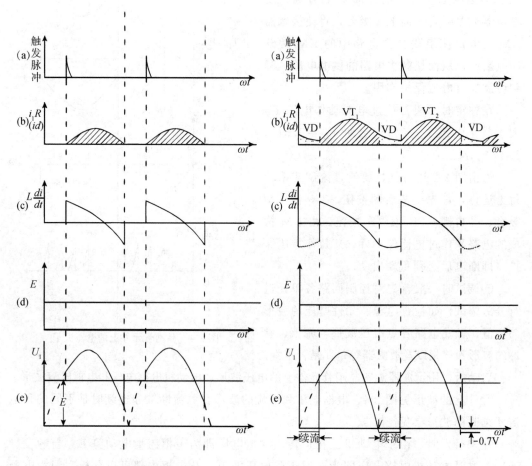

图 2-5　电枢电流断续时
电流与电压波形

图 2-6　续流二极管使电枢电流连续时
电流与电压波形

三、实验设备

1. 亚龙 YL－209 实验装置单元 1 和单元 2。

2. 直流电机机组为亚龙公司特制直流电动机，有两种。一种是永磁直流电动机，其参数如下：额定功率 $P_N＝123W$，额定电压 $U_N＝110V$，额定电流 $I_N＝1.7A$，实验中取 $I_N＝1.2A$，额定转速 $n_N＝1000r/min$，额定转矩 $T_N＝1176mN.m$。另一种是他励直流电动机，其电枢电压与励磁电压均为 110V，其他参数与前者相近，具体见电动机名牌。

3. 测速、测矩、测功机及测量仪，具有转速 n（r/min）、转矩 T（mN.m）及机械功率 P（W）显示（三位半显示），并有测速电压 U_n 输出（10V 左右可调）（接线见附录）。用变阻器即可改变测功机的输出电流，改变加载转矩。测功机输出最大电流为 2.0A（在实验中，最大电流取 1.5A）。

4. 万用表。

5. 双踪示波器。

6. 变阻器。

四、实验内容与实验步骤

1. 连接单元 1、单元 2 和电机机组的连线，组成如图 2-3 所示的直流调速系统。

连线时，请注意：主电路输入接 120V 交流电。①U_s、U_{fv} 与 U_{fi} 的极性不要接错。②图 2-3 中 L_d 采用单元 1 中的电抗器 L_d。③图 2-3 中为永磁式直流电动机，若为他励电动机，则由可调直流电源将励磁电压 U_F 调至 110V，并保持恒量。

2. 将给定电位器 RP_2 调至最低点。

3. 先以变阻器取代电动机，并使阻值为最大，然后按启动按钮 SB_2 启动调速电路。调节 U_s 及变阻器，使主电路电流 $I_d＝1.2I_N＝1.2×1.2≈1.4A$，调节 RP_3，使 V_4 由截止变为导通状态。

4. 拔去 U_{Im1} 连线，继续调节 U_s 及变阻器，使主电路电流 $I_d＝1.5I_N＝1.5×1.2＝1.8A$，调节 RP_4，使 KA 刚好动作。

5. 整定 RP_0 与 RP_1，使 RP_2 的输出在 0.5V～8.0V 之间变化。在整定参数时，通常使额定值时，RP_2 输出 $U_s＝8.0V$。电机在额定电压 $U_d＝110V$ 运转时，调节 RP_{16}，使 $U_{fv}≈7V$（略小于 U_s），同时调节 RP_{15}，使 $U_{fi}＝0$，待实验后，电机已正常运转，再逐渐加大 U_{fi}（0.2V～0.5V），观察 U_{fi} 对机械特性硬度的影响。

6. 将 U_s 调至最低，并以电动机取代变阻器，然后逐渐增大 U_s，使电动机旋转。

7. 空载时，调节 U_s，使电动机两端平均电压分别为 110V、90V、70V、50V，测量此时电机的转速数值以及电压与电流波形。

直流调速系统的空载特性

U_d	I_d （A）	n （r/min）	电压 U_d 波形	电流 I_d 波形
110V				
90V				
70V				
50V				

8. 直流调速系统的开环机械特性。除电流截止负反馈和过电流保护环节外，除去电压负反馈和电流正反馈环节，使系统处于开环控制状态。将 U_s 调至零，首先调节 U_s （因除去反馈量，U_s 值很小）（1V 左右），使 $U_d = 110$V，然后逐渐加大机械负载。调节测功机电流，使电动机电流 I_d 分别为空载电流（0.25A 左右）、0.4A、0.6A、0.8A、1.0A、1.2A，并记录对应的电动机转矩 T 及转速 n。

直流调速系统的开环机械特性

I_a （A）	0.25	0.4	0.6	0.8	1.0	1.2
T （mN.m）						
n （r/min）						

9. 直流调速系统的机械特性。加上电压负反馈环节，重复上面的实验。

具有电压负反馈直流调速系统的机械特性

I_a （A）	0.25	0.4	0.6	0.8	1.0	1.2
T （mN.m）						
n （r/min）						

10. 增加电流正反馈环节（即增加适当的扰动顺馈补偿），重复上面的实验。

具有电压负反馈和电流正反馈的直流调速系统的机械特性

I_a （A）	0.25	0.4	0.6	0.8	1.0	1.2
T （mN.m）						
n （r/min）						

五、实验注意事项

1. 本实验由三个单元构成，连接很容易出错，尤其极性容易搞错，因此连线时，要认定一个起始端，逐个向下连接，并注意它们的极性是否符合要求。

2. 由于调速系统很容易形成振荡，因此加反馈量时，负反馈量可调大些（但不可超过给定值），正补偿量则先调小些，然后再增加。正补偿量过大，可能导致系统振荡。

3. 增加机械负载时，先使测功机输出开路，然后将变阻器调至最大值，再接上变阻器。

六、实验报告

1. 画出半控桥式整流电路电动机负载时的电压、电流波形。

2. 画出晶闸管直流调速系统的开环机械特性 $[n=f(T_L)$ 及 $n=f(I_a)]$ 曲线，并说明形成很软的机械特性的主要原因。

3. 画出具有电压负反馈的晶闸管直流调速系统的机械特性 $[n=f(T_L)$ 及 $n=f(I_a)]$。

4. 画出具有电压负反馈和电流正反馈的晶闸管直流调速系统的机械特性曲线 $[n=f(T_L)$ 及 $n=f(I_a)]$，并分析研究调节反馈量及补偿量对机械特性的影响。

七、扩展实验（由学生自己确定线路组合）

由于电动机机组有转速模拟量 U_n 输出，因此，可采用转速负反馈环节来取代电压负反馈及电流正反馈环节。重做上述实验，并对比这两种反馈式的优缺点。由于测速发电机在转速 1500r/min 时，输出电压 U_n 为 20V 左右，因此作反馈量时，调节测速仪上的电位器，使 $U_{fn}=7V$ 左右。

实验三　IGBT 管的驱动、保护电路的测试及直流斩波电路、升降压电路的研究

一、实验目的

1. 熟悉直流斩波电路及升、降压电路的工作原理。

2. 掌握 IGBT 器件的应用、驱动模块 EXB841 电路的驱动与保护环节的测试。

3. 掌握脉宽调制电路的调试及负载电压波形的分析。

二、实验电路与工作原理

（一）实验电路

实验电路图见图 3-1。

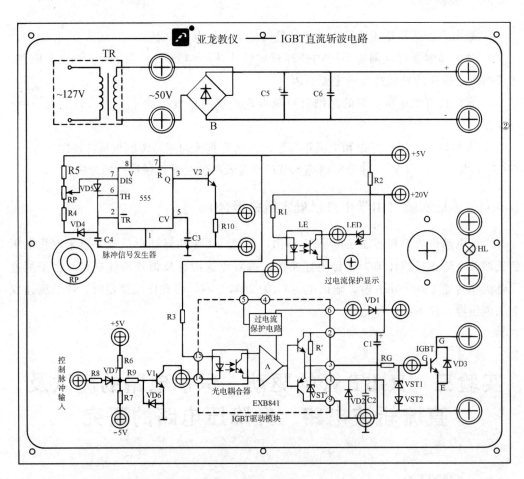

图 3-1　IGBT 直流斩波电路（单元 3）

（二）实验电路的工作原理

1. 直流斩波电路。220V 单相交流电经整流变压器 TR 降为 50V 交流电，再经桥堆 B 及滤波电容 C_5、C_6 后，变为直流电，其幅值在 45V～70V 之间，视负载电流大小而定。

直流电路的负载为 110V、25W 白炽灯（或 220V 25W 白炽灯），如今以绝缘栅双极晶体管（IGBT）作为开关管来控制直流电路的通、断，以调节负载上平均电压的大小。这就是一个直流斩波电路。

2. IGBT 管的驱动和保护电路。

（1）IGBT 管

IGBT 管是一个复合元件，它的前半部分类似绝缘栅场效应管（是电压控制型，具有输入阻抗高的优点），后半部分类似双极晶体管（具有输出阻抗小、导通压降小、承受电流大的优点）。它兼有场效应管和双极晶体管的优点，因而获得日益广泛的应用。

在图 3-1 中，G 为栅极，C 为集电极（又称漏极 D），E 为发射极（又称源极 S）。

（2）IGBT 的驱动电路

现以 EXB841 模块为例，介绍 IGBT 驱动电路的工作原理。

EBX841 型模块，可驱动 300A/1200V IGBT 元件，整个电路信号延迟时间小于 1μs，最高工作频率可达 40～50kHz。它只需要外部提供一个 +20V 的单电源（它内部自生反偏电压）。模块采用高速光电耦合（隔离）输入，信号电压经电压放大和推挽（射极跟随）功率放大输出，并有过电流保护环节。其功能原理图如图 3-2 所示，接线图如图 3-3 所示。

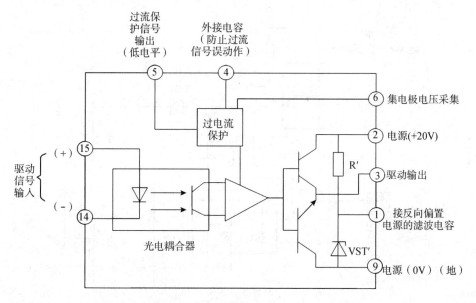

图 3-2 IGBT 驱动模块 EXB841 的工作原理图

对照图 3-2 和图 3-3 可以看出，15 脚接高电平（+5V）输入，14 脚输入控制脉信号（输入负脉冲，使光电耦合器导通），光电耦合信号经电压放大器 A 放大，再经发射极跟随功率放大后，由脚 3 输出，经限流电阻 R_G 送至 IGBT 的栅极 G，驱动 IGBT 导通工作。稳压管 VST_1、VST_2 为栅极电压正向限幅保护。集成模块中的电阻 R' 和稳压管 VST' 构成的分压，经 1 脚，为 IGBT 的发射极提供一个反向偏置（-5V）的电压，由于 $U_{GE} = V_G - V_E$，因此发射极电位 V_E 的提高，相对 U_{GE} 来说，为反向偏置。若 $V_E = 5V$，$V_G = 0$，则 $U_{GE} = -5V < 0$，G-E 结处于反偏。这是由于 IGBT 为电压控制型器件，截止时容易因感应电压而误导通，所以通常设置一个较高的反向偏压（-5V），使

IGBT 提高抗干扰能力，可靠截止。

1 脚还外接反向偏置电源的滤波电容和发射极的钳位二极管 VD$_2$（使发射极电位不低于 0V）。

（3）IGBT 的保护电路

①过电流保护。当集电极电流过大时，管子的饱和电压 U_{CE} 将明显增加，使集电极电位升高，过高的集电极电位将使二极管 VD$_1$ 截止，它作为过电流信号，送至 6 脚，通过模块中的保护电路，会使栅极电位下降，IGBT 截止，从而起到过电流保护作用。

此外，当出现过电流时，5 脚将输出低电平信号，使光电耦合器 LE 导通（见图 3-3），输出过电流保护动作信号（送至显示或报警或其他保护环节）。在图 3-1 中，是在 R$_2$ 与 LE 间，串接一发光二极管 LED，作为过电流显示。

模块中的 4 脚用于外接电容器（可接 $0.47\mu F$ 电容器至地），以防止过电流信号误动作；但绝大多数场合可以不用，所以在图 3-1 中未采用。

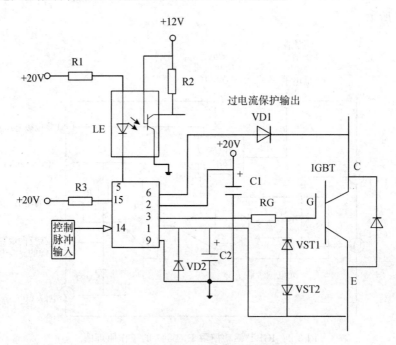

图 3-3　限流与限幅保护电路图

②限流与限幅保护。图 3-3 中 R$_G$ 为栅极限流电阻，对 6A/500V 元件，取 R$_G$ ＝ 250Ω。图 3-3 中 VST$_1$ 为栅极正向限幅保护，VST$_1$ 稳压值为 14V～15V（因 EXB841 输出高电平电压为 14.5V）。图 3-3 中 VST$_2$ 为栅极反向限幅保护，VST$_2$ 稳压值为－5V（因为 EXB841 输出低电平电压为－4.5V）。

（4）EXB841 为 15 脚模块，模块中其他脚号为空脚，故未标出。

3. 脉冲宽度调制器采用由 555 定时集成电路构成的多谐振荡器（占空比可变，而频率不变），并经过射极跟随器 V$_2$、R$_{10}$ 输出（以提高带载能力）。调节电位器 RP，即可调节脉冲宽度。由《电子技术》可知：

（1）脉冲周期

$T = 0.7 (R_5 + RP + R_4) C_4$

$= 0.7 \times (0.62 + 4.7 + 0.15) \times 0.22ms$

$= 0.84ms$

脉冲频率 $f = 1/T = 1/ (0.84 \times 10^{-3})$ Hz$\approx$1200Hz

（2）脉宽调节范围

$t_\omega = 0.7 [R_5 \sim (R_5 + RP)] C_4$

$= 0.7 [0.62 \sim (0.62 + 4.7)] \times 0.22ms$

$= (0.1 \sim 0.82)$ ms

（3）占空比

$q = 0.1/0.84 \sim 0.82/0.84 = 12\% \sim 98\%$

4. 为了使脉冲调制器输出低电平时，V_1能可靠截止，因此在 V_1 的基极处加一个由 +5V 和 -5V 电源及 R_6、R_7 构成的负偏置电路。VD_6 为 V_1 基极反向限幅保护。

三、实验设备

1. 亚龙 YL-209 型实验装置单元 3。

2. 电源：+20V、+5V、-5V 三组。接实验装置下方直流电源。

3. 示波器。

5. 万用表。

6. 变阻器。

四、实验内容与实验步骤

（一）直流斩波降压电路

1. 直流斩波降压电路，完成直流斩波降压电路连线，见图 3-4。

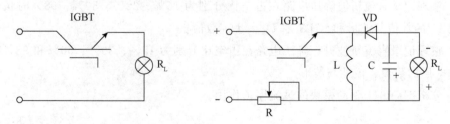

图 3-4 直流斩波降压电路   图 3-5 直流斩波升降压电路

2. 将（+20V、+5V、-5V）接入线路板相应电源插口。注意电压 +、- 极性不可接错。

3. 测量各电压的幅值是否正确。

4. 用示波器和万用表测量主电路（50V 整流电路）输出电压的幅值和波形。

5. 调节 RP，用示波器测量脉冲的宽度和幅值，观察他们的变化，并作记录。

7. 在脉冲信号电压及主电路电压（幅值与波形）正常的情况下，接上负载（灯泡）及脉冲输入信号。

8. 使占空比为 50％上时，测量负载平均电压 U_L 的幅值与波形，并测量 IGBT 管 U_{CB} 和 U_{GE} 数值。

9. 使占空比分别为 15％、30％，最大（98％）时，重复步骤 7，即再测 U_L、U_{CB}、U_{GE} 的数值。

（二）验证 EXB841 驱动模块的保护功能。

负载电压最高时，将二极管 VD_1 至 IGBT 管集电极的连线断开（设置人为 IGBT 过载信号），观察保护电路工作情况（测量负载电压及 U_{GE}、U_{CE} 电压），并作记录。

（三）直流斩波升降压电路。

1. 图 3-5 为直流斩波升降压电路示意图。对照图 3-1 和图 3-3，完成直流斩波升降压电路连线。图中 C 为电解电容（$1000\mu F／450V$），VD 为功率二极管，L 为电感线图（此处可借用 380V/50V 整流变压器二次侧绕组），R 为变阻器，以防流过 IGBT 的电流过大（电流 $I<1A$）。

升降压电路的工作原理是，当 IGBT 导通时，有电流通过电感 L，当 IGBT 截止时，电感 L 保持电流不变的特性，将向电容 C 充电，电容两端电压即负载 R_L 上的电压。电感 L 的电流愈大，储存的磁场能量愈大，则放电时在电容 C 生成的电压就愈高。调节变阻器阻值 R，改变电感电流，即可改变电容（亦即负载 R_L）的电压。由于负载电压是靠电感放电形式的，所以其极性是下正上负。

2. 重复实验（一）中的步骤 7 与 8。

五、实验报告

1. 整理记录直流斩波降压电路在占空比分别为 15％、30％、50％、98％时负载平均电压 U_L 的数值与波形和 IGBT 管 U_{GE}、U_{CE} 数值。

2. 整理记录直流斩波升、降压电路在占空比分别为 15％、30％、50％和 98％时负载平均电压的数值、极性与波形。

3. 分析 EXB841 驱动模块的过流保护作用。

实验四　单相交流调压电路及集成锯齿波移相触发电路的研究

一、实验目的

1. 熟悉集成锯齿波移相触发电路（KC05）的工作原理，测定 KC05 电路主要工作点的电压波形。

2. 掌握单相交流调压电路的工作原理，测定移相控制的单相交流调压电路电阻负载上的电压波形。

二、实验电路与工作原理

1. 实验电路如图 4-1 所示。

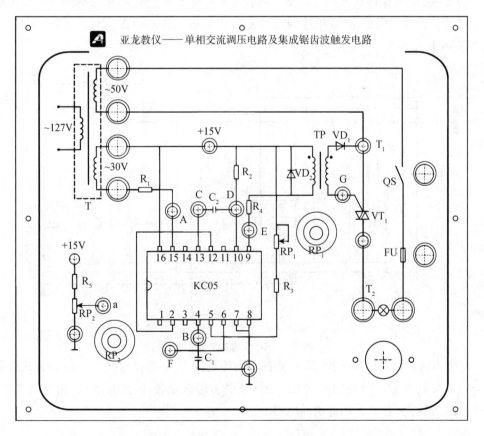

图 4-1　单相交流调压电路（单元 4）

2. 电路的工作原理。此电路主要由是以 KC05 集成触发电路为核心的单相交流调压电路，现对各部分的工作原理简单介绍如下：

（1）KC05 集成触发电路的基本构成和工作原理

KC05 内部的基本构成如图 4-2 所示。KC05 晶闸管移相触发器适用于双向晶闸管或两只反向并联晶闸管电路的交流相位控制，具有锯齿波线性好，移相范围宽，控制简单，易于集中控制，有失交保护，输出电流大等优点，是交流调压的专用的触发电路。下面简述 KC05 晶闸移相触发器的工作原理。

图 4-2 是 KC05 晶闸管移相触发器内部电路原理图。V_1、V_2 组成同步检测电路，当同步电压过零时 V_1、V_2 截止，从而使 V_3、V_4、V_5 导通，V_4 导通，使 V_{11} 基极被短接，V_{11} 截止，V_5 对外接电容 C_1 充电到 8V 左右。同步电压过零结束时，V_1、V_2 导通，V_3、V_4、V_5 恢复截止，C_1 电容经 V_6 恒流放电，形成线性下降的锯齿波。锯齿波的斜率由 5$^\sharp$端的外接锯齿波斜率电位器 RP_1 调节。锯齿波送至 V_8 与 6$^\sharp$端引入 V_9 的移相控制电压 U_0 进行比较放大，当 $U_0 > U_B$ 时，V_{10}、V_{11} 导通，V_{12} 截止，V_{13}、V_{14} 导通，输出脉冲。控制电压 U_0 增大，将使交点前移，导通角增大。若控制电压过大（$U_C > 8.5V$），超过锯齿波峰值，则 U_C 与 U_B 将不再相交（称为"失交"）。为此，电路中的 V_4，将使 V_{10} 继续保持导通状况，使晶闸管仍保持全导通。V_4 的作用称为"失交保护"（图 4-2 中，2$^\sharp$脚与 12$^\sharp$脚是相连的）。KC05 内部各工作点（A、B、C、D、E）的电压波形如图 4-3 所示。

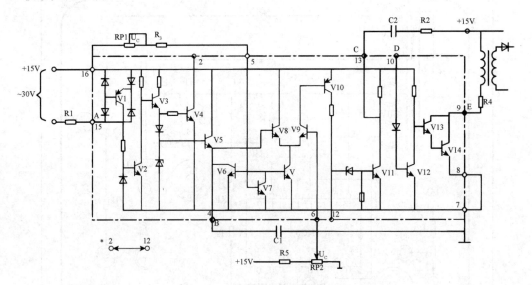

图 4-2　KC05 内部电路原理

对于不同的同步电压，KC05 电路同步限流电阻 R_1 的选择可按如下经验公式计算。$R_1 = [$同步电压 $U/(1 \sim 2)] \times 10^{-3} \Omega$（使同步输入电流小于 3mA）。此处同步电压 $U = 30V$，系数取 1.25，因此 R_1 取 24kΩ。

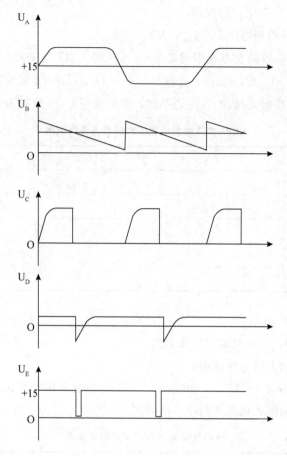

图 4-3 KC05 电路各点波形

（2）单相交流调压电路

为提高触发灵敏度，双向晶闸管采用Ⅰ、Ⅲ触发方式。KC05 产生的触发脉冲，经脉冲变压器 TP 供给双向晶闸管（KC05 最大输出能力为 13V，200mA，脉宽 $100\mu s \sim 2ms$）。

三、实验设备

1. 亚龙 YL－209 型实验装置单元（4）。

2. 万用表。

3. 双踪示波器。

四、实验内容与实验步骤

1. 整定 KC05 集成触发电路。在 KC05 的 16♯脚加上＋15V 电压，在 15♯、16♯间加上 30V～同步电压。6♯脚接在 U_C（RP_2 滑片 a）上，给定电源并接入＋15V 电源。

①测量 U_A（同步电压）的波形。

②调节 RP_2，使控制电压 U_C 为 4V 左右。

③测量 U_B（锯齿波的交点在中间部分）（参见图 4-3U_B 与 U_E）。

④测量图 4-1U_D、U_E 与 U_F 波形，并将 U_A、U_B、U_C、U_D 与 U_E 记录下来（上、下对齐）。

⑤调节 U_C，观察触发脉冲 U_E 是否平移，并记录下 U_E（控制角）的移动范围。

KC05 集成触发电路工作时各点电压波形

测试点	电压波形
U_A	
U_B	
U_C	
U_D	
U_E	

2. 单相交流调压电路。

①合上开关 QS，接通交流调压主电路。

②测量电阻负载上的电压波形。

③使控制角分别为 $\alpha = 30°$、$\alpha = 90°$、$\alpha = 120°$，测量单相交流调压电阻负载上的交流电压有效值（用动圈式仪表或数字万用表测量）和电压波形，并做记录。

单相交流调压有效值与电压波形

控制角 α	电压有效值 U_{RD}	电压波形
30°		
90°		
120°		

注：由于磁电式万用表上的交流电压标值，实际上是正弦全波整流的平均值再乘以 1.11 的系数。所以不能用一般万用表去测非正弦波交流电压的有效值。

五、实验注意事项

1. 测量非正弦量电压的有效值要使用动圈式（又称电动式）电表。

2. 使用示波器的注意事项请见实验一中的注意事项。

六、实验报告

1. KC05 集成触发电路各主要工作点（A、B、C、D、E）的电压波形图。说明如何调节移相控制角和其移相范围。

2. 单相交流调压电阻负载电压在控制角 α 分别为 30°、90°和 120°时电压的有效值和电压波形。

3. 说明移相控制的单相交流调压的工作原理。

实验五 BJT 单相并联逆变电路

一、实验目的

1. 熟悉由功率双极晶体管（BJT）组成的单相并联逆变电路的工作原理。

2. 了解功率双极晶体管的驱动和保护。

3. 掌握无源逆变电路的调试及负载电压、电流参数和波形的测量。

二、实验电路与工作原理

1. 实验电路图

实验电路图见图 5-1。

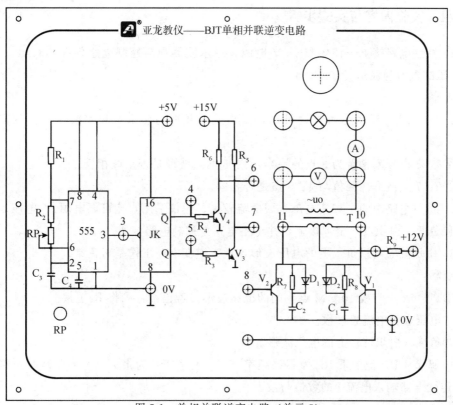

图 5-1 单相并联逆变电路（单元 5）

2. 实验电路工作原理。实验电路由脉冲发生电路（控制电路）和逆变电路（主电路）两部分构成。

（1）由 555 定时器构成的电路是一个多谐振荡器，调节电位器 RP，即可调节输出量的频率。

同样由〈电子技术〉可知，此电路改变频率时，占空比也会变（且占空比 q>50%）。

（2）图中的 JK 触发器为整形电路，保护 V_3 和 V_4，在 V_3 和 V_4 中，只能有一个处于导通状态（阻止逆变失败）。由 V_1（和 V_2）组成的为放大电路。

（3）由功率晶体管 V_1、V_2 和变压器 T 构成单相（无源）逆变电路。与 V_1、V_2 并联的阻容及快速恢复二极管为耗能式关断缓冲（吸收）电路，以缓解晶体管突然关断时承受的冲击。电路中的 R_9 为保护电阻，以防逆变失败时形成过大的电流（待电路正常后，将 R_9 短接）。

三、实验设备

1. 亚龙 YL-209 型实验装置单元（5）。
2. 双踪示波器。
3. 万用表。

四、实验内容与实验步骤

1. 控制电路接上 +15V 和 +5V 电源，用示波器观测控制电路各点（3、4、5、6、7）电压的数值与波形。

观察：

① 调节 RP，频率是否连续可调，读出此时频率为多少？频率改变时，脉宽有无变化？

② 4、5 点频率是否为 3 点的一半，4、5 两点波形是否正好相反。

③ 6、7 点波形与幅值与 4、5 点是否相同。

2. 将主电路中的 +12V 电源（因电流较大，建议采用直流可调电源）、电压表、电流表和负载（白炽灯）全部接上，并将主电路与控制电路接通。

3. 用示波器测量负载上的电压波形，观察逆变电路工作是否正常。

观察：

① 11、12 点（或 10、12 点）间的电压波形。若正常，则将 R_9 短接。

② 电压表和电流表读数。

③ 负载（白炽灯）上的电压波形。

4. 调节 RP，记录下 RP 为零（频率 $f=f_0$）和 RP 为最大（$f=f_m$）时负载电压 U_0 和逆变电路输入电流 I 的数值与波形。

负载电压 U_0 和逆变电路输入电流 I 的数值与波形

观测量\频率（Hz）	U_0（V）	I（A）	U_0波形	I波形
f_0				
f_m				

五、实验注意事项

1. 用双踪示波器测量各点波形并进行比较时，其探头的公共端均接电路零点（G）端。

2. 限流电阻 R_9，待电路正常后才可去掉（短接）。

六、实验报告

1. 记录下某一频率下的 U_3、U_4、U_6、U_{12} 和 U_0，并进行比较（以 U_3 为参考波形）（波形竖排）。

2. 记录 f_0、f_m 时的 U_0 和 I 的数值与波形，并比较 U_0 和 I 的波形是否相同？为什么？

实验六　单相交流（过零触发）调功电路的研究

一、实验目的

1. 熟悉集成过零触发电路（KC08）的工作原理，测定 KC08 电路主要工作点的电压波形。

2. 掌握单相调功电路的工作原理和相关参数的整定。

二、实验电路与工作原理

1. 实验电路。

实验电路图见图 6-1。

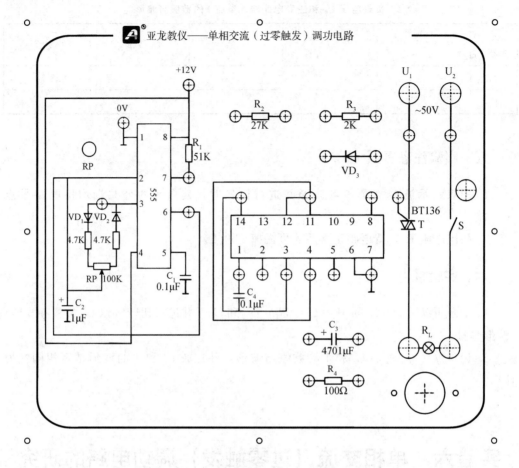

图 6-1 单相交流（过零触发）调功电路（单元 6）

2. 实验电路的工作原理。次电路主要由 KC08 集成过零触发电路和由 555 定时集成电路组成的占空比可调的方波发生器构成。KC08 集成电路内部的构成的原理图如图 6-2 虚框内电路所示。现对各部分的工作原理介绍如下：

①由 555 定时器构成的电路是一个频率固定、占空比可调的方波发生器，其工作原理参见〈电子技术〉书籍。其 8 脚接＋12V 电源，1 脚接地，7 脚输出方波脉冲，其频率由 VD_1、VD_2 间的阻值及电容 C_2 决定，此处频率固定，约为 10Hz。调节电位器即可调节占空比（此处占空比约为 10%～90%）。

在本电路中，此方波发生器主要对 KC08 提供控制信号（送往 KC08 的 2 脚）。

②KC08 电路的一个特点是可以自生直流电源。它通过交流电从 U_1 端进入 14 脚，经稳压管 VST_1 和 VST_2，再经 8 脚和外接二极管 VD 及限流电阻 R_3，接至交流电 U_2 端，从而构成半波稳压整流，它两端并联一个 $470\mu F$ 的外接电容器。在 14 与 8 之间形成一个＋12V～＋14V 的电源。由于电路 7 脚经过二极管 VD_5 与 8 脚相连，14 脚与 7 脚之间亦构成一个单向导电的电源。因此，14 脚为高电平，7 脚为低电平并接地。

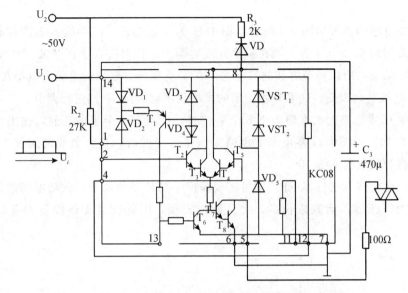

图 6-2　KC08 电路内部构成原理图及外部主要接线图

③由图可见，同步电压（此处即交流电源电压）通过 R_2 加到 14 脚与 1 脚之间，经整流桥（$VD_1 \sim VD_4$）后，去驱动三极管 T_1，以进行电压过零检测。它的原理是，当同步电压不为零时，T_1 集电极电流使 T_6 导通，进而使 T_7 基极对地短路（注意：KC08 的 6、7 脚相连），输出级 T_7、T_8 的输出端 5 将无脉冲输出，注意 5 脚接双向晶闸管门极。综上所述，只有当电压为零时，T_6 截止，且 T_7 基极呈正电位时，才可能有触发脉冲输出。

同步电路限流电阻 R_2 的取值，由下列经验求取：

$$R_2 = \frac{同步电压}{5} \times 10^3，此处取 R_2 = 27k\Omega$$

④由三极管 $T_2 \sim T_5$ 构成一个差分比较器，4 脚的输入提供一个基准电压 U_0，此处通过 11、12 与 4 的连接，由 14 及 7 间的电压再经内部两个电阻分压获得 U_0，差分比较器的另一端通过 2 脚接在由 555 定时器构成的方波发生器的输出端。

⑤当 $U_i > U_O$，T_2、T_3 基极处于正偏，T_4、T_5 处于反偏，这时 C_3 上的电压将通过 T_1、T_2、T_3 和 T_6 构成通路，导致 T_6 导通，从而使 T_7、T_8 截止，因而无触发脉冲输出。

当 $U_i < U_O$，T_4、T_5 处于正偏，T_2、T_3 处于反偏，在交流电压 $U \approx 0$ 时，这时 T_6 截止，C_3 上的电压将使 T_4、T_5 与 T_7、T_8 导通，从而输出触发脉冲。由于 6 脚与 7 脚相连，所以输出的脉冲为零电平脉冲。由于双向晶闸管的阳极，接在 C_3 的高电平端（+12V）上，零电平的触发脉冲将使双向晶闸管导通。

由上述可见，当输入的控制信号为低电平时（$U_i < U_o$），则交流电压过零时，将有触发脉冲输出，会使该半波导通。

⑥调节电位器 RP，可调节方波零电平的宽度，即可调节负载上通过交流电的半波

个数。

⑦调功电路的波形如图 6-3 所示，图中 U 为交流电压，U_i 为输入方波控制信号波形，若方波周期 T 为 0.1 秒，则在一个方波周期内，将对应 5 个正弦波（10 个半波）。由于是过零触发，所以调节方波的占空比，在 T 周期内，输出的半波个数将在 0、1、2 ……10 之间按整数改变。这意味着输出的平均功率将可分 10 档进行调节。

当图中 U_i 零电平的宽度略大于 6 个半波时，负载有 6 个半波导通，输出功率将为满负荷的 6/10。当图中 U_i 零电平宽度略大于 1 个半波时，这样负载电压仅 1 个半波。输出功率将为满负荷的 1/10。

这样，改变调节电位器 RP，即可实现输出平均功率的调节，调功电路的优点是电流的波形为正弦波，谐波成份少，而且调节方便，因此在电加热设备中获得广泛的应用。

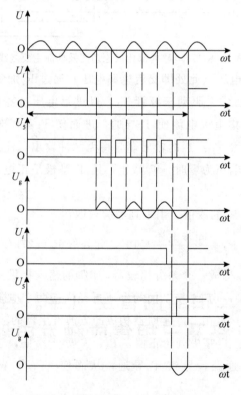

图 6-3　过零触发与调功电路波形图

三、实验设备

1. 亚龙 YL－209 型实验装置单元 6。

2. 万用表。

3. 双踪示波器。

四、实验内容与实验步骤

1. 接上 50V 交流电源。接入＋12V 外接直流电源，按图 6-2 连接各信号电路。

2. 测量 555 定时电路输出电压的幅值与波形，记录调节电位器 RP 时方波占空比的变化范围。

3. 测量并记录 KC08 电路输出触发脉冲的幅值与波形，自生电源两端（14 与 7 脚间的电压幅值与波形。

4. 测量并记录电阻负载电压的波形。

5. 测量并记录双向晶闸管两个阳极 T_1 与 T_2 的电压波形。

五、实验注意事项

用双踪示波器测量各点波形并进行比较时，其探头的公共端要接同一个接线端。

六、实验报告

1. 方波发生器输出电压的幅值与波形。

2. 方波占空比的调节范围（百分比）。

3. 以交流电压波形为基准，在它的下方分别画出占空比为 80％、50％ 和 20％ 时的下列波形。

①方波波形。

②触发脉冲波形。

③负载上的电压波形。

实验七　三相晶闸管全（半）控桥（零）式整流电路及三相集成触发电路的研究

一、实验目的

1. 熟悉三相全控桥式整流电路的结构特点，以及整流变压器、同步变压器的连接。

2. 掌握 KC785 集成触发电路的应用。

3. 掌握三相晶闸管集成触发电路的工作原理与调试（包括各点电压波形的测试与分析）。

4. 研究三相全控桥式整流供电电路[①]（电阻负载时），在不同导通角下的电压与电流波形。

二、实验电路与工作原理

(一) 三相全控桥式整流电路图

三相全控桥式整流电路图见图 7-1。

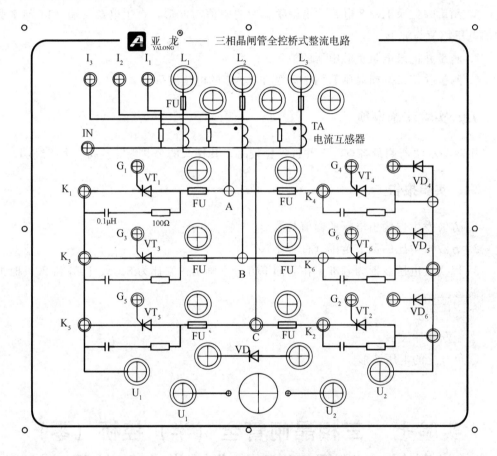

图 7-1　三相晶闸管全控桥式整流电路（单元 7）

注：这里以三相全控桥式整流电路为例进行分析。若以 VD_2、VD_4、VD_6 取代 VT_2、VT_4、VT_6，则为三相半控桥式整流电路。若负载的另一端与 N 线相联，则为三相半波（零式）电路。

1. 图中 6 个晶闸管的导通顺序如图 7-2 所示。它的特点是：

①它们导通的起始点（即自然换流点）即对共阴极的 VT_1、VT_3、VT_5，为 u_A、u_B、u_C 三个正半波的交点；而对共阳极的 VT_4、VT_6、VT_2，则为三相电压负半波的交点。

②在共阳极和共阴极的管子中，只有各有一个导通，才能构成通路，如 6—1、1—2、2—3、3—4、4—5、5—6、6—1 等，参见图 7-2。这样触发脉冲和管子导通的顺序为 1→2→3→4→5→6，间隔为 60°。

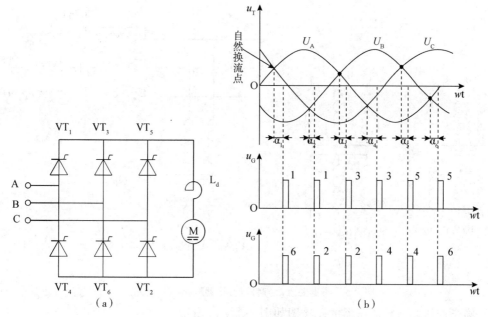

图 7-2　三相全控桥电路及其触发脉冲

③为了保证电路能启动和电流断续后能再触发导通，必须给对应的两个管子同时加上触发脉冲，例如在 6—1 时，先前已给 VT_1 发了触发脉冲，但到 1—2 时，还得给 VT_1 再补发一个脉冲（在下面介绍的触发电路中，集成电路 KC41C 的作用就是产生补脉冲的），所以对每个管子触发，都是相隔 $60°$ 的双脉冲，见图 7-2（b）（当然用脉宽大于 $60°$ 的宽脉冲也可以，但功耗大）。

2. 在图 7-1 中，TA 为电流互感器（三相共 3 个，HG1 型，5A/2.5mA，负载电阻＜100Ω），由于电流互感器二次侧不可开路（开路会产生很高电压），所以二次侧均并有一个负载电阻。

（二）整流变压器与同步变压器的接线图

整流变压器与同步变压器的接线图见图 7-3。

1. 采用整流变压器主要是为了使整流输出电压与电动机工作电压相适当。由于本系统中电动机电压为 110V，由三相全控桥电压公式有 $U_d = 2.34 U_2$ 中（U_d 为直流输出电压，U_2 为变压器二次侧相电压），现以 $U_d = 110$V 代入上式，有 U_2 中$≈47$V。

2. 整流变压器接成 Dy 型（$\triangle - Y$ 型），可有效抑制整流时产生的三次谐波对电网的不良影响。此处接成 Dy11（$\triangle/Y-11$）［联接图如图 7-3（b）所示］。

3. 此外整流变压器还起隔离作用，有利于人身安全。

4. 触发电路采用同步电压为锯齿波的集成触发电路 KC785，由于同步电压要经过阻容滤波电路，会造成相位上的滞后（$60°\sim70°$），这需要补偿。因为电压过零点已较自然换流点超前了 $30°$ 因此同步电压较主电路电压再超前 $30°$ 就可以了，采用 Yy10（Y/Y-10）的联接方式，如图 7-3（a）所示。

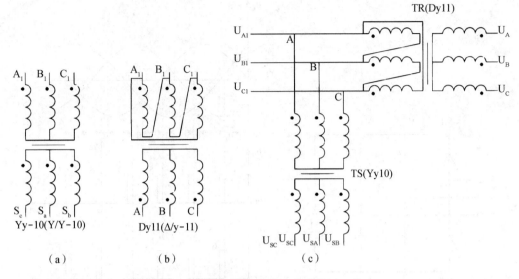

图 7-3 同步变压器与整流变压器联接图（单元 8）

同步变压器与整流压器的联接图如图 7-3（c）所示。

注：三相变压器联接的钟点数是以一次侧的相电压为钟的长针，以二次侧的相电压为短针来标定的。

由图 7-3（c）可见，整流变压器二次侧的 U_A，对应一次侧的 U_{AB1}，而 U_{AB1} 较 U_{A1}，超前 30°，因此 U_A（短针）与 U_{A1}（长针）构成 11 点钟，参见图 7-4。

同样由图 7-3（c）可见，U_{SA} 与 $-U_{B1}$ 对应，这样由图 7-4 可见，U_{SA} 较 U_A 超前 30°。如今阻容移相使相位滞后 70°左右，这样移相后的电压将较 U_A 滞后 40°（70°～30°）左右。它较自然换相点仅滞后 10°（40°～30°）左右。这意味着，控制角 α 的移相范围为 10°～120°。这里不使控制角从 0°开始，是为了防止输出电压过高，也可使移相范围处于锯齿波的线性段。图 7-4 中 U_{A1} 为 220V，U_A 为 47V，U_{SA} 为 16.5V。

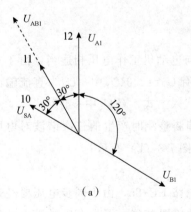

（a）

$U_A - U_{A1}$：△/Y—11

$U_{SA} - U_{A1}$：Y/Y—10

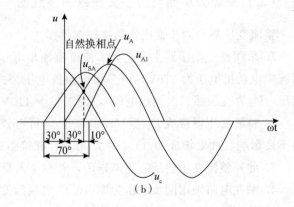

（b）

阻容移相后的同步电压

较自然换相滞后 10°

图 7-4

（三）三相晶闸管集成触发电路图

三相晶闸管集成触发电路图见图 7-5。

1. 三相晶闸管触发电路的核心部分是由三块集成触发电路 N1、N2、N3 构成的电路，它们是 TCA785（国产为 KJ785 或 KC785）集成电路。

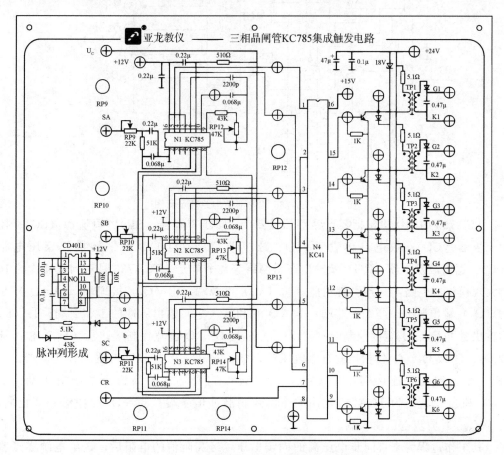

图 7-5 三相晶闸管集成触发电路（单元 9）

TCA785 是西门子（Siemens）公司开发的第三代晶闸管单片移相触发集成电路，它的输出输入与 CMOS 及 TTL 电平兼容，具有较宽的电压范围和较大的负载驱动能力，每路可直接输出 250mA 的驱动电流。其电路结构决定了自身锯齿波电压的范围较宽，对环境温度的适应性较强。该集成电路的工作电源电压范围 $-0.5V \sim 18V$。TCA785 的引脚和内部结构原理示意图见图 7-6。

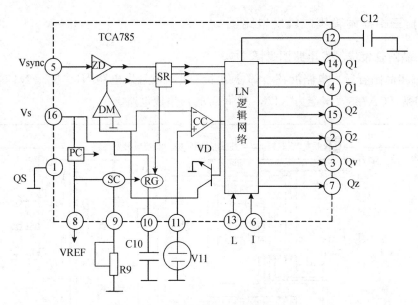

图 7-6　TCA785 的内部结构原理示意图

　　TCA785 内部结构包括零点鉴别器（ZD）、同步寄存器（SR）、恒流源（SC）、控制比较器（CC）、放电晶体管（VD）、放电监控器（DM）、电平转换及稳压电路（PC）、锯齿波发生器（RG）及输出逻辑网络等九个单元。TCA785 是双列直插式的 16 脚大规模集成电路，其各引脚功能：⑯（V_s）电源端；①（Q_s）接地端；④（Q_1）和②（Q_2）输出脉冲 1 与 2 的非端；⑭（Q_1）和⑮（Q_2）输出脉冲的 1 和 2 端；⑬（L）为输出脉冲 Q_1、Q_2 宽度控制端；⑫（C_{12}）输出 Q_1、Q_2 脉宽控制端；⑪（V_{11}）输出脉冲 Q_1、Q_2 或 Q_1、Q_2 移相控制直流电压输入端；⑩（C_{10}）外接锯齿波电容连接端；⑨（R_9）锯齿波电阻连接端；⑧（V_{REF}）TCA785 自身输出的高稳定基准电压端；⑦（Q_z）和③（Q_v）为 TCA785 输出的个两逻辑脉冲信号端；⑥（I）脉冲信号禁止端；⑤（V_{SYNC}）同步电压输入端。

　　其工作过程为来自同步电压源的同步电压，经高阻值的电阻后，送给电源零点鉴别器 ZD，经 ZD 检测出其过零点后，送同步寄存器寄存。同步寄存器中的零点寄存信号控制锯齿波的产生，对锯齿波发生器的电容 C_{10}，由电阻 R_9 决定恒流源 SC 对其充电的电压上升斜率，当电容 C_{10} 两端的锯齿波电压大于移相控制电压 V_{11} 时，便产生一个脉冲信号送到输出逻辑单元，参见图 7-7。由此可见，触发脉冲的移相是受移相控制电压 V_{11} 的大小控制，因而触发脉冲可在 0°～180°范围内移相。对每一个半周，在输出端 Q_1 和 Q_2 出现大约 $30\mu s$ 宽度的窄脉冲。该脉冲宽度可由⑫脚的电容 C12 决定。如果⑫脚接地，则输出脉冲 Q_1、Q_2 的宽度为 180°的宽脉冲。

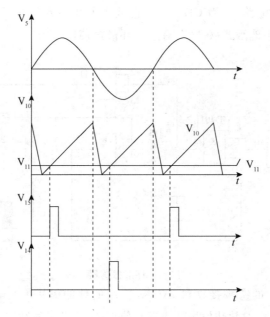

图 7-7　触发脉冲的产生

KC785 的主要技术数据

①电源电压：直流＋15V（允许工作范围 12V～18V）。

②电源电流：≤10mA。

③同步输入端允许最大同步电流：200μA。

④移相电压范围：－0.5V～（V_S－2）V（13V）。

⑤移相范围：≥170°。

⑥锯齿波幅度：（V_S－2）V（13V）。

⑦输出脉冲：幅度：高电平≥（V_S－2.5）V；低电平：≤2V。宽度：无 C12：♯ 30μS 左右；有 C12：（400　600）μS/nF。最大输出能力：55mA（流出脉冲电流）。

⑧2♯3♯4♯7♯脉冲电压输出端输出能力：≤2mA（灌入脉冲电流）。

⑨封装：采用 16 脚塑料双列直插封装。

⑩允许使用温度：－10℃～70℃。

2. 图 7-5 中的 RP_1、RP_2、RP_3 为 N_1、N_2、$N_3$⑨脚引脚的可变电阻，它们是用来调节三相锯齿波的斜率的。

3. 图 7-5 中 SA、SB、SC 为三相同步电压，它由同步变压器 U_{SA}、U_{SB}、U_{SC} 三端引入，经阻容滤波电路将使相位滞后 40°左右后，送往 N1、N2、N3 的⑤脚。

由于阻容值有误差，移相角度会有差异，会使三相触发波形不对称。因此在各相同步电压输入处，再增设一可变电阻（22kΩ），以调节移相相位，使三相输出电压相位对称互差 120°。

4. 控制电压 U_C 同时经限流电阻送往 N_1、N_2、N_3 的（11）脚（去与锯齿波进行比较）。

5. 图 7-5 中集成电路 N_0 为 CD4011，它是四个 2 输入与非门，由它构成的电路，由图 7-8 所示，是一个他激式（"0" 有效）环形振荡器。

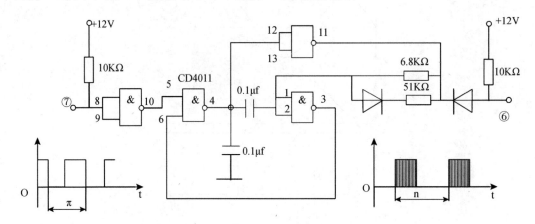

图 7-8　环形振荡器

此电路从 $N_1 \sim N_3$ 的⑦脚接收到 KC785 输出的脉冲信号，经电路形成振荡后，通过⑥脚（6 脚为 $N_1 \sim N_3$ 的脉冲信号禁止端）使 KC785 输出的脉冲变成脉冲列（脉冲列的前沿陡，幅值高，功耗小）。脉冲列的频率为（5～10）kHz。

6. 图中 N4 为 KC41C，它的内部结构原理示意图和应用实例，见图 7-9。它的作用是对 $N_1 \sim N_3$ 经 14、15 脚输出的基本脉冲，通过输入二极管再产生一个补脉冲。例如 2 脚输入脉冲时，它通过二极管 D_1 同时给 V_1 基极送出一个脉冲信号，使 VT_2、VT_1 能同时导通。参见图 7-9（α）。图中 V_7 为电子开关，当 7 脚为 "0" 时，V_7 截止，各路将有脉冲输出；当 7 脚为 "1"（悬空）时，由 16 脚输入的＋15V 电压，将使 V7 导通，将输出通路封锁（置零）。因此将 7 脚引出，作封锁信号 CR（输入 "1" 信号）。元件中的稳压管提供阀值电压，以防止误触发。元件的 16 脚接＋15V 电源，8 脚接地。

7. 由 KC41C 输出的触发脉冲，经功率放大，再经脉冲变压器，送往 $VT_1 \sim VT_6$ 六个晶闸管的 G、K 极。

8. 在图 7-5 中，在脉冲变压器一次侧续流（二极管）回路中，串接一个 18V 的稳压管，是为了使脉冲电流迅速减小（以增加脉冲后沿陡度），而过电压又不致过大（＜18V）。

9. 图 7-5 中电路的供电电源有＋12V、＋15V 和＋24V 三组，不要搞错。

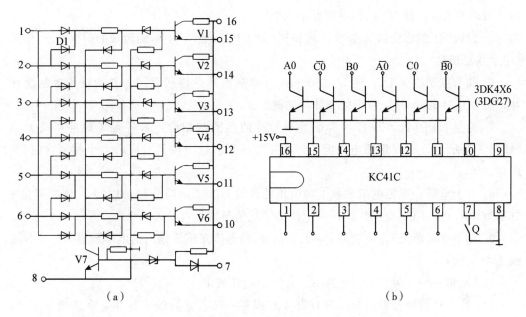

图 7-9　KC41C 内部结构原理图示意图和应用实例

三、实验设备

1. 亚龙 YL－209 型实验装置的单元 7、8、9。

2. 双踪示波器。

3. 万用表。

4. 变阻器。

四、实验内容与实验步骤

1. 将整流变压器联成 Dy11 接法，将同步变压器联成 Yy10 接法，不接负载。将它们的一次侧接上 220V/380V 电源，用示波器测量 U_{A1}，U_A 和 U_{SA} 的幅值与波形，观察后者是否较前者超前 30°。同时测量 ±12V 电源电压是否正常。

2. 切断电源，将整流变压器输出 U_A、U_B、U_C 分别接入主电路的 L_1、L_2 和 L_3 输入端。

3. 在主电路的输出端 U_1 和 U_2 间接上一电阻负载（变阻器）。

4. 触发电路接上 ＋12V、＋15V 及 ＋24V 电源，输入同步电压（16.5V），控制电压 U_c 端接在稳压电源上，U_c 在 0～8V 间进行调节，先使 U_c 为 4V 左右，用万用表及示波器，观测 N1 的⑩脚（锯齿波）及 14、15 脚的输出（双脉冲列）的幅值与波形。

由图 7-7 可见，当控制电压 U_C（即图中 V_{11}）为最小时，a 为最小，此时输出电压为最大。反之，当 $U_c \approx 8V$ 时，触发脉冲消失，$U_d = 0$。

调节 RP_1，使 N1 锯齿波的幅值为 7.8～7.9V，当 U_{C1} 增大到最大（8V 左右）时，

再适当调节 RP_1，使 N1 的脉冲刚好消失。

5. 再以 N1 的锯齿波为基准，调节 RP_2 和 RP_3，使 N_2 和 N_3 锯齿波的斜率与 N_1 相同（用示波器观察）。

6. 调节控制电压 U_c，使 U_c 由 $0 \to 8V$，观察脉冲的移相范围。并测量 6 个触发脉冲，是否互差 $60°$，并记录下触发脉冲的波形。

7. 测量 N4 的 $10\sharp \sim 15\sharp$ 脚的输出脉冲的幅值与相位。若各触发脉冲正确无误（如图 7-2 所示）。则在切断电源后，将脉冲变压器的输出接到对应的六个晶闸管的 G、K 极。

8. 合上电源，观测电阻负载上的电压的数值与波形，调节 U_c 的大小，使控制角 α 分别为 $30°$、$60°$、$90°$ 及 $120°$，记录电压的平均值与波形。

9. 调节变阻器及 U_c 使电流 $I_d = 1.5A$，测量电流互感器输出的电压数值（I_1 与 I_2 间或 I_2 与 I_3 间）。

10. 测量 $\alpha = 60°$ 时，VT_1 元件 K、A 间的电压波形。

11. 若 6 只晶闸管中，有一只（设 VT_2 损坏—除去它的触发脉冲）重新测量 U_d 的幅值与波形，并从晶闸管的波形去判断该元件是否正常。

五、实验注意事项

1. 由于本实验为大型实验，涉及许多理论知识，因此实验前要复习电力电子课程的相关基础知识，并仔细阅读实验指导书，列出实验步骤。

2. 由于实验联线较多，因此，应联好一单元，检查一单元，并测试是否正常。只有在确保各单元工作正常无误的情况下，才可将各单元联接起来。

3. 实验中有多处要用示波器进行比较测量，要注意找出两个探头公共端的接线处，否则很易造成短路。

六、实验报告

1. 记下电源 $UA1$、整流变压器 UA、同步变压器输出电压 USA 的平均值与波形，以及它们间的相位差。

2. 记录 $VT_1 \sim VT_6$ 管的触发脉冲的幅值、波形及相位。

3. 电阻负载在 $\alpha = 30°$、$\alpha = 60°$ 和 $\alpha = 90°$ 时的电压的数值及波形，以及它们的平均值与计算值是否一致。

4. 在 $\alpha = 60°$ 时，VT_1 元件 K、A 两端的电压波形。

5. 若 VT_2 损坏，A、K 两端的电压波形是怎样的？对波形进行分析，指出正常的与不正常的地方，并分析形成原因。

实验八　三相交流调压电路

一、实验目的

1. 熟悉三相交流调压电路的工作原理。
2. 掌握三相交流调压电路的联线、整定与调试。
3. 研究三相交流调压电路（电阻负载时）在不同导通角下电压的有效值与波形。

二、实验电路与工作原理

三相交流调压电路如图 8-1 所示。

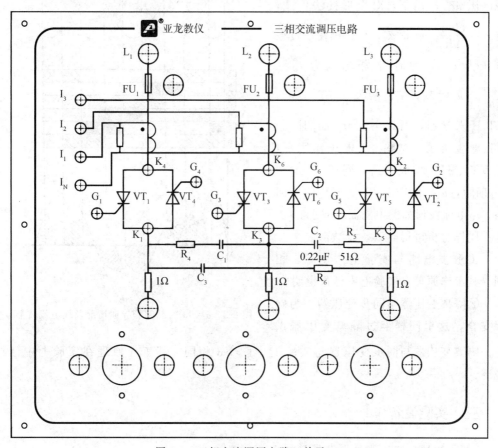

图 8-1　三相交流调压电路（单元 11）

2. 实验电路工作原理

三相交流调压电路与图 7-1 所示的三相全控桥式整流电路的区别在于：①每相为两

个晶闸，反并联供电。②自然换流点为电压的过零点。③三相并行输出。④当控制角 α 较小时，同时会有三个晶闸管处于导通；当 α 较大时，便是两个晶闸管同时导通。⑤输出电压波形不同。下面以 α＝0°及 α＝60°时的情况加以说明；

（1）控制角 α＝0°

与三相整流电路不同，α＝0°时，即在相应每相电压的过零处给管子加触发脉冲，这相当于将晶闸管看成二极管，这时三相均有正反方向电流，它相当于一般的三相交流电路。

晶闸管子导通顺序为 VT_1、VT_2、VT_3、VT_4、VT_5、VT_6，脉冲间隔为 60°，每管导通角 θ＝180°，除换流点外，任何时刻都有 3 个晶闸管导通。

（2）控制角 α＝60°

晶闸管导通情况，U 相的电流波形，如图 8-2 所示。ωt_1 时刻触发 VT_1 导通，VT_1 与 VT_6 构成电流回路，此时在线电压 u_{UV} 作用下，对星形接法负载，有 $i_U = \dfrac{U_{uv}}{2R}$。ωt_2 时刻，VT_2 触发，负载电压为 u_{UW}，此时 U 相电流为 $i_U = \dfrac{U_{uv}}{2R}$。ωt_3 时刻，VT_3 触发，VT_1 关断，VT_4 还未导通，所以 $i_U = 0$。ωt_4 时刻，VT_4 触发导通，i_U 在 u_{UV} 电压作用下，经 VT_3、VT_4 构成回路，同理在 $\omega t_5 \sim \omega t_6$ 期间，u_{UW} 电压经 VT_4、VT_5 构成回路，i_U 电流波形如图中剖面线所示。

同样分析可得到 i_V、i_W 波形。

①触发电路与实验七中图 7-5 相同，其工作原理在实验七中已作说明。

②隔离变压器与同步变压器。为确保安全，这里同样经过隔离变压器供电。隔离变压器与同步变压器与实验七中图 7-3 相同。其工作原理在实验七中已作说明。

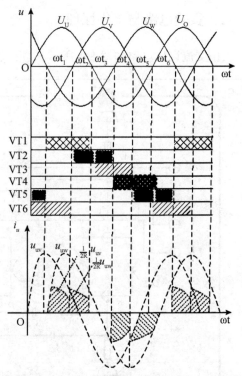

图 8-2　α＝60°时晶闸管导通情况及线电流波形

三、实验设备

1. 亚龙 YL－209 型实验装置单元 11。

2. 双踪示波器。

3. 万用表。

4. 三个白炽灯，接成三相三角形负载。

四、实验内容与实验步骤

1. 将隔离变压器联成 Dy11 接法，同步变压器联成 Yy10 接法，不接负载，将它们的一次侧接上 220V/127V 电源，用示波器观测 U_{A1}、U_A、U_{SA} 的幅值与波形，是否正常。用万用表测量 +12V、+15V 及 +24V 电源电压是否正常。给定电压 U_C 由外面稳压电源供电。

2. 切断电源，将三相调压电路上端接隔离变压器二次测 47V 档（低电压较安全）。下端接三角形（白炽灯）负载。

3. 触发电路单元，接上电源，接入同步电压，先使 $U_C = 4V$ 左右，用示波器观察 N1 的脉冲（是否间隔 60° 的双脉冲列），然后调节 U_C 为最小（$U_C = 0$），再调节 RP$_1$，使 N1 的脉冲则好消失（锯齿波电压幅值约为 7.8~7.9V）。

4. 调节 RP$_2$、RP$_3$，使 N2、N3 的锯齿波斜率与 N$_1$ 相同。

5. 测量 N1、N2 和 N3 的输出脉冲及各脉冲变压器输出的脉冲是否正常（幅值与波形）若正常，则断开电源，将脉冲变压器的输出，接至对应的 VT$_1$~VT$_6$ 元件的 G、K 极。

6. 接通电源，调节 U_C，分别使 $\alpha = 0°$ 和 $\alpha = 60°$，用交流电表和示波器测量线电压的有效值 I 和线电压、线电流波形。

五、实验注意事项

与实验七相同。

六、实验报告

1. $\alpha = 0°$ 和 $\alpha = 60°$ 时，负载 UV 线电压的有效值 U_{UV} 与波形，U 相线电流的波形。

控制角 α	线电压有效值 U_{UV}	线电压波形	线电流波形
0°			
60°			

2. 分析 $\alpha = 0°$ 时和 $\alpha = 60°$ 波形差异很大的原因。

实验九　PWM 控制的开关型稳压电源的性能研究

一、实验目的

1. 熟悉由场效应管电路构成的开关型稳压电源的工作原理。
2. 掌握 PWM 控制的特点与 PWM 集成电路的整定与调节。
3. 学会对开关型稳压电源的波形分析。

二、实验电路与工作原理

（一）实验电路图（图 9-1）

实验电路图见图 7-1。

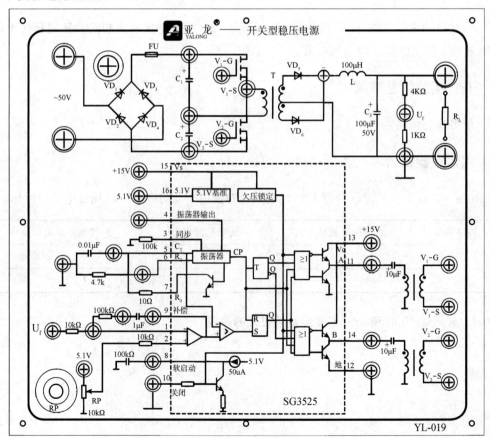

图 9-1　开关型稳压电源电路（单元 13）

1. 开关型稳压电源的主电路如图 9-2 所示。

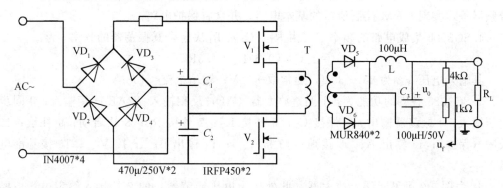

图 9-2　开关型稳压电源主电路

主电路中采用的电力电子器件为美国 IR 公司生产的大功率 MOSFET，其型号为 IRFP450，其主要参数为为：额定电流 16A，额定电压 500V，通态电阻 0.4Ω。

开关型稳压电源的工作原理是：交流电经桥式整流后变成直流电，对电容 C_1 与 C_2 充电。当开关管（场效应管）V_1 导通时，C_1 电压向变压器 T 一次侧放电（电流由同名端流入）；当 V_2 导通时，C_2 电压也向 T 一次侧放电（但电流由异名端流入）。这样便在 T 的一次测形成了交流电流；此交流电经变压器变压，再经全波整流及 L、C 过滤后，便成为直流电，其电压为 U_O。

调节开关管 V_1 和 V_2 驱动脉冲的占空比，即可调节输出直流电压的大小。

图中 U_f 为与输出电压成正比的取样电压，作为电压负反馈信号送往驱动模块的控制端。

2. 由场效应管驱动集成电路 SG3525 构成的控制电路原理图如图 9-3 所示。

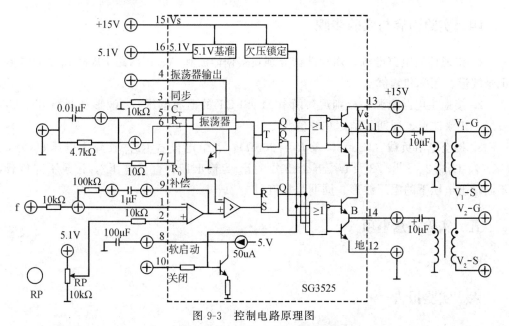

图 9-3　控制电路原理图

3. 控制电路以 SG3525 为核心构成。SG3525 为美国 Silicon Generαl 公司生产的专用的 PWM 控制集成电路，它采用恒频脉宽调制控制方案，适合于各种开关电源、斩

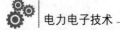

波器的控制。SG3525 其内部包含精密基准源、锯齿波振荡器、误差放大器、比较器、分频器等，实现 PWM 控制所需的基本电路，并含有保护电路。

4. SG3525 集成电路的频率主要由 R_T、C_T 及 R_D 决定，其振荡器的频率 f 为：

$$f = 1/C_T \ (0.67R_T + 1.3R_D)$$

其输入电压 V_{CC} 为 8V～35V，通常取 +15V；输出电流 <40mA。

5. SG3525 各脚的功能为：1 误差放大器（AE）反相输入；2 AE 同相输入；3 同步电压输入；4 振荡器输出；5 外接 C_T；6 外接 R_T；7 外接 R_D；8 软启动；9 补偿；10 关闭（保护）；11 输出 A；12 接地；13 接 V_{CC2}；14 输出 B；15 接 V_{CC2}；16 接基准电压 U_{REF}。

6. 由图 9-2 可见，误差放大器（此处作为电压调节器）的 2 端接入给定电压，要由 5.1V 经 10kΩ 电位器（RP）给定。1 端接负反馈电压 U_f，在 9、1 端间，接串联的阻容，因此由图可见，误差放大器为一 PI 调节器。它可使电压保持恒定，从而构成了稳压电源。

5. 调节 RP，即可调节输出方波脉冲的占空比，即可调节稳压电源的输出电压。

三、实验设备

1. 亚龙 YL-209 型实验单元 13。
2. 双踪示波器。
3. 变阻器。
4. 电表。

四、实验内容与实验步骤

1. 接通控制电路电源，用示波器分别观察锯齿波和 A、B 两路 PWM 信号的波形，记录波形、频率和幅值。

2. 接通主电路电源，分别观察两个 MOSFET 的栅源电压 U_{GS} 波形和漏源电压 U_{DS} 波形，记录波形、周期、脉宽和幅值。

3. 接上电阻负载（$R_L = 3Ω$ 及 $R_L = 200Ω$），调节电位器 RP，使输出电压 U_O 为 0、$U_{Om}/4$、$U_{Om}/2$、$2U_{Om}/3$ 及 U_{Om} 五个档次（U_{Om} 为输出最大直流电压）。记录不同负载，不同输出电压下的电压波形、周期与幅值。

五、实验注意事项

同实验一。

六、实验报告

1. 记录步骤 1、2、3 中所得到的数据、波形、周期与幅值。
2. 由图 9-2，计算出驱动脉冲的频率，比较与实际测得的结果是否相符。此外，改变 RP，是否会改变脉冲频率？为什么？

3. 为什么对不同的负载，电压的波形会有差别？

实验十　给定积分电路的研究

一、实验目的

1. 熟悉给定积分电路的工作原理。
2. 掌握给定积分电路的整定、调试与应用。

二、实验电路与工作原理

1. 实验电路图

实验电路图见图 10-1 所示。

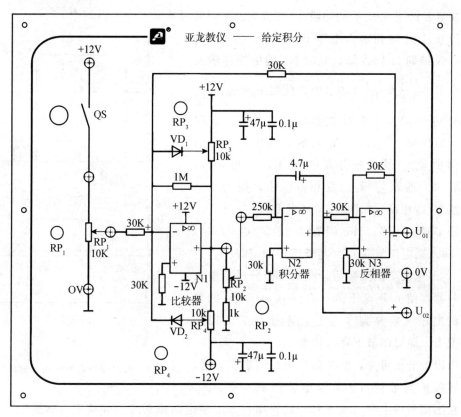

图 10-1　给定积分电路（单元 14）

2. 给定积分电路由运放器 N_1 构成的电压比较器、N_2 构成的积分器和 N_3 构成的反相器组成。比较器输入回路电阻 $R_1 = 30K\Omega$，而反馈电阻 $R_2 = 1M\Omega$，所以 N_1 具有很高的增益。因此，很小的输入电压，便能使 N_1 到达限幅值，从而使 N_1 构成一个比较器。N_1 上方及下方的箝位二极管 VD_1 及 VD_2，构成负反馈限幅电路，调节电位器 PR_3 和 RP_4，即可整定负、正限幅值的大小。

3. 电压比较器 N_1 输出的限幅电压 U_{1m} 送至积分器 N_2，积分调节器输出电压 U_2（即 U_{02}）经反相 N_3 反相后为 U_{01}，U_{01} 再被反馈到 N_1 的输入端。由于 U_{01} 的极性与 U_i 的极性正好相反，从而构成负反馈（极性关系见图 10-2）。

4. 给定积分器的输出—输入曲线如图 10-2 所示。

当给定积分输入信号 U_i 为一阶跃信号时，且足够大，如零点几伏以上。则 N_1 的输出迅速到达负限幅值 U_{1m}，此电压经电阻 R_4 及电位器 RP_2 分压后（u_1）输入积分器，见图 10-2（b）。积分器的输出电压 $u_2 = -\frac{1}{R5C}\int u1dt$，由于 $u1$ 为恒量，所以 $u_2 = -\frac{1}{R5C}\int u1dt = \frac{-u1}{R5C}t$，由此式可知，它是一条斜率 $m = -\frac{1}{R5C}$ 的斜直线。如今 u_i 为正值，比较器 N_1 为由反相端输入，所以 u_1 为负值，于是由前式可知 m 为正值，u_2 为一上升的斜直线（参见图 10-2 的初始段）。调节 RP_4，即可调节 u_1，及上升斜率。

当 u_2 上升达到输入电压 u_{i1} 时，它经反相器 N_3 后，反馈到 N_1 输入端，此时 $N1$ 端由外界输入的电流 $i1 = \frac{Ui1}{R1} + \frac{U01}{R1} = 0$（因为此时 $u_i = u_{i1}$，$u_{01} = -u_2 = -u_{i1}$）。于是 N_1 的输出 u_1 变为零，这时积分器的输出 u_2 便保持在 u_{i1} 的数值上。参见图 10-2 的中段）。若以积分器的 u_2 输出，则为 u_{02}〔如图（c）所示〕。若经反相器输出，则为 u_{01}，其极性与 u_{02} 相反〔如图（d）所示〕。

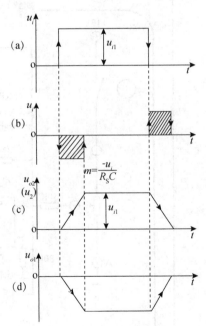

图 10-2 给定积分器的输入—输出特性

停车时，同理，当 u_i 调节到初始值（0V）时，则 N_1 输入端电压只剩 u_1（其极性与 U_{i1} 相反），它将使 N_1 迅速长至正限幅值，此电压经分压后输入到积分器，使 u_2 逐渐下降，直到 $u_2 = 0$，N_1 的输入端的电压又恢复到零为上（见图 10-2 后段）。调节 RP_3，即可调节下降的功率。

由以上分析可见，阶跃信号通过给定积分器，便可转换成斜坡信号。调节电位器 RP_4 及 RP_3，整定输出信号的上升（或下降）的斜率。亦即整定调速系统的加速度（转速上升率或下降率）。图 10-3 为采用给定积分器的转速起动曲线。

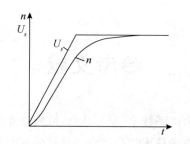

图 10-3 斜坡信号输入时的转速启动曲线

五、实验设备

1. 亚龙 YL－209 型装置实验台单元 14。

2. 慢扫描示波器。

3. 万用表。

六、实验内容与实验步骤

1. 给定积分电路接入±12V 电源，及公共零线。

2. 突然合上开关 QS，形成阶跃信号，用慢扫描示波器，观测 u_1、u_2（即 u_{02}）波形。

3. 调节电位器 RP_2，观察它对斜坡斜率的影响。

4. 调节电位器 RP_3，观察它对输出电压曲线的影响。

5. 调节电位 RP_1，观察它对输出电压曲线的影响。

七、实验注意事项

1. 测量动态曲线，要用慢扫描示波器。若用一般双踪示波器，将只能看到测量的幅值（水平线），较慢地上升（或下降）平移。使用双踪示波器时，要注意在测量不同电压进行比较时，首先要找到公共端，便于两个探头的公共端联接，此处即为（0V）端。

2. 在稳态积分调节器输入端的电压为零时，即输出将保持在原有数值上。

八、实验报告

1. 画出阶跃信号输入时，给定积分器输出的电压波形。

2. 记录并分析调节 RP_2、RP_3 和 RP_1 对输出电压波形的影响。

3. 说明给定积分电路的用途。

参考文献

[1]张静之,刘建华.电力电子技术[M].北京:机械工业出版社,2012.

[2]孟庆波,陈刚.电力电子技术[M].北京:北京师范大学出版社,2014.

[3]王廷才.电力电子技术[M].北京:高等教育出版社,2006.

[4]王云亮.电力电子技术[M].北京:电子工业出版社,2004.

[5]王兆安,黄俊.电力电子技术[M].北京:机械工业出版社,2002.

[6]黄家善,王廷才.电力电子技术[M].4版.北京:机械工业出版社,2005.

[7]周渊深,宋永英.电力电子技术[M].北京:机械工业出版社,2005.

[8]陈坚.电力电子技术[M].北京:高等教育出版社,2002.

[9]龚素文.电力电子技术[M].北京:北京理工大学出版社,2013.

[10]莫正康.电力电子应用技术[M].北京:机械工业出版社,2006.

[11]刘泉海.电力电子技术[M].重庆:重庆大学出版社,2004.

[12]洪乃刚.电力电子技术基础[M].北京:清华大学出版社,2008.

[13]张孝三.维修电工(高级)[M].上海:上海科学技术出版社,2007.